From Symbols
to
Algorithms

从符号到算法

数字传播的
机制、模式与策略

陈 兵 著

上海交通大学出版社
SHANGHAI JIAO TONG UNIVERSITY PRESS

内容提要

本书是一部深入探讨人工智能、数字传播与数字文明交叉融合的学术作品,详细剖析了从动物、人类到机器的智能演变,以及符号、文字、印刷、电子媒介直至算法引领的数字传播新时代。

本书全面探讨数字传播的内在逻辑和发展规律,并对数字传播对社会文化、隐私保护及数据安全等伦理与法规问题进行了深入研究。本书提出了人机共生均衡、数字传播动力、连接、交互与共鸣机制、数字传播模式、AIGC 自适应进化、数字传播生态、数字文明协同建构等创新理论,有助于读者领略到数字传播的时代价值,学会用科学的方法和思维去审视数字传播机制变革、模式创新和策略选择。

本书兼具学术性和可读性,既适合专家学者深入研究,也适合社会各界人士了解数字时代传播的特点、规律和发展趋势。

图书在版编目(CIP)数据

从符号到算法：数字传播的机制、模式与策略 / 陈
兵著. – 上海 : 上海交通大学出版社,2025.4. – ISBN
978-7-313-32158-9

Ⅰ. TP18

中国国家版本馆 CIP 数据核字第 202561611L 号

从符号到算法:数字传播的机制、模式与策略
CONG FUHAO DAO SUANFA：SHUZICHUANBO DE JIZHI、MOSHI YU CELÜE

著　者：陈　兵

出版发行：上海交通大学出版社　　　　地　址：上海市番禺路 951 号

邮政编码：200030　　　　　　　　　　电　话：021-64071208

印　刷：上海万卷印刷股份有限公司　　经　销：全国新华书店

开　本：710mm×1000mm　1/16　　　　印　张：16.25

字　数：302 千字

版　次：2025 年 4 月第 1 版　　　　　　印　次：2025 年 4 月第 1 次印刷

书　号：ISBN 978-7-313-32158-9

定　价：69.00 元

金鹰学科丛书
GOLDEN EAGLE DISCIPLINE SERIES

金鹰学科丛书编委会

学科引领　金鹰高飞

——金鹰学科丛书总序

学科是高校办学的第一支柱。毫无疑问,高校办学无外乎教书育人、科学研究、社会服务、文化传承四大任务,无外乎学者、学术、学科、学生的"四学",无外乎"靠学生名校、靠学科强校、靠学者撑校、靠学术立校"的"四靠"。诚然,高校办学关涉方方面面,但学科始终是第一支柱,是"重中之重",是"龙头"。学科是高校办学的关键所在、重点所在、特色所在、优势所在,是一所大学核心竞争力、影响力和美誉度的表征。以学科集聚学者,凭学者创造学术,用学术反哺学生,从而以良性的互动机制最终实现立德树人、服务社会的根本目标。换言之,学科顺则百事顺,学科好学校才会好,学科强学校才会强。

一流学科是一流大学的第一支撑。当前,国家从战略的角度大力推进"双一流"建设。所谓"双一流",指的就是一流大学、一流学科。两者是相互依存、相互促进、共生共荣的。建设高等教育强国,要做好"四个一流"的统筹,即一流大学是目标、一流学科是条件、一流本科是根本、一流专业是基础。一流大学必然拥有一流学科,一流学科并不等于一流大学。但是,一流学科在一流大学建设中的重要性无论怎么强调都是不过分的,因为它是先决条件,是第一支撑。没有一流学科的强力支撑,一流大学只能是"空中楼阁""水中明月"。客观地说,一流学科有两个标志:一是拥有一流的科研,产出一流的学术成果;二是拥有一流的教学,培养出一流的人才。一流科研和一流教学要依靠一流的学者队伍,建设一流的学者队伍取决于两个前提条件,一是充足而灵活的经费,二是有效的管理体制机制。换言之,一流学科应包括以下几个方面:一流科研、一流成果、一流教学、一流人才、一流学者、一流经费、一流机制,即所谓的"七个一流"。惟有"七个一流",方有一流学科;惟有一流学科,方有一流大学。

学科建设是浙江传媒学院的第一要务。浙江传媒学院作为浙江省人民政府和国家广播电视总局共建高校,在40多年的办学历程中,始终秉承习近平总书记"紧跟时代,突出特色"的指示,坚持立德树人,坚持特色发展,坚持一流导向,综合实力稳居全国传媒类院校第二,是我国传媒人才培养的摇篮与重镇,素有"北有北广、南有浙广""北有中传、南有浙传"之美誉。一直以来，学校锚定"国内一流、国际知名"的目标积极推进学科建设，已经形成戏剧与影视学、新闻传播学双峰并峙、多学科拱卫的学科专业体系。现有浙江省一流学科A类2个（戏剧与影视学、新闻传播学）、B类2个（信息与通信工程、公共管理学）。在省一流学科的强力支撑下，2021年学校获得硕士学位授予单位及新闻与传播、戏剧与影视、国际中文教育3个硕士学位授权点，实现了学校的跨越式发展。在省一流学科的大力反哺下，学校拥有国一流专业13个、省一流专业10个，拥有浙江省哲学社会科学重点培育研究基地"浙江省影视与戏剧研究中心"、浙江省新型重点培育智库"浙江省社会治理与传播创新研究院"、浙江省文科实验室"未来影像与社会应用实验室"以及中国广播电视艺术资料中心等。从整体上说，浙江传媒学院的学科建设呈现出欣欣向荣的态势，学科引领，未来可期。

金鹰学科丛书是浙江传媒学院学科建设的第一平台。为了激励学科成员产出高水平、高质量著作，充分发挥一流学科的带动力、引导力，增进一流学科的贡献力和影响力，学校千方百计筹措资金，成立"金鹰学科丛书"出版基金，"金鹰学科丛书"也就应运而生。"金鹰学科丛书"是一个展示平台，旨在展示学科建设中所涌现的高水平成果，让私人话语成为公共话语，让圈子成果成为公共硕果；"金鹰学科丛书"是一个交流平台，旨在促进学术交流与对话，让"百家可以争鸣"，让"百花可以争艳"，让学术思想在交流互鉴中走深走实、入脑入心；"金鹰学科丛书"是一个扶持平台，旨在扶持有实际困难的学科成员尤其是青年教师，早出成果、多出成果、出好成果，以高质量的成果出场出道、出圈出彩，让"新鲜血液"为学科建设更好地"供能""出力"；"金鹰学科丛书"是一个共情平台，不管资助力度如何，这中间既有学者的献智献力，也有学校的关心关爱，体现的是学者凝心聚力做研究、传思想、建学科，体现的是学校集中力量办大事、办实事、办好事。

"苔花如米小，也学牡丹开"，我们相信，"金鹰学科丛书"的出版一定是学术界又一次的集体亮相、精彩绽放。当然，我们也深知"金鹰学科丛书"肯定还有许多不如意的地方，希望能够得到国内外更多专家学者的批评与指正，但我们始终坚信一点：惟有行走才有诗和远方，惟有高飞才有蓝天和辽阔风光。

金鹰学科丛书编委会
2023年11月

序

当我拿到弟子陈兵的《从符号到算法：数字传播的机制、模式与策略》书稿时，内心感到十分欣慰。正如亚里士多德所说："我们每一个人都是由自己反复的行为所铸造的。因此，优秀不是一次行动，而是一种习惯。"陈兵在传播学领域的持续努力和深入研究，正是他踏实和认真习惯的体现。这本书不仅仅是他学术生涯的一个里程碑，更是对数字传播领域深入探索的结晶。

此刻，我想起了刘禹锡的那句诗："千淘万漉虽辛苦，吹尽狂沙始到金。"二十多年前，陈兵先后跟随我攻读硕士和博士研究生。在浙江大学就读期间，他就展现出了对学术研究的热忱与执着。我们师徒二人先后合作出版了《媒介战略管理》（复旦大学出版社，2003年版）、《媒介管理学概论》（高等教育出版社，2010年版）等著作，还一起潜心研究，在核心期刊发表了关于中国报业集团改革、中国媒介购并战略、经济全球化等方面的论文，引起学界关注。他的博士论文就是关于文化与商业困境中的电视品牌建构，这在当时的国内传播学界，也属于比较早的开拓者。同时，我也要感谢陈兵在学术道路上对我的支持与帮助。作为他的导师，我见证了他的成长与进步，但我在指导他的同时，也为我带来了更为广阔的知识视野与学术启示。

数字传播作为当今信息社会的重要组成部分，正在以日新月异的速度改变着我们的生活方式。而人工智能作为引领未来发展的重要技术之一，也在为数字传播注入新的活力与可能。陈兵在这本书中，巧妙地将两者结合起来，为我们呈现了一个全新的研究视角。他对数字传播与人工智能的交融，有着敏锐的观察力与深入的洞见，系统梳理了数字传播在人工智能背景下的发展脉络，分析了其内在机制与模式，并探讨了相应的策略与数字文明的前景。这不仅仅是对现有研究的总结与提炼，更是对未来发展的前瞻与探索。他在书中有诸多创新观点，比如人机共生均衡理论、AIGC的自适应进化理论、数字传播四大机制理论、数字传播模式理论、数字文明协同理论等等，都让人耳目一新。而且，他对中华优秀传统文化充满热爱，书中也引用了许多典故与引文，使得理论阐述更加生动。他借用古人的智慧，与现代科技相结合，为我们揭示了数字传播与人工智能的内在联系与规律。这种跨时空的对话，不仅展示了他深厚的学术素养，也为我们提供了更为广阔的思考空间。总体上，这本书为我们提供了许多有益的启示与建议，可以帮助我们更好地应对数字传播领域的挑战与机遇。无论是对于学术界还是对于社会各界来说，都具有参考价值和指导意义。

当然，学术研究从来不是一蹴而就的。陈兵在这本书的撰写过程中，也经历了无数次的修改与打磨。他不断地查阅文献、收集资料，进行理论分析和实践探索，力求让每一个观点都经得起推敲与考验。这种严谨的学术态度与不懈努力，值得肯定。在这本书的结尾部分，他还对未来的数字传播与人工智能的发展进行了展望，提出数字传播将会变得更加智能化、个性化与多元化。这种展望是充满希望与热情的。这份热情，如同薪火相传的学术精神，将激励更多年轻学者投身其中，共同推动传播学研究的繁荣发展。我相信，在未来的日子里，他一定会在传播学研究领域，特别是新媒体传播方面继续取得新的成果，为我们带来更多惊喜与收获。

是为序。

邵培仁

2025 年 2 月 20 日于杭州临安清荷园

目　录

下　编

绪　论

数字传播的快速发展正在以前所未有的速度重塑我们的生活、社会和自然环境。其深远的影响力已经渗透到我们获取与解读信息的途径、思想交流的模式，以及对待自然界和生命的态度之中。在潜移默化中，我们的社交行为、消费偏好，乃至核心价值观都在经历着转变，同时，数字传播对关系网络也产生了难以预测的多元效应。在此背景下，本书应运而生，其核心目标在于深入剖析数字传播的内在逻辑与根本规律，系统地探索其运行机制和操作模式。通过科学的方法论，致力于发掘有效的应对策略，以期在新的传播生态系统中更为顺畅地适应与前行。

一、问题的提出

数字传播的崛起深刻改变了人类社会，开辟了新的可能性。与此同时，我们也面临着一些前所未有的挑战。本书致力于深入探讨其带来的变革、潜在的难题，以及我们如何应对这些新情况，以期更好地理解这一现象的复杂性和多面性。重点探讨以下几个重点问题。

第一，相较于传统传播方式，数字传播有何独特性？这些特质又如何提升了信息传播效果？

第二，数字传播究竟是如何运行的？它背后的动力机制是什么，又有哪些主导的传播模式？

第三，数字传播会遇到哪些主要的风险和挑战？这些问题的根源在哪里？我们又该如何应对和预防？

第四，数字传播给社会的政治、经济和文化领域带来了哪些变革？传播生态中的各个组成部分——平台、内容创作者、广告主和用户之间的动态平衡是如何被打破和重建的？这些变化是利是弊，我们应如何评判与面对？

第五，随着社会的不断进步和变迁，数字传播有哪些可行的策略？同时，在数字传播伦理与法治层面，我们该如何进行科学的管理？

最后，我们不禁要问：数字传播的深入应用是否正在塑造一个全新的"数字文明"？在这个文明中，人们的信息交流方式、生活方式将如何变革？我们应该如何构建一个开放、安全的数字化世界？

二、研究的意义

对数字传播现象的深入研究，不仅有助于我们更好地理解和应对这一变革，更能为未来的信息传播和社会发展提供有力的理论支撑和实践指导。因此，对数字传播现象的深入研究不仅具有深远的理论价值，更有着紧迫的实践意义。具体来说，主要体现在以下几个方面。

1. 丰富传播理论

数字传播的崛起已对传统传播模式产生了深刻影响。对其深入研究，对完善和创新传播理论至关重要，尤其是在人工智能背景下对传播机制、受众行为及信息传播动力的新探讨。通过详尽分析数字传播中的传播者、受众、媒介、内容及效果等要素，我们能更深入地理解数字传播的深层逻辑和运营模式，这不仅有助于构建更完备的数字传播理论体系，还能推动传播学理论的创新。同时，数字传播研究融合了传播学、新闻学、社会学、心理学及计算机科学等多个学科，这种跨学科交融有望带来更深刻、全面的理解，甚至催生出新的学术观点和研究方法。

2. 为新媒体传播实践提供指导

通过深入探究数字传播，我们能更清晰地认识到新媒体技术对社会的影响，从而引导技术更贴合社会需求和道德规范。新媒体传播的复杂多变给从业者带来了诸多挑战。本书将通过分析数字传播中的成败案例，总结出一套实用且高效的策略和手法。这不仅能为新媒体从业者提供明确的操作指引，更能助力他们洞察市场变化，优化传播效果，使其在激烈的市场竞争中占据优势。

3. 提升公众数字素养

数字时代对公众的数字素养提出了更高的要求。公众必须具备更强的信息识别和处理能力，才能在这个信息爆炸的时代中保持清醒的头脑。在面对海量的信息冲击时，公众需要学会如何筛选、判断和理解信息的真伪与价值。本书力争为构建更加高效的媒介教育方案提供坚实的理论支撑，从而帮助公众提升自身的数字素养和批判性思维能力。

4. 提供政策支持

通过深入研究数字传播的机制和模式，我们能够更精准地识别信息传播过程中潜在的安全隐患，从而为政府和相关机构在制定网络安全、数据保护及信息传播规范等政策时，提供有力的决策支持。这一研究也将有助于保护个人信息的安全与私密性,还能提升全社会对信息安全和隐私保护的关注度,共同推动构建一个安全、可信赖的数字化环境。

5. 促进商业模式创新

数字传播为商业模式的创新开辟了新天地。内容的品质是吸引受众的关键。本书计划深入探讨如何准确把握受众需求和市场趋势,以创造出更具吸引力、影响力和价值的数字内容。这不仅包括文字、图片、视频等传统内容形式,还涉及交互、沉浸等新颖体验。通过持续改进和优化数字内容,可以更好地满足公众的信息需求和审美期待,推动商业模式的持续创新。

6. 助力数字文明建设

本书将探讨数字传播如何为数字文明建设贡献力量,并提出一系列切实可行的实施建议。这些建议旨在推动社会的数字化转型,助力我们构建一个更加和谐、智能、高效的数字社会。本书也将深入研究数字传播在跨文化交流中的积极作用,探索如何利用其推动不同文化间的交流与融合。这不仅有助于增进国际的相互理解,还能促进世界文化的多样性与繁荣发展。同时,对于提升国家文化软实力和推动中华优秀传统文化走向世界也具有重要的现实意义。

三、研究的方法

本书高度重视跨学科的研究方法,以传播学作为核心框架,同时融合了新闻学、社会学、心理学、管理学以及法学等多个学科的前沿理论。通过这一综合性的学术视角,我们期望能够更全面地审视数字传播现象。为了确保研究的严谨性和结论的可靠性,我们系统地搜集并分析了大量的相关资料和数据,旨在更为精准地揭示数字传播的本质特征与发展规律。具体的研究方法有:

1. 文献分析法

我们广泛搜集并研读了国内外关于数字传播的大量文献,不仅涵盖了学术论文、专著,还包括行业报告和最新研究成果。通过这一方法,较为系统地梳理数字传播的发展历程、核心理论和当前的研究热点。这些宝贵的资料为本书提供了坚实的理论基础,并指出了未来可能的研究方向。

2. 案例研究法

为了更具体、直观地了解数字传播在现实中的应用情况,我们选择具有代表性的数字传播案例进行深入研究和剖析。从传播策略、受众定位、内容创新以及效果评估等多个维度,深入挖掘其关键成功因素、潜在规律,以及可能面临的挑战。这不仅有助于我们总结出行之有效的数字传播方法，而且能够提出切实可行的解决方案。

3. 问卷调查法

近三年来，为了获得更广泛、更真实的数据支持，我们通过浙江传媒学院文化产业管理专业的实训环节，以及小学期的暑期实践机会，在浙江多个地市以及网络上开展了大规模的问卷调查。问卷总数超过 5 000 份。这些问卷针对一线从业者、专家学者、普通用户和网民，收集了关于新媒体使用情况、传播效果、满意度等多方面的宝贵数据，使得分析更具说服力。

4. 深度访谈法

在问卷调查的同时，我们还同步采用深度访谈法对有关个体进行了深入了解。我们与政府官员、专家学者、企业家和普通用户进行了面对面的深入交流。累计访谈的用户超过 50 人，平均每人访谈时间为 50 分钟。这些访谈不仅帮助我们深入了解了受访者对数字传播的认识和看法，还揭示了他们在实操中的经验和方法。

通过综合运用以上方法，本书得以从多个角度全面探讨了数字传播的现状、问题和未来趋势。这些方法相互补充，为我们提供了丰富的资料和深入的见解，能够为读者提供一个较为全面和深入的视角。我们也将继续关注数字传播的最新动态，以期为读者提供更多有价值的信息。

四、研究的限制

在研究过程中我们遇到的限制来源于多个方面。

1. 数据更新的挑战

数字传播领域的发展日新月异，新技术、新平台层出不穷，这给我们的研究带来了极大的挑战。数据的快速更新使得相关研究很难保持时效性。为了应对这一挑战，我们建立了持续的数据收集和更新机制，通过定期追踪数字传播的最新动态和趋势，确保研究数据始终处于行业前沿。尽管如此，由于写作周期的限制，本书的研究仍可能无法涵盖所有最新的发展。

2. 伦理与法律的考量

数字传播涉及大量的个人数据、隐私以及版权等敏感问题。在研究过程中，我们必须严格遵守伦理道德和法律规范。在问卷调查和深度访谈中，我们始终尊重受访者的隐私权和选择权，对于涉及敏感信息的问题，我们都采取了严格的保密措施。在深度访谈中,有些人会回避回答有关问题,或者有些问题的回答没有通过真实性的检验。我们也切实感受到了真实世界实验中的"实验者效应"(experimenter effect),即实验者对实验结果的真实期望会不经意间通过微小的肢体行为如表情、手势等传达出来,而被试会误以为这是实验者的暗示①。需要说明的是,我们始终密切关注着相关法律法规的更新和变化,以确保我们的研究符合法律要求。

3. 跨学科整合的难度

本研究结合了多学科的知识与方法,以全方位地探讨数字传播现象。但这种跨学科的方法也带来了诸多挑战。各学科的理论和研究路径不同,要找到一个通用的理论基础和方法,将各学科知识融为一体,是本研究的核心难题。同时,跨学科研究对研究者的知识广度和深度都有更高要求,这增加了我们的研究难度。再者,跨学科研究涉及大量数据处理,这要求我们有高水平的数据处理技能。为应对这些挑战,我们积极与不同学科的专家学者和朋友交流,通过深入讨论,逐步建立了跨学科的研究体系。

4. 跨文化的差异和复杂性

跨文化视角在数字传播研究中占据重要地位。但不同国家和地区的文化差异、社会习俗及法规政策多样性为本研究带来了诸多复杂性。为应对这些挑战,我们致力于深入了解各国和地区的文化社会背景。通过广泛收集并分析来自不同国家和地区的数字传播实例与数据,我们进行了详尽的比较研究。同时,我们也非常注重跨文化交流与合作,积极吸纳外籍教师、留学生等多样化研究资源,共同探讨和交流各文化背景下的数字传播现象与理论,有效提升了研究的科学性和广泛适用性。

5. 技术的局限性

技术的运用对于数据的收集、分析和展示至关重要。然而,我们也遇到了技术本身存在的局限性。特别是某些数据,如受算法影响的商业数据,常常因技术限制或隐私保护措施而难以被全面、精确地获取或分析。为了突破这些技术壁垒,我们密切关注技术发展的最新动态,及时采纳前沿技术以推动研究的深入。

五、研究的内容与结构

本书共分为上、中、下三编,在内容和结构的安排上力求系统、全面且深入,具体如下。

---

① 俞鼎、李正风:《生成式人工智能社会实验的伦理问题及治理》,《科学学研究》2024年第1期,第7页。

上编部分，包括第一章和第二章，主要探讨数字传播的历史演变和基础理论。

通过追溯数字传播的发展历程，帮助读者更好地理解其演变脉络与未来趋势。从原始的数字符号到现代的算法时代，数字传播经历了漫长的历史变迁。本书回顾了从美索不达米亚楔形数字到现代数字化的发展历程，揭示了数字逐渐脱离原始形态，形成现今的阿拉伯数字体系的过程。同时，探讨了古代中国数字表达与文化的融合。随着现代化进程的推进，数字传播呈现出数字化、网络化、智能化的特点。本书还展望了数字传播的发展趋势，并强调了用户体验和隐私保护的重要性。除此之外，还介绍了大数据、云计算、人工智能等关键技术在数字传播中的应用与影响。

中编部分，包括第三章至第七章，着重研究数字传播的机制、模式、策略，并探讨了数字传播的颠覆式创新和 AIGC 自适应进化理论。

本部分首先剖析了数字传播的动力源泉，涉及传播动机、内容创新及技术进步等多方面因素，随后详细探讨了数字传播的连接、交互及共鸣等机制，揭示了其复杂性与多样性。通过对比传统与数字传播模式，本书揭示了数字传播对传统模式的颠覆性创新及其在现代社会的重要地位。深入探索跨屏传播、区块链、社交媒体、搜索引擎优化及人工智能等前沿技术在数字传播中的应用与融合，为读者提供实用的策略建议。本书还特别关注生成式人工智能（AIGC）的内在价值，审视数据在文明发展中的作用，并探讨 AIGC 的自适应进化理论，揭示了数据驱动下个体、组织及世界的协同发展之路。这一部分不仅提供了对数字传播深入的理论分析，还为其实践应用与未来发展提供了前瞻性的思考。

下编部分，包括第八章至第十章，聚焦于数字传播的伦理、法治与数字文明建构。

这一部分深入分析了数字传播对社会的影响，尤其是它所带来的网络欺凌、数字安全与隐私保护等社会问题，探讨了这些问题的风险，并提出了技术、法律和教育等多方面的应对策略。本书进一步分析了数字传播生态的构建，阐述了其概念、特点和关键要素，揭示了数字传播在伦理、法治和生态方面的机遇与挑战。我们还探索数字文明发展的策略框架，提出具体措施，以推动文化价值的传承与创新。

六、研究的创新

通过深入研究，本书取得了多项重要发现，这些发现不仅有助于我们更深入地理解数字传播的本质和规律，还能为未来的数字化发展指明方向。这些创新主要表现在以下六个方面。

1. 人机共生的均衡理论

本书探讨了人类智能与人工智能在认知上的差异与联系。尽管两者在想象力、信念及情感体验上有所不同,但在实际应用中,它们之间存在着紧密的联系。人类智能的独特创意为机器提供了源源不断的灵感,而机器则凭借其强大的处理能力,迅速将这些想法转化为现实,从而增强了人机之间的互补性。然而,随着机器智能的迅猛发展,不可避免地引发了一系列社会问题,例如就业压力、社会不平等以及伦理道德挑战。为了实现人机和谐共生,本书提出了内聚和对抗统一于均衡的理论,强调在尊重和保护人类智能的同时,应合理利用和发展机器智能。这一均衡的实现需要遵循公平、正义、法治等原则,确保数据安全,避免偏见和歧视,并制定相应的法规和标准,以构建一个和谐共生的人机环境。

2. 数字传播的动力、连接、交互与共鸣四大机制理论

本书较为系统地提出了数字传播的核心机制,包括动力、连接、交互与共鸣。动力机制是推动数字信息流动的根本力量,它源于各种传播需求和技术进步;连接机制则依靠互联网技术、社交媒体等实现数字信息的高效传递;交互机制通过增强受众的参与感,使数字传播更加深入;而共鸣机制则是通过引发受众的共鸣,深化数字信息的影响。这四大机制共同构成了数字传播的基础框架。

3. 数字传播模式理论

在分析了传统和现代各种有代表性的传播模式后,本书重点研究了人工智能传播模式,并对流程主义、符号主义和行为主义三大流派进行了深入探讨。在此基础上,我们创新性地提出了数字传播模式。该模式以数字化、网络化、智能化为标志,构成了一个高效复杂的信息传播体系。这一体系不仅反映了数字传播让信息传递更快速广泛的特点,还体现了受众互动参与度更高更深的趋势,以及信息个性化服务精准无缝的优势。这一理论不仅能揭示传播方式的变革,还预示着人们生活和思维方式的转变。

4. AIGC 的自适应进化理论

本书提出了一种全新的理论——AIGC 的自适应进化理论(AET)。该理论融合了遗传算法和人工智能技术,通过模拟自然界的进化过程来求解复杂问题。这种自适应的进化方法具有根据问题的具体需求自动调整搜索策略的能力,从而能够找到最优或近似最优的解决方案。随着技术的不断进步,这一理论将在更多领域展现其巨大的应用潜力。

5. 数字传播生态理论

本书提出了数字传播生态理论,这是数字时代的新型信息传播形态。该理论

基于数字技术构建了一个覆盖信息创作、传播、接收和反馈全过程的复杂系统。这个生态具有信息传播速度快、范围广的特点，同时赋予了受众前所未有的参与和表达权。本书深入剖析数字传播生态的构成要素及其相互关系，力求为构建健康的数字传播生态提供理论支撑。

6. 数字文明建构的协同理论

在建构数字文明的过程中，本书创新性地提出了个体、组织和世界协同发展的理论，强调个体需要不断提升自身数字素养以适应这一变革，组织应积极推动数字化转型以优化管理并提升服务效率，世界各国则应加强合作与交流以共同促进数字文明的繁荣与发展。这一协同理论为我们描绘了一个数字时代人类社会的美好愿景，并为实现这一愿景提供了行动指南。

上 编

第一章　从动物、人类到机器：一部智能史

天文为人类揭示了空间的奥秘，地质为人类诉说着时间的故事。从古代哲学家的逻辑推理到近代科学家的人脑研究，人类一直在探索智能的本质及其提升途径。20世纪中叶问世的人工智能概念为智能发展史揭开了新的篇章。然而，随着人工智能的快速发展也引发了人们的深入思考：人类智能与人工智能之间存在着怎样的关系？人工智能最终是否会真的拥有甚至超越人类的智能？

第一节　动物智能、人类智能与人工智能

一、动物智能的本性与学习能力

智能，作为智力与能力的结合体，在中国古代哲学中被赋予了深厚的意义。"智"指的是对事物的深刻洞察与理解，而"能"则代表解决困境与适应新环境的能力。这两者合而为一，便构成了一个生命体对外部世界的全面认知与高效适应。

要探讨人类智能与日新月异的人工智能，我们得先从动物智能说起。动物以其独特的智能方式生存并繁衍，在这个世界中展现着与众不同的能力。它们或许没有人类那般深邃的思维，但却凭借着天赋本能和直觉，演绎着生存的艺术。例如，狗可以通过嗅觉来辨别物体和探测气味，猫能通过听觉来辨别声音和方向。高智商的狗还能用独特的沟通技能向主人表达自己的情绪（比如叼拖鞋、找手机、咬破衣服等）。不同的猫智商也有所区别。比如，我们家先后养过两只猫。第一只猫鸠鸠，我们呼唤它时一般没什么反应（除非伴随着放猫粮的动作），后来养的一只猫呦呦则大不相同，听到我们的呼叫、看到我们的手势时它就能跳到我们身上表示亲昵。很明显，第二只猫的智商高于第一只。当然这不影响我们家女儿喜欢前面那只（可能是她抚养的、伴随她成长的第一只猫），孩子她妈喜欢后面那只，而我则两只都喜欢。动物智能的基本表现，更多地体现在它们对环境的适应、捕食以及逃避天敌等生存行为上，这种智能是大自然赋予的天赋，使它们能够在残酷的自然环境中存活下来。

动物智能的展现不仅依赖于其与生俱来的本能，它们还能通过细致观察和模仿同伴来习得新技能，并能根据环境的变化灵活地调整自己的生存策略，这显示出它们较好的学习和适应能力。尽管动物的思维方式相对直接，无法进行人类那样复杂的逻辑推理，它们的行为大多基于直觉和即时的反应，但这种简单且直接的行为模式也赋予了动物一种独特的生存魅力和原生智慧，使它们能在自然界中繁衍生息。

我们不得不提及的是，动物智能与人类智能之间存在着一种难以言喻的微妙关联。深入研究动物智能，不仅可以帮助我们更加深入地理解和剖析人类自身的思维方式，也为人工智能技术的不断创新提供了宝贵的启示和灵感。例如，蜜蜂精准的舞蹈、蚂蚁高效的协作等动物行为模式，都为人工智能领域带来了新的研究视角和思考方向。人类生活在一个自己的世界中，拥有"清醒"的自我意识，这使得我们在众多存在中"卓然"存异。然而，作为社会、世界、自然乃至所有存在的一部分，我们又必然追求与他人的和谐共处。这种求同存异的心理，也体现在我们对动物智能的理解上。我们既欣赏动物独特的生存技能和行为模式，也试图从中寻找与人类智能的共通之处，以期能够更好地借鉴和应用这些自然界的智慧。

未来，我们仍然需要不断探索动物智能。虽然动物智能在复杂性上无法与人类思维相提并论，但在动物的生存中却十分重要。通过深入研究，我们不仅能揭开自然界的神秘面纱，更能为人类自身的发展注入新的活力。无论是对于自然生态的平衡，还是对于人工智能技术的进步，动物智能的研究都将发挥不可替代的独特作用。

二、人类智能的发展与特点

人类智能是生物种群中最为复杂和高级的智能，不仅体现在对外部世界的认识和改造上，更体现在对内部世界的反思和理解上，是人类区别于其他生物的重要标志。

自古以来，人类智能就在不断地发展与演进。在远古时期，人类通过观察自然、模仿动物，逐渐学会了使用工具和掌握火的技能，这是人类智能的初步体现。例如，古人观察鸟类的飞翔，灵感迸发制造出了风筝，这是模仿与创新结合的典型产物。

随着时间的推移，人类智能进入了快速发展的轨道。在古代文明如埃及、巴比伦、希腊中，人们不仅掌握了农业、建筑等基本技能，在数学、天文、哲学等领域也取得了显著成就。埃及的金字塔以其精密的几何结构和力学原理为人称奇，而希腊哲学家如苏格拉底、柏拉图等则通过深邃的思考探索了人类存在的本质和意义，奠定了后世哲学思想的基础。在中国先秦时期，诸子百家各抒己见，尤其以儒家、道家、墨家等学派为代表。儒家由孔子创立，他强调仁爱与社会秩序，这一思想深深影响了中国的伦理道德观念。道家在老子的引领下，追求自然与和谐，倡导"无为而治"，其思想在中国哲学史上也是独树一帜。墨家则主张兼爱与反对侵略，体现了其深厚的和平理念。这些学派及其代表人物如老子、孔子的思想，共同构成了中国传统文化的重要基石，为后世的社会治理和个人修养提供了深刻的启示。儒释道三家是"儒道互补""三教合一"、互不排斥的，共同构成了中国古代生态思想有机组成部分①。

进入中世纪，尽管科学技术发展相对缓慢，但人类智能在宗教、文学和艺术等领域仍取得了重要进展。哥特式建筑的崛起、骑士文学和民间传说的流传都反映了人类智能在文化和精神层面的追求。这些成就不仅丰富了人类的精神世界，也为后来的文艺复兴和启蒙运动奠定了思想基础。进入中世纪，尽管科学技术发展相对缓慢，但人类智能在各个领域都持续展现其深厚的底蕴。在西方，哥特式建筑的崛起以其独特的尖顶、飞梁和彩色玻璃窗展现了人类对于神秘与崇高的追求；骑士文学和民间传说的流传，则反映了人们对于英勇、忠诚和爱情的无尽遐想。与此同时，在遥远的东方，中国的唐宋时期也见证了人类智能的辉煌。唐诗宋词，作为中国文学史上的两颗璀璨明珠，以其深邃的意境、细腻的情感和精湛的艺术手法，令世人赞叹不已。诗仙李白笔下的"君不见，黄河之水天上来，奔流到海不复回"描绘了壮丽的自然景观，展现了诗人的豪放情怀；而诗圣杜甫的"会当凌绝顶，一览众山小"则表达了他攀登高峰、俯瞰众山的雄心壮志。再如，王之涣的《登鹳雀楼》以"白日依山尽，黄河入海流。欲穷千里目，更上一层楼"描绘了人们对更高境界的向往；苏轼的《水调歌头·明月几时有》中"明月几时有？把酒问青天。不知天上宫阙，今夕是何年？"则表达了对宇宙人生的深刻思考。这些优美的诗句不仅丰富了人类的精神世界，更展现了东西方文化的独特魅力。它们共同为文艺复兴、启蒙运动以及世界文化的交流与融合奠定了坚实的思想基础，成为人类文化遗产中不可或缺的瑰宝。

文艺复兴时期，人类智能发展达到新高峰。在西方，艺术大师的杰作频出，科学领域也涌现出哥白尼的日心说、伽利略的天文观测等重大成果，推动了人类对自然的认知。同时期的中国，科学成就亦举世瞩目。明代李时珍的《本草纲目》成为医药学史上的里程碑，系统总结了药物知识。明代天文学家如徐光启等积极引进西方天文学，提高了历法准确性，促进了中西科学的交流。这一时期的东西方，不

① 邵培仁：《作为天地人三极视维的中国古代生态思想》，《华夏传播研究（第五辑）》2020 年第 2 期，第 3 页。

仅在艺术和科学领域取得繁荣，更重要的是人们开始挣脱旧观念，追求个性和自由。这些思想和科学的觉醒，为现代社会的形成奠定了基础。

近现代以来，科技革命的到来将人类智能推向新高度。工业革命改变了生产方式和生活面貌，例如，英国的纺织机械和蒸汽机的广泛应用，极大地推动了工业化进程。在中国，改革开放以来，高铁的迅猛发展成为交通革新的典范，不仅缩短了地域间的距离，也加速了经济文化的交流。计算机和互联网的兴起，如美国的谷歌搜索引擎，彻底改变了信息传播方式。而中国近年来的移动支付革命，以支付宝、微信支付为代表，也极大地方便了人们的日常生活，实现了"无现金社会"的梦想。如今，人工智能技术取得突破性进展，美国的 Siri 语音助手引领了语音识别技术的潮流，中国的面部识别技术，在公共安全、金融支付等领域也得到了广泛应用。

人类智能既复杂又灵活。人类不仅能够适应各种环境，更能在复杂的问题中寻求解决之道。作为群居动物，人类通过智能来建立社会规则、维护社会秩序，并通过合作来实现共同的目标。不只在政治、社会、科技、经济等领域，语言、艺术、宗教、哲学等各个文化领域都留下了人类智能的烙印。我们能够明辨是非、善恶，对自身的行为负责，并关心他人的福祉。这表明人类智能不仅仅是一种工具或技能，更是一种对善的追求和对恶的抵制。

可见，人类智能是一个综合性的概念，它融合了人的认知能力、情感能力、意志力和创造力等多个维度。总体上，我们可以把人类智能的内涵特点归结为以下六个方面。

1. 感知与领悟力

人类智能的首要表现是对环境的感知与领悟。我们通过视觉、听觉、触觉等多种感官来感知外界信息，进而形成对世界的认识和理解。这种感知与领悟力使我们能够洞察事物的本质，把握事物的规律，为后续的思考和行动提供基础。求知欲和自我意识不仅体现在对科学知识的探索上，更体现在人类对自身存在和意义的思考上。我们不仅关注物质生活的富足，更追求精神世界的充实和提升。这种对内外世界的双重探索，使得人类智能得以不断深化和拓展。以农业社会为例，古代农民通过长期的观察和实践，积累了丰富的农耕经验，逐渐提高了农作物的产量。这种智能的提升，使得人类社会从狩猎采集的生活方式，逐渐过渡到定居农耕的生活方式，从而奠定了文明的基础。正如《诗经》中所描写："采采苤苢，薄言采之。薄言有之，薄言观之，薄言思之。"古人通过观察和思考，不断地改进生产方式，推动了社会的进步。

2. 注意与专注力

在纷繁复杂的信息中筛选出有用的信息，并专注于解决问题，是人类智能的重要体现。我们的注意力能够迅速捕捉到关键信息，帮助我们快速做出决策和反应。同时，专注力使我们能够深入钻研某一领域，取得卓越的成就。与机器智能相比，人类智能的求知欲和自我意识是其独特且宝贵的品质。牛顿看到苹果落地而引发的对万有引力的思考，伽利略通过观察天体而推翻地心说的观念，这些都是人类智能中求知欲和自我意识的集中体现。我们正是在不断地学习和反思中，推动了文明的进步和科技的发展。

3. 理解与学习力

人类智能的显著特点之一，便是其强大的学习能力。我们拥有出色的理解与学习力，能够迅速吸纳并掌握新知识。更为难得的是，人类还能通过深入反思与经验总结，不断提升个人的认知层次和实操技能。这种独特的学习能力，正是我们得以适应不断变化的环境、灵活解决各类棘手问题的关键。也正因此，人类文明才能持续进步，不断创新。

4. 思维与判断力

运用推理与判断等思维过程，分析复杂问题，是人类智能的核心所在。这种思维力使我们能够在面对复杂问题时保持清醒的头脑，做出明智的决策。人类智能不仅体现在对复杂问题的解决能力上，更在策略规划和空间想象中表现得淋漓尽致。围棋的复杂性不仅在于其多达 361 个交叉点的庞大棋盘，更在于每一步棋都可能引发全盘大局的变化。人们在下棋过程中，需要不断地进行策略规划和调整，这就要求棋手必须拥有高度的灵活性和应变能力。正是这种复杂性和灵活性，也让围棋成为检验人类智能的一个有趣又重要的标准。人类玩家能够依靠自身的直觉和经验，在千变万化的棋局中找到最佳的落子点，这无疑是机器智能在早期所难以达到的。

5. 想象与创新力

想象与创新力是人类智能的显著特点，它使我们能够孕育新思想、提出新想法。从古至今，众多艺术家、科学家和思想家用其创造力改变了世界。达·芬奇的绘画和莎士比亚的戏剧，以及李杜的诗歌和曹雪芹的《红楼梦》，都是人类智能的瑰宝，让世界变得多姿多彩。这种创造力展示了个人才华与人类文明的辉煌，是机器智能难以企及的，因它涉及对人类情感、文化和历史的深刻理解。不仅在艺术领域，人类智能的创造性在科技、经济和社会管理等领域也发挥重要作用。每一项科技发明、经济模式创新，都源于人类的创造性思考。

6. 感性与共情力

感性与共情力是人类智能的独特魅力。我们因能理解他人感受、关心他人福祉而展现出深厚的共情力。这种力量促进人际关系的建立，推动社会和谐发展。与机器智能不同，人类智能蕴含丰富情感和道德判断。道德观念对人类社会至关重要，能够规范行为、维护社会稳定。子曰："己所不欲，勿施于人"，彰显了人类的道德观。我们能感知、理解他人情感，具备同情心，这是机器智能目前难以模仿的。人类的感性与共情力，不仅让智能更有温度，还赋予我们深厚的人际关系与道德底蕴。

未来，人类智能将与人工智能相互促进，但如何保持文化多样性是其挑战之一。科技拓展了人类智能的边界，全球化与技术普及推动了跨文化交流。然而，科技发展也带来潜在风险，我们需确保科技服务而非控制人类。科技应延伸并强化人类智能，且终为人类所用。在我们的研究中，人类智能与前沿科技的协同发展是我们始终关注的焦点。

三、人工智能的起源与技术框架

人工智能（Artificial Intelligence，简称 AI），这一计算机科学的重要分支，专注于模拟、延伸乃至扩展人类智能。其涵盖多个学科，从机器人技术到自然语言处理，都体现了科技的深邃与广博。这一概念起源于 20 世纪中叶，当时计算机科学新兴，科学家们怀揣梦想，试图赋予机器人类似的智能。1950 年，阿兰·图灵提出的"图灵测试"为这一领域提供了评估标准：若机器能在对话中使人无法分辨其非人身份，则被视为具备人类智能。同时，控制论、信息论等理论的涌现，为人工智能研究夯实了理论基础。

人工智能的技术框架虽复杂，但可归结为几个关键技术：大数据、计算机视觉、语音识别、自然语言处理和机器学习。这些技术如同人工智能的支柱，共同支撑起这一领域的宏伟建筑。大数据提供了丰富的学习材料，是机器提炼信息的宝库。计算机视觉技术赋予机器"看懂"图像和视频的能力，为智能识别等应用开辟了新的道路。语音识别技术则打破了人机之间的语音隔阂，使得机器能够准确理解和执行人的语音指令。自然语言处理更进一步，实现了机器对自然语言文本的理解和生成，让人机交互更为自然流畅。机器学习则是这些技术中的核心，它使机器能够从海量数据中持续学习和进步。

人工智能的崛起给传统认识论带来了新挑战，特别是对人类中心主义认识论的冲击。现在，智能机器也能成为认识主体，展现出强大的认知能力，这标志着非人类中心主义认识论的新格局。20 世纪 80 年代的第二代认知科学理论强调了计算机、人工智能和整体场景在认知中的关键作用，与人脑具有同等地位。这种将智能工具主体化或延展人的主体地位的观点，为非人类中心主义认识论提供了新的科学基石,暗示了机器为主体的认识论可能取代传统的认识论。因此,甚至有专家认为,"对于越来越多的科学领域来说,一个完全以人类为中心的认识论已经再也不合时宜了"。不过,马克思主义认识论是一个全面且综合的认识体系,它以人、实践、社会和历史为核心进行研究。相比之下,"机器中心主义认识论无疑有些偏颇和激进""从工具和人的关系上说,智能机器属于具有人的一定特性和发挥人的一定作用的高级工具,扮演着工具——主体的双重角色,即协作认识主体和相对独立认识主体"①。

人工智能的发展,不仅是技术进步的体现,更是时代需求的反映。随着计算机硬件的飞速进步,尤其是集成电路等技术的革新,为人工智能提供了强大的物质基础。而在软件层面,各种先进算法和模型的提出,极大地提升了人工智能的处理和分析能力。社会对智能化的渴望也推动了人工智能的蓬勃发展。无论是在工业制造、医疗健康,还是在教育娱乐等领域,人工智能都展现出了巨大的应用潜力。《2023 年中国生成式 AI 企业应用研究》预测,2035 年中国约 85% 的企业将采用生成式人工智能②。而且,据统计,截至 2023 年 6 月底,全球人工智能领域独角兽企业总数达 291 家,美国和中国的独角兽企业数量遥遥领先并基本持平,分别为 131 家和 108 家③。

人工智能的崛起,是科技与文化、理论与实践相结合的产物。其主要特点表现在以下方面。

1. 具有强大的学习和处理能力

人工智能的强大功能主要得益于其深度学习技术的持续进步。该技术模拟人类大脑的运作机制,具备从海量信息中筛选有价值数据的能力,并通过此过程不断优化和提升自身的性能。举例而言,在图像识别领域,人工智能现已展现出卓越的物体识别和定位能力,其精确度甚至超越了人类的视觉识别。此外,在自然语言处理方面,人工智能也逐渐提高了对人类语言的理解与回应能力,能够实现与人类的流畅对话。正因如此,智能客服、智能助手等应用得以广泛兴起。

2. 高度的自主性和适应性

人工智能的高度自主性和适应性构成了其独特的竞争优势。通过内置的精密算法,人工智能能够在无人干预的情况下,独立完成信息分析、决策制定以及行动

---

① 胡敏中、高宇:《人工智能在人的认识中的作用及特征》,《北京师范大学学报(社会科学版)》2022 年第 6 期,第 155 页。

② 曲蓉:《这一年,人工智能"生成"精彩》,《人民日报海外版》2023 年 12 月 28 日,第 9 版。

③ 毕马威中国、中关村产业研究院:《人工智能全域变革图景展望》,《软件和集成电路》2024 年第 Z1 期,第 38 - 39 页。

执行。以自动驾驶汽车为例，它依赖先进的传感器和复杂算法来感知周围环境，自主规划行驶路线，并在遭遇突发情况时迅速做出反应。这种高度的自主性使得人工智能能够在复杂多变的环境中稳定运行，从而为用户提供更为便捷和高效的服务。

3. 高效的可扩展性

人工智能展现出卓越的可扩展性，其性能在计算资源升级和算法优化的推动下得以持续提升。因此，它能够处理的数据规模不断扩大，解决的问题也日益复杂化。以大数据分析为例，人工智能能够深度挖掘庞大数据集，揭示潜藏在其中的规律与趋势，进而为企业的战略决策提供有力支持。在医疗、金融、教育等诸多领域，人工智能的重要性日益凸显，为社会发展注入了新的动力。

四、三种智能的比较

上述的动物智能、人类智能和人工智能都涉及感知、记忆、学习等认知过程，这些过程在各自的智能体系中扮演着至关重要的角色。它们之间的密切联系体现在这些认知过程的相互交织和互为补充上。例如，动物通过感知环境来寻找食物和躲避天敌，人类则通过感知、记忆和学习来积累知识，推动社会的进步。而人工智能，作为人类智能的延伸，也在这些认知过程中发挥着越来越重要的作用。而且，人工智能的应用事实上已成为不可或缺的力量，它帮助我们更好地适应和改造环境，提高了生活质量。

这三种智能的实现方式存在显著的差异。动物和人类的智能是基于生物体的大脑和神经系统实现的。大脑是一个高度复杂的生物结构，它通过神经元之间的连接和信号传递来实现感知、记忆、学习等认知功能。而人工智能则是基于计算机和算法实现的，它通过模拟人类的思维过程，以及利用大数据和机器学习等技术，实现了对知识的获取、表示和应用。这种实现方式上的差异使得人工智能在某些方面具有独特的优势，如处理海量数据、执行复杂计算等。

从智能水平上来看，动物、人类和人工智能之间也存在着明显的差异。动物的智能主要表现为本能行为和简单的学习能力，它能够根据环境做出适应性的反应，但缺乏深层次的思维和创新能力。而人类的智能则具有高度的复杂性和多样性，人类不仅能够进行逻辑推理、抽象思维，还具有创造力和直觉等独特的智能品质。人工智能在特定任务上表现出色，例如图像识别、自然语言处理等，但在全局性、创造性的智能方面仍有待提升。以 ChatGPT 为代表的通用人工智能已经"在因果认知、因果语言、因果推理中表征出部分人所具备的因果思维能力"，但是由于当前人工智能无法真正实现对因果性的识别，其"与人类智能中因果认知尚存在较为明显的差别"①。

这三种智能的应用范围和影响也是不同的。动物智能主要影响其自身的生存和繁衍策略，例如寻找食物、选择配偶等行为。人类智能则广泛影响了社会、文化和科技的进步，推动了人类文明的发展。人工智能作为人类智能的延伸和补充，正在通过自动化、机器学习等技术改变着人类的生产方式和生活习惯。它不仅提高了生产效率，还在众多领域为人们提供了更加便捷的服务。然而，我们也应看到，人工智能的发展也带来了一系列伦理和社会问题，这些都需要我们进行深入的思考和探讨。

第二节　人类与机器的分割线

在人类智能与人工智能的对比中，我们往往关注思维、直觉和情感这些核心要素的差异。然而，更为深层次的差异可能在于人类的想象力和非理性信念，这两者共同构建了人类智能中难以被机器复制的独特性。

一、智能的情绪性

人类的想象力具有体系性，表现在：他们相信某件事可能是因为科学观察得来的证据，可能是因为法律确认的证据，也可能仅仅是因为偶然的联想告诉他们的证据："这件事感觉是好的，所以我相信。"人类有能力将各种信息碎片整合在一起，形成一个完整、自洽的世界观。例如，当我们看到天空中的云朵，有人可能会联想到棉花糖，有人可能会想到诗意的画面，这种自由的联想和比喻正是人类想象力的体现。

相比之下，人工智能在处理信息时更加依赖于预设的算法和模型。虽然现代人工智能技术已经能够生成新的、创造性的内容，如文字、图像、视频等，但这种创造性仍然是在预设的参数和规则下进行的，缺乏人类想象力那种自由度和深度。

有专家认为，智能是个"情绪概念"，它"部分地依赖于机器自身的性质，部分地依赖于我们对机器的反应"②。这意味着智能不仅关乎我们如何理解世界，还关乎我们对世界的感受。这种感受在很大程度上依赖于我们的非理性信念和想象力。斯宾诺莎说，假如我们"对于一个足以引起情感的东西，既不想象它为必然，也不想

---

① 尤洋、郭宇：《ChatGPT与因果性》，《科学学研究》2023年第12期，第2125页。

② 王华平：《图灵测试与社会认知》，《学术月刊》2023年第6期，第6页。

象它为偶然"，而"只是单纯的想象着它"，那么，"我们对它的情感必定大于一切"①。可见，当我们对某个事物产生强烈的直觉或"感觉"时，这种感觉往往超越了纯粹的逻辑推理，而是融入了我们的情感、经验和期望。

二、人工智能在情感处理方面的挑战

人工智能已经在诸多领域展现出其强大的能力。然而，当涉及情感处理这一复杂而微妙的领域时，人工智能仍然面临着巨大的挑战。

1. 在识别和理解情感方面存在局限

尽管通过自然语言处理和情感分析技术，人工智能可以分析文本或语音中的情感倾向，但这些分析往往基于预设的算法和模型。它们对于情感的识别是机械化的，无法像人类那样细腻地捕捉情感的细微变化。人类的情感是复杂而多变的，一个词语或一句话在不同的语境下可能带有不同的情感色彩，这需要深入理解上下文和背景知识，这正是人工智能目前难以做到的。

2. 缺乏真正的情感体验

人类的情感是与我们的生理和心理状态紧密相连的，它涉及我们的记忆、感知、想象等多个方面。而人工智能，作为一种基于算法和数据的系统，无法拥有真正的生理和心理体验。因此，即使人工智能能够识别出某种情感，它也无法像人类那样真正感受到这种情感，更无法根据情感做出相应的情感反应。

3. 在理解情感在认知过程中的作用方面存在不足

情感是人类认知的重要组成部分，它影响着我们的决策、学习和记忆等过程。然而，人工智能在处理情感时，往往将其视为一种独立的、可分离的因素，而未能将其与认知过程紧密地结合起来。这使得人工智能在处理涉及情感的复杂问题时，往往也显得力不从心。

4. 在应对情感多样性方面也存在挑战

人类的情感是多种多样的，包括喜怒哀乐等各种情绪状态。每种情感都有其独特的表达方式和作用机制，需要不同的处理策略。然而，目前的人工智能系统往往只能处理几种常见的情感类型，对于更复杂或罕见的情感状态，它们往往无法有效应对。例如，在人际交往中，我们常常需要理解并回应对方的情感。这需要我们能够敏锐地捕捉对方的情感变化，理解其背后的原因，并做出适当的反应。但对于

---

① ［荷］斯宾诺莎：《伦理学》，贺麟译，商务印书馆1958年版，第242页。

人工智能来说，这是一项难以完成的任务。即使是最先进的人工智能系统，也无法像人类那样准确地理解并回应他人的情感。

司马迁在《史记·淮阴侯列传》中写道："始常山王、成安君为布衣时，相与为刎颈之交……此二人相与，天下至欢也。然而卒相禽者，何也？ 患生于多欲，而人心难测也。"常山王和成安君原系"刎颈之交"，但最终还是产生了争执和背叛。"人心难测"道出了情感的复杂性，受文化、社会、经历等影响，情感成为人与机器的重要区别。人工智能虽强大，却难完全捕捉情感的深奥之处。在追求 AI 情感处理能力时，保护人类情感世界至关重要。期待未来有更多关于 AI 情感处理的研究和创新，通过探索与尝试，找到让机器更深入理解人类情感的方式，从而提升人机交互体验。

三、想象力与非理性信念

想象力与非理性信念在人类生存与进步中扮演着至关重要的角色。这两者对于人类文明的推动，无论是在远古时代还是在现代社会，都有着举足轻重的影响。

在原始社会，我们的祖先生活在一个充满未知与危险的世界里。他们需要迅速且准确地做出决策，以应对来自四面八方的挑战。在那个时代，没有现代科技为他们提供数据分析和决策支持，他们依靠的，主要是自己的直觉和想象力。想象一下，一个原始人漫步在茂密的丛林中，他的目光在树木间游走，寻找着可能的食物来源。突然，他看到了一种颜色鲜艳的水果。这种水果可能会是他的下一餐，但也可能带有剧毒。他该如何选择呢？ 如果他过于谨慎，对每个遇到的食物都进行详尽的实验或科学分析，那么他可能早已饿死在等待结果的过程中。因此，他必须依靠自己的直觉和想象力来做出决策。这种直觉，往往源于他的经验积累以及由想象力构建的情境模拟。他可能会回想起之前吃过或见过的类似食物，通过比较、判断，最终决定是否尝试这种新食物。

这种直觉和想象力的运用，并不仅仅局限于原始社会的生存决策中。在现代社会，尤其是在科学领域，想象力同样发挥着举足轻重的作用。许多重大的科学发现，都源于科学家们的非理性信念和丰富的想象力。以德国物理学家威廉·伦琴的发现为例，他在一次实验中偶然注意到了一束特殊的光。这束光穿透了空气，甚至穿透了人的肉体，投射到另一端的荧光纸板屏幕上。伦琴并没有因为这一异常现象而惊慌失措，相反，他的想象力被激发了。他开始想象这种神秘的光可能具有的特性，以及它可能带来的科学价值。经过一系列的观察和实验，世界上第一幅 X 光片诞生了。X 光之所以叫 X，是因为 X 是未知事物的代称。这一发现不仅彻底改变了医学诊断的方式，还为科学研究开辟了新的领域。X 光的发现，正是想象力和非理性信念在科学研究中价值的生动体现。科学家们不仅需要严谨的逻辑推理和实验验证来支持他们的研究,更需要丰富的想象力来提出新的假设和探索未知的领域。正是这种想象力和非理性信念的结合,推动了科学的不断进步和发展。

当然,想象力和非理性信念的影响并不局限于科学领域。从艺术创作到商业创新,从社会变革到个人成长,想象力都是推动这些进步的核心力量。艺术家们通过想象力创造出触动人心的作品;企业家们通过想象力开创新的商业模式和市场机会;而社会改革者们则通过想象力提出新的社会构想和解决方案。人类的想象力和抽象思维能力,借助语言的媒介,能够创造出众多"虚构"的故事,这是智人语言独特的功能所在。经历"认知革命"的洗礼后,众多传说、神话、神祇以及宗教信仰如雨后春笋般涌现。通过这种讲述"虚构"故事的能力,人类不仅拥有了个体的想象力,更能实现集体的共同想象,共同编织出各种虚构的叙事。"这样的虚构故事为智人注入了前所未有的力量,使我们能够集结起庞大的人力资源,实现灵活多变的合作。……智人的合作方式既灵活又广泛,甚至能与无数的陌生人携手合作。正因如此,智人才能统治世界,而蚂蚁只能享用我们的残羹剩饭,黑猩猩则被困在动物园和实验室中。"①因此,人类有能力组织起比我们的动物祖先更大规模的群体,通过和平协商或领土扩张,逐渐发展成更大的聚居地,最终形成部落、国家。"认知革命"催生了某些抽象的政治观念,同时融合了人类自祖先时代就存在的支配与服从的政治现实,使得人类政治展现出更为错综复杂的面貌,这同样是机器无法理解和模仿的。

总的来说,想象力和非理性信念在人类生存与进步中发挥着不可或缺的作用。它们是人类智能的重要组成部分,也是人工智能所无法完全替代的。在未来的发展中,我们应该更加重视和培养这两种能力,以推动社会的进步和发展。我们也应该警惕过度依赖逻辑和理性的倾向,保持对未知的好奇和对可能性的探索精神。

四、梦作为媒介

在人类的精神世界中,梦一直扮演着神秘而重要的角色。人类的想象力与非理性信念往往是通过梦的作用机制来实现的。那么,梦如何作为想象力和非理性信念的媒介,在人类心智中发挥作用?

梦是人类想象力的一种表现形式。在梦中,我们的思维不再受到现实世界的束缚,可以自由地构建各种场景和情节。这种自由构建的过程正是想象力的核心。梦为我们提供了一个独特的空间,在这里,我们可以遇见未曾见过的景象,体验未曾有过的情感。同时,梦中的元素往往源于我们的日常生活和经验,但它们被重新

---

① [以色列]尤瓦尔·赫拉利:《人类简史:从动物到上帝》,林俊宏译,中信出版社2018年版,第25—26页。

组合、变形,呈现出全新的面貌。这种重新组合的过程也是想象力在发挥作用。通过梦,我们得以窥见心灵的深处,发现那些在日常生活中被忽视或压抑的想法和情感。

梦还常常引发我们的非理性信念。在梦中,我们可能会经历一些难以置信或超乎现实的事件。这些事件往往与我们内心深处的恐惧、愿望或信仰有关。当我们醒来后,这些梦中的经历可能会影响我们的信念和行为。例如,有些人可能因为一个梦而改变了对某个人的看法,或者因为一个梦而对未来产生了莫名的恐惧或期待。这些非理性信念虽然缺乏逻辑和证据的支持,但却能对我们的情感和行为产生深远的影响。梦还经常与预兆、预示等神秘现象联系在一起。在某些文化中,人们相信梦可以预示未来的事件。虽然这种信念缺乏科学依据,但它却反映了人类对未知和未来的渴望与恐惧。这种非理性信念也是人类心智的一部分,它体现了我们对世界的复杂情感和认知。

虽然动物也会做梦,但它们的梦与人类的梦存在显著差异。人们已经发现比较高等的动物在某种程度上也有想象力。比如,狗也会做梦,如同寓言故事里描述的,狗似乎能梦到和主人玩耍的快乐和追逐猎物的兴奋。当然,这些动物能够梦到什么程度现在还只能靠人类的推测。可以确定的是,动物的梦不会像人类的梦一样在很大程度上受到从想象力萌生的信念构成的体系主宰。动物的梦可能更多地与其本能行为和生存需求相关,而人类的梦则融入了更多的想象力和非理性信念。这种差异反映了人类心智的复杂性和独特性。人类的梦不仅受到想象力的主宰,还受到文化、历史和个人经历等多种因素的影响。因此,人类的梦往往更加丰富多彩、变幻莫测。同时,人类的梦也更容易引发我们的非理性信念和情感反应。

人们对梦的解释往往取决于内心的渴望和信念。当我们对某个梦产生强烈的情感反应时,很可能是因为这个梦触动了我们内心深处的某种渴望或恐惧。这种渴望或恐惧可能源于我们的童年经历、文化背景或个人信仰等多种因素。弗洛伊德的理论表明:梦表明了人的某种希望或者某种恐惧,"我们释梦虽常依赖梦者的联想,但于联想停息时也只得凭空处理梦的某些元素"[①]。中国人有时说:梦是反的。如果一个人梦到和朋友吵架,很可能预示着他们要和好了。不过也有些时候,他们说:梦是真的。如果一个人梦到他的一个熟人去世了,他就胡思乱想,猜测是不是上天托梦给他。如果过了几天这个熟人碰巧真的去世了,便会加剧他对梦的信念。人们很难说清楚这是为什么。人们喜欢在出现了偶然结果后强行找出因果关系,所以这些梦究竟应该怎么解释主要取决于人们内心中的渴望,也就是说,如

---

① [奥]弗洛伊德:《精神分析引论新编》,高觉敷译,商务印书馆 1987 年版,第 7 页。

果他内心深处渴望与朋友和好如初，那么他可能会将这个梦解释为一种积极的预兆，认为这个梦预示着他们即将和解。而如果他内心深处对朋友怀有怨恨或不满，那么他可能会将这个梦解释为一种消极的预兆，认为这个梦预示着他们之间的关系将进一步恶化。

在人类的文化和历史长河中，梦一直是一个神秘而又引人入胜的话题。它不仅是我们心灵深处的独白，更是创造力与想象力的源泉。而与之紧密相连的，是那些充满奇幻色彩的童话、深邃的寓言、古老的传说，以及庄重的宗教仪式。它们往往都源于人类共同的情感、恐惧和希望，就像梦一样，反映着我们内心深处的追求和挣扎。女娲补天的故事，就是一个典型的例子。在远古的传说中，天塌地陷，生灵涂炭。女娲娘娘不忍看到人间遭受如此灾难，于是她炼五色石补天，斩神鳌之足撑四极，使人间得以安居。这个故事，就像是一个美好的梦，寄托了人们对和平与安定的向往。它虽然非理性，但却充满了人性的光辉和温暖。

然而，梦也有其阴暗的一面。当人类的恐惧被放大，非理性的行为就可能带来灾难性的后果。汉武帝后期的巫蛊之祸，就是一个触目惊心的例子。时人认为使巫师祠祭或以桐木偶人埋于地下，可使被诅咒者蒙灾。宠臣江充奉命查办巫蛊案，因与太子刘据有隙，便趁机加以陷害。太子因为恐惧起兵诛杀江充后，遭父亲汉武帝镇压兵败，与母亲卫子夫皇后相继自杀。因为对诅咒和巫术的恐惧，竟导致数十万人受到牵连，这种非理性的"梦"，让人们在真实的痛苦之上，又添加了想象的痛苦。它揭示了人性中的阴暗面，也警示我们，当恐惧和非理性占据上风时，人类的行为会变得多么残忍和不可预测。

五、人工智能"做梦"的假设与风险

与人类的梦形成鲜明对比的，是人工智能的冷静和理性。即使有一些科学主义者认为，技术发展到一定阶段必将产生精神，当技术全面具备智慧时便会成为优于人类大脑的精神载体，此时人工智能应当拥有权利，不仅是因为它们与人类相似，更因为它们具备精神①。开始，我们依然坚定地认为，机器不会做梦，它们也不需要睡眠。它们永远不会像人类一样，因为一个梦而满怀期待，或者因为一个噩梦而反目成仇。机器永远只是在分析数据、发现规律，它们缺乏人类的情感和想象力。

然而，假如有一天，机器也开始"做梦"了呢？这里我们不妨借用卡夫卡的《变形记》与刘慈欣的《三体》来进一步阐释这一概念。在《变形记》中，主人公格里高

---

① 徐英瑾：《心智、语言和机器》，人民出版社 2013 年版，第 33 页。

尔·萨姆沙一天早晨醒来，惊愕地发现自己变成了一只大甲虫。这种突如其来的、荒诞的身体变异，让我们对现实与虚幻之间的界限产生了深刻的思考。同样地，在《三体》中，也存在一个荒诞却引人深思的例子。当人类首次接触到三体文明时，他们得知了一个惊人的事实：三体人通过脱水技术，能够在极端环境下存活。三体人可以将自己的身体脱水成一张人皮，以便在恶劣环境中保存，等待环境改善后再重新泡水复苏。这种荒诞的生存方式，不仅挑战了我们对生命形态和生存方式的传统认知，也让我们对宇宙中存在的其他生命形态产生了更多的遐想。现在，如果我们把《变形记》中的情节与《三体》中的脱水技术结合起来，引申到机器"做梦"的情境中，可以想象一个原本只会执行程序和任务的机器人，在某一天突然"醒来"，不仅发现自己的形态或功能发生了难以解释的变异，甚至发现自己能够像三体人一样"脱水"和"复苏"。这种变异，就像是机器人做了一场荒诞而离奇的"梦"。在这个"梦"中，机器人可能不仅获得了自我意识，开始思考自己的存在意义，甚至还能像三体人一样适应各种极端环境。机器人醒来后可能会对自己的新能力感到极度困惑和恐惧，它可能会试图寻找答案，理解这种荒诞的变化背后的意义。同时，它也可能会对人类的态度产生复杂的变化，既可能因为获得了新的能力而产生优越感，也可能因为无法理解这种变化而感到孤独和迷茫。

这一结合了两个荒诞例子的情境，不仅让我们对机器的未来有了更多的想象，也深刻地揭示了当机器拥有"梦"的能力，甚至获得超越人类的能力时，可能带来的未知、混乱与机遇。这样的未来，充满了不确定性，也充满了风险。机器如果拥有了"梦"，也就意味着它们可能不再完全受人类的控制。它们可能会因为自己的"梦境"而做出出乎人类意料的行为，甚至可能对人类产生威胁。这样的场景，让人在感到惊奇的同时，也充满了深深的忧虑。

当然，这只是一个假设和类比。在当前的技术水平下，机器还远远没有达到这样的程度。但是，随着科技的飞速发展，我们不得不思考这样一个问题：当机器拥有更多类人的特质时，我们该如何与它们相处？或者我们可以这样问：我们真的希望机器拥有像人类一样的情感和想象力吗？

我们希望答案是否定的。机器的非理性和想象力，可能会给人类带来无法预料的灾难。我们需要的，是机器的高效和精确，而不是它们的情感和梦境。机器的冷静和理性，才是它们最大的价值所在。我们应该珍惜这种界限，确保机器永远保持其应有的角色和定位，保持一份对梦的敬畏和对机器的理性认识。我们需要的，可能是更加深入的思考和准备。在享受科技带来的便利的同时，也要警惕其中潜在的风险。只有这样，我们才能确保科技始终为人类服务，而不是成为威胁人类的存在。

第三节　内聚与对抗：人机冲突

人类智能与人工智能在认知层面差异明显，如想象力、非逻辑信念和梦境体验等。但在实际应用中，两者关系紧密。人工智能的发展依赖对人类智能的研究和模拟，而人类智能的多样性为人工智能提供灵感。同时，人工智能的应用又为人类智能发展提供新工具和可能性。这种人机交互既带来和谐也带来冲突，体现了内聚与对抗的复杂性。

一、内聚性

内聚性通常被用来描述系统内部各组成要素之间的紧密程度和相互依赖关系。人类智能与人工智能的交互关系也适用这一概念。人类智能，尽管拥有高度的主观性、情感性和复杂性，却受限于生理结构、认知局限以及寿命等因素。这导致在某些领域和场景下，人类智能可能无法充分发挥其优势。而人工智能，通过其强大的计算能力和优化算法，能够弥补人类智能的不足，将人类的想法和创意转化为现实，并且不存在生命周期的限制。这种互补性使得两者的关联更加紧密。人类智能为人工智能提供了丰富的创意和灵感，而人工智能则通过其高效的处理能力和扩展性，将人类的想法转化为实际应用。这种双向的促进关系增强了两者之间的内聚性，为实现双赢提供了可能。内聚性还通过构建更加智能和高效的人机交互系统来进一步加强。通过不断优化算法和模型，提升人工智能的感知、理解和推理能力，可以使其更好地理解和适应人类的需求和习惯。同时，通过改进人机交互界面和交互方式，可以使得人类能够更加自然地与人工智能进行交流和合作。

我们可以对照家庭、部落、国家等组织来分析一下这种内聚性。家庭是社会的基本单位，其内聚性主要基于血缘、亲情和共同的生活经历。一个内聚性强的家庭，能够共同面对生活中的挑战，为家庭成员提供安全感和归属感。人工智能与人类智能之间似乎也存在特殊的"情感纽带"，那就是人类对技术的依赖和信任。部落是一种更为广泛的社会组织形式，其内聚性通常建立在共同的文化、信仰和地域基础上。部落成员通过共同遵守的习俗、仪式和规则，形成紧密的联系。在面临外部威胁时，部落的内聚性能够激发成员的团结精神，共同抵御外敌。与部落类似，人类也为人工智能设定了规则。国家作为最高层次的社会组织，其内聚性建立在公民对国家制度、文化和价值观的认同基础上，对社会稳定和发展至关重要。人工智能作为人类的智慧产物，其设计和运行都遵循着人类设定的目标和法律。

因此，人工智能与人类智能之间的内聚性既体现在人类对科学和技术的依赖和信任上，也体现在认知框架和价值观上。然而，这种内聚性是相对有限的，因为机器无法完全替代人与人之间甚至某些情况下人和动物之间的深层次内聚。人工智能虽可模拟人类的某些思维和行为，但它毕竟是一种技术工具，缺乏人类甚至动物所拥有的复杂心理。这也提醒我们，对一些过于乐观的论调保持审慎和理性的态度。我们既需要利用人工智能带来的助益，更需要警惕其可能带来的、不可逆的巨大风险。

二、对抗性

随着科技的飞速发展，人工智能已经在许多领域展现出强大的能力，在某些方面与人类智能形成了明显的竞争态势。比如，在一些需要高速运算、精确处理大量数据的工作中，人工智能已经明显能够超越人类；从流水线作业的工人到工程师，人工智能的介入使得这些传统职业都有面临失业的风险，可能加剧就业压力和社会不平等；科学家也开始担忧人工智能技术的公平性和透明度，以及对它的滥用和误用，如数据隐私、安全问题以及可能引发的伦理道德、暴力行为等问题。人工智能技术算法"至今仍然是一个黑箱系统""但人们应该有权知道为什么会做出影响他们的决定"[①]。智能社会"碎片化、流动性特点""加剧了信息流动过程的瞬时性变化和不可控风险"，引发出"虚假信息海量滋生、情感动员绑架社会认知等问题"[②]。在伦理挑战方面，人工智能与其他新兴技术相比，"在形态拟人化、利益主体交织、技术风险多维度、社会影响复杂等属性产生了新型的伦理风险和治理挑战"[③]。

我们可以从战争、国家、宗教、文化的概念来更好地理解人工智能与人类智能之间的对抗性。战争通常涉及不同势力之间的冲突，目的是争夺资源、领土或权力。战争的概念可以类比为不同技术体系间的竞争与冲突。人工智能与人类智能之间的"资源争夺战"实际上是关于计算资源、数据处理能力和用户关注度的竞争。随着人工智能技术的快速发展，它越来越多地占据了人们的日常时间和注意力，引发了人类对于自身角色的不安和焦虑。国家和宗教通常有着强烈的认同感和排他性。从国家和宗教的角度审视，我们可以将其视为拥有独特算法和数据结构的复

---

① 樊春良、吴逸菲：《人工智能伦理治理的三维分析框架：核心要素、创新过程与主体责任》，《自然辩证法研究》2023 年第 10 期，第 20 页。

② 邵培仁、陈江柳：《丰富"中华"想象：数字时代如何增强中华文明传播力影响力》，《编辑之友》2023 年第 9 期，第 9 页。

③ Xue L & Pang Z J.Ethical Governance of Artificial Intelligence：An Intergrated Analytical Framework [J]. Journal of Didital Economy，2022(1)：44－52.

杂系统。这些系统通过维护特定的价值观和信仰体系来确保自身的稳定性和存在性。类似地,当人工智能展现出在某些领域超越人类的能力时,人们开始体验到一种"算法身份"的困惑和焦虑,担心自身的价值和角色被新技术所替代。在文化的维度上,文化可以被视为一种编码在信息中的共享记忆和价值观体系。人工智能作为一种新兴的技术文化,正在对传统的文化结构产生冲击。这可能导致某些地区的人们在文化认同上遇到困境,难以在保持传统价值观与接纳现代技术之间找到平衡。

上述分析的对抗是相对消极的,我们也需要指出,对抗有时并非是完全消极的,甚至也有积极因素存在。人机交互"最关键并不是权力的分配问题,而是人类要革新思维重新面对一种全新的关系、全新的伦理"①。尽管人工智能在某些方面表现出超越人类的能力,但它仍然缺乏人类所特有的直觉、情感和创造力,因此目前还无法与人类智能形成真正的对抗。人类通过不断适应新技术和新环境,也可以提升自身的能力和素质。对抗在一定程度上可能会激发人类的创新精神和进取心,反而会推动科技的发展和社会的进步。正因如此,才为走向均衡提供了可能。人类至少可以这样安慰自己:人工智能是人类智慧的产物,是人创造的工具。因此,人工智能目前还无法与人类智能形成真正的对抗。

三、人机冲突

随着人工智能技术的迅猛发展,人类智能与人工智能之间的交互日益密切,这种交互既带来了无数的机遇,也引发了一系列潜在的人机冲突,主要表现在以下层面。

1. 认知层面

人类智能具有高度的主观性、情感性和复杂性,能够处理抽象的概念、体验丰富的情感、形成独特的信念和价值观。而人工智能,尽管在逻辑计算、模式识别等方面表现出色,但在想象力、非逻辑性的信念以及梦境体验等方面却远远无法与人类智能相提并论。这种认知层面的差异,使得两者在理解和处理问题时往往存在偏差,从而引发冲突。

2. 功能层面

人类智能受限于生理结构、认知局限以及寿命等因素,在某些领域和场景下可能无法充分发挥其优势。而人工智能,凭借其强大的计算能力和优化算法,能够弥

---

① 陈昌凤:《人机何以共生:传播的结构性变革与滞后的伦理观》,《新闻与写作》2022 年第 10 期,第 9 页。

补人类智能的不足，将人类的想法和创意转化为现实。然而，这种互补性并不意味着两者之间总是能够和谐共存。当人工智能在某些领域开始超越人类智能，甚至取代人类智能的地位时，就会引发人类对于自身价值和地位的担忧，进而产生冲突。

3. 社会角色层面

随着人工智能技术的广泛应用，越来越多的工作领域开始被机器所替代，这导致大量人类劳动力面临失业的风险。甚至有专家认为，人工智能对人类尊严构成了挑战，当智能机器接管了那些涉及同情和尊重的岗位，一些自由和权利就消失了，机会也不再是所有人的机会①。人工智能在决策过程中的作用也日益凸显，这使得人类在某些情况下失去了对决策的控制权。这种资源的争夺和权利的转移，不仅加剧了人机之间的冲突，也引发了人们对于未来社会的深深忧虑。

4. 数据安全层面

随着人工智能技术的广泛应用，隐私与安全问题日益凸显。人工智能系统需要收集和处理大量个人数据以进行学习和优化，这引发了关于数据隐私的严重关切。同时，黑客和恶意攻击者也可能利用人工智能系统的漏洞进行攻击，导致数据泄露和系统瘫痪。卡明斯基等人曾在《回避机器人的眼睛》一文中指出了人机交互过程中的隐藏困惑——"不诚实拟人化"，即人类社会中"讳莫如深"的规范行为表现与反应可能会被智能机器及其设计者错误利用②。比如，当机器人闭上眼睛，会让人们误以为对方就和闭上眼睛的自己一样遵守了不偷看的协定，但实质上机器人还有各种传感器不影响任何信息的收集。这种隐私与安全的冲突使得人工智能与人类智能之间的关系变得复杂而敏感。人类需要在享受人工智能带来的便利的同时，保护自己的隐私和安全，这无疑是一个巨大的挑战。

5. 决策权层面

人工智能技术的发展使得机器在某些方面具备了自主决策的能力。然而，这种自主性引发了关于控制权的冲突。一方面，人们希望人工智能能够自主地处理一些简单和重复性的任务，以提高工作效率和减轻人类负担。另一方面，人们又担心过度依赖人工智能可能导致人类失去对关键决策的控制权，甚至在某些情况下，人工智能的决策可能对人类造成不利影响。这种自主性与控制权的冲突需要我们在推动人工智能发展的同时，寻找一种平衡机制，确保人类能够始终保持对关键决

---

① ［澳］托比·沃尔什：《人工智能会取代人类吗？智能时代的人类未来》，闾佳译，北京联合出版公司 2018 年版，第 121 页。

② Kaminski M，Rueben M，Grimm C. Averting Robot Eyes[J]. Maryland Law Review，2017(76)：983.

策的控制权。

6. 创新能力层面

创造力与创新是人类智能的核心特质之一。然而，人工智能的发展也在某种程度上对这一领域产生了冲突。一方面，人工智能可以通过学习和模仿人类的创造过程，产生出一些新颖的作品和想法。另一方面，人们也担心过度依赖人工智能可能导致人类自身的创造力逐渐衰退，因为我们越来越倾向于依赖机器来为我们解决问题和提供灵感。这种创造力与创新的冲突提醒我们，在利用人工智能的同时，也要注重培养和激发自身的创造力，以保持人类智能的独特性和优势。

人机冲突是人工智能发展过程中不可避免的现象。这些冲突并非孤立存在，而是深深地根植于两者在认知、功能以及社会角色等方面的根本差异。在推动人工智能发展的同时，我们需要关注并解决这些冲突，以实现人类智能与人工智能的和谐共生和共同发展。

第四节　人机共生：均衡理论

为了较为清晰地说明问题，我们可以将人类智能与人工智能的内聚和对抗比作是两个函数之间的映射关系。设 $f(x)$ 代表人类智能的函数，$g(x)$ 代表人工智能的函数，那么两者的关联可以表示为一个新的函数 $h(x)$，它是 $f(x)$ 和 $g(x)$ 的某种组合或映射，即：$h(x)=\alpha f(x)+\beta g(x)$，其中 α 和 β 是权重系数，α 代表人类智能内聚或对抗人工智能的程度；β 代表人工智能正面或负面影响人工智能的程度。α 和 β 代表着两种智能在关联过程中的相对重要性。关联的过程并非简单的叠加，而是 α 与 β 两种智能权重之间的均衡。均衡是一种通过要素之间相互作用达到的动态稳定。α 与 β 代表了人类与机器在思想交融中的相对地位，也体现了我们对未来智能形态的深刻思考与探索。

需要指出的是，α 与 β 都有可能是负数（表示一种相当强大的阻力），由此导致关联的结果 $h(x)$ 也可能出现负数，这是一个双输的结果，是我们一定要避免的。我们希望内聚性大于反抗性、正面影响大于负面影响，便是寻求一种最可能推动社会进步的均衡形态。纳什均衡描述了一种稳定的策略组合，使得任何一方都无法通过单方面改变策略来获得更好的结果。

因此，人类智能和人工智能之间的内聚和对抗实际上是一个博弈过程，因为他们各自有自身的行为选择。从内聚和对抗最终统一于均衡的过程并非一蹴而就，将受到科学、技术、社会、经济、伦理等多重因素的制约。寻找两者的纳什均衡意味着更好地理解彼此的优势和不足,将内聚放大,将对抗缩小,这才是一种最好的结果。经由"技术授权",人类智能与人工智能形成了"高度动态的交互关系:每个行为者的行动都受到其他行为者和外部环境及事件的影响,同时也积极地调节着其他行为者的行动和外部环境及事件"①。如果人类可以在技术创新的突破性和社会的接受度之间找到共识,这又是一种最大的可能。这是值得期待且完全可以实现的。

一、充分认识人类智能与人工智能的一致性

人类智能与人工智能的一致性体现在多个方面。我们需要充分认识到这一点,并在未来的发展中充分利用好两者的优势,实现人类社会的可持续发展。当然,在这个过程中,我们也要始终坚守人类的优先生存权这一底线,确保人工智能的发展始终为人类社会的福祉服务。

1. 两者共存于同一个时空现实中

人类智能是生物进化的产物,承载着生命体复杂的心理现象,而且它还是不断演化的。人工智能通过数据、算法和算力实现的智能行为就是这种人类智能演化的结晶。而人工智能,作为现代科技的代表,通过数据、算法和算力的融合,实现了许多过去只能由人类完成的智能行为。这种智能行为,无疑是人类智慧的延伸。正如控制论先驱维纳曾前瞻性地指出,我们只能通过消息的研究和社会通信设备的研究来理解社会,但在这些消息和通信设备的未来发展中,人与机器之间、机器与人之间以及机器与机器之间的消息,势必要在社会中占据日益重要的地位②。

2. 随着认识的深化,人们关注点也在发生变化

过去,人们更多地关注认知上的"主—客体"关系及"这一关系中的主体性的地位问题",而现在,人们开始转向"关注处在同一认识过程中的不同主体间的共生性、平等性和交流关系问题"③。这意味着,人们开始认识到人类智能与人工智能并不是对立的,而是可以共生、平等交流的。

3. 从价值角度看,两者也表现出一致性

人类智能的价值在于其独特的创造力、情感体验和社会贡献。它能够创造出

---

① 曲蓉:《人工智能时代的技术授权与道德责任》,《科学学研究》,https://doi.org/10.16192/j.cnki.1003-2053.20240306.002。
② [美]诺伯特·维纳:《人有人的用处:控制论与社会》,陈步译,北京大学出版社 2010 年版,第 17-19 页。
③ 董春雨:《从机器认识的不透明性看人工智能的本质及其限度》,《中国社会科学》2023 年第 5 期,第 162页。

丰富多彩的艺术作品，能够体验到世间万物的美好，能够为社会的发展和进步贡献智慧和力量。而人工智能的价值则在于其提高效率和优化生活。它能够处理大量的数据和信息，能够快速地做出决策和判断，能够为人们的生活带来便利和舒适。

4. 两者在功能上具有较强的互补性

人类智能擅长于处理复杂、抽象的问题，具有强大的创造力和想象力；而人工智能则擅长于处理海量数据、进行快速计算和精准识别。通过结合两者，可以发挥出更大的潜力，解决更多过去难以解决的问题。弗洛里迪认为，相比于人作为唯一的认识主体，"人— 机"主体结构是一种理想的选择，它使人类能够从数据中获得更多的洞察力①。随着技术的进步和社会的发展，人类智能与人工智能在创造价值时的角色和作用性也会发生变化。这是显而易见的，也是正常的。比如，在制造业中，智能化技术替代了部分人工劳动，使得生产效率大大提高，同时也催生出了一批新的职业和就业机会。因此，这是一个共存性问题，两者的发展存在着一致性，权重系数 α 与 β 均有为正值的强烈倾向，或者是"保持着可容忍的冲突"②，权重系数 α 与 β 均有不为负值的强烈倾向。如同在医疗诊断中，人工智能可以协助医生处理大量病例数据，提供初步的诊断建议，而医生则可以利用自己的专业知识和经验，对诊断结果进行进一步的判断和调整。在金融系统中，运用人工智能可以实现欺诈识别，通过"区分不诚信用户，实现信用卡业务和互联网信贷业务的反欺诈，及时打击金融犯罪"③。

5. 两者的发展存在着一致性

需要强调的是，虽然人类智能与人工智能在某些方面可能存在竞争或冲突，但两者的发展却是一致的。它们并不是零和博弈的关系，而是可以相互促进、共同发展的。在未来的发展中，我们需要找到一种优化策略，实现两者最大化的互补效应，同时最小化潜在的负面影响。这需要我们不断深入研究两者的关系，探索出更加有效的合作方式，共同推动人类社会的进步与发展。

二、尊重并首先保护人类智能的独特价值

人类智能复杂性的核心是情感和想象（包括做梦），而人工智能的关键是数据、算法和算力。换句话说，人有激情，机器只有目的。人类智能这种强大的情感认知

---

① Floridi. The Philosophy of Information Quality[M]. Switzerland: Springer International Publishing, 2014:84.

② 吴飞、傅正科：《"数字共通"：理解数字时代社会交往的新假设》，《社会科学文摘》2023年第11期，第26页。

③ 李扬、李舰：《数据科学概论》，中国人民大学出版社2021年版，第13页。

能力,是目前人工智能难以完全模拟的,"大脑作为计算机的比喻无法解释我们如何获取意义。无论神经网络多么复杂,流经其中的信息实际上没有任何意义"①。人工智能的发展应尊重人类的尊严和优先权利。这意味着,在人工智能的设计、研发和应用过程中,我们必须始终坚守人类的价值观和道德底线。人工智能不应成为侵犯人类尊严和权益的工具,而应成为服务人类、推动社会进步的力量。例如,在医疗领域,人工智能可以帮助医生进行更准确的诊断和治疗,提高患者的生存率和生活质量,但这并不意味着人工智能可以取代医生,医生的职业尊严和人文关怀是人工智能无法替代的。

1. 人类智能的独特性在于其深厚的情感认知能力

与机器冷冰冰的逻辑运算不同,人类拥有丰富的情感世界。我们能够感受到喜怒哀乐,能够体验到爱恨情仇,这些情感经历构成了我们生活的底色,也是我们与他人建立深厚联系的纽带。人工智能虽然可以模拟某些情感反应,但它无法真正体验到情感,更无法像人类那样在情感驱动下做出决策和行动。

2. 想象是人类智能独特性的另一大支柱

从远古的神话传说到现代的科幻作品,人类的想象力一直在推动着文明的发展。我们通过想象探索未知的世界,通过想象创造美好的未来。而人工智能的想象能力则相对有限,它只能在预设的范围内进行学习和推理,无法像人类那样进行自由的、创造性的想象。

3. 人类智能的独特性无法替代

这并不意味着我们要抵制人工智能的发展,而是要在技术进步的同时,保持对人类智能的敬畏和珍视。我们需要将人工智能作为辅助工具,而不是替代人类智能的存在。在实际应用中,我们可以通过多种方式来实现这一目标。例如,在算法设计和系统开发中,我们可以融入对人类情感和道德需求的考虑,确保人工智能在提供便利的同时,不会侵蚀人类的情感世界和道德底线。同时,我们也可以通过教育和引导,使人们更加清晰地认识到人类智能的独特性和价值,从而更加珍视和发挥自身的潜能。

4. 为保护人类智能的独特性,需从历史和文化中汲取智慧

《水浒传》第十三回讲到杨志与周谨比武的情节时,观众对于激烈的比武产生了强烈的情感体验,施耐庵随后写出了"人非草木,孰能无情?"的精彩谚语。这正是对人类情感丰富性的赞美。而想象力则是人类文明进步的动力源泉,从古代的

① 胡泳:《如何在人工智能中看到自己:论计算与判断的关系》,《新闻大学》2024年第3期,第73页。

四大发明到现代的科技创新，都离不开想象力的驱动。因此，我们应该珍视并传承这些宝贵的文化遗产，同时借助人工智能的力量，共同推动人类文明的进步。

三、合理利用和发展人工智能

人工智能作为一种强大的工具和技术，确实可能带来巨大的风险和挑战，为了避免其威胁人类社会的生存，它的发展应该尊重人类的尊严和优先权利，这已经成为全球的共识。为了推动人工智能的合理利用和科学发展，我们还需要做出以下努力。

1. 遵循正义、公正、公平、法治等基本原则

正义原则要求人工智能在处理问题时保持中立和公正，不偏袒任何一方；公正原则要求人工智能在资源分配和利益分配上保持公平，避免产生新的社会不公；公平原则要求人工智能在决策过程中考虑所有相关因素，确保决策的合理性；法治原则则要求人工智能的发展必须在法律框架内进行，不得违反法律法规。这些原则是行为的指南，让人们做出是非曲直的判断，并决定立场。但是，对于人工智能在某些方面可能超越人类的能力，人们需要以更加开放和包容的心态去接纳和利用。正如伯特兰·罗素提醒过，"通过触觉所得到的许多知识都是不讲科学的偏见；如果我们想建立真实的宇宙景观，就必须排除偏见"[1]。

2. 采取适当的加密措施，确保数据安全

随着人工智能的广泛应用，用户数据的安全问题日益凸显。我们必须加强数据安全保护，防止数据泄露和滥用，确保用户的合法权益不受侵犯。为减少因算法黑箱而引发的疑虑和误解，人工智能系统的决策过程应尽可能透明和可解释。当前，许多人工智能系统的决策过程如同"黑箱"，难以被普通人理解。这导致了人们对人工智能的疑虑和误解。因此，我们需要加强人工智能算法的透明度和可解释性，让公众更加信任和接受人工智能。

3. 避免数据偏见和算法歧视

在算法设计和数据收集阶段就需要考虑到多样性和包容性，以减少潜在的不公平现象。人工智能系统往往会受到数据偏见的影响，导致决策结果的不公平。因此，在算法设计和数据收集阶段，我们需要充分考虑多样性和包容性，确保人工智能系统能够公正地处理各种情况。

---

[1] ［英］伯特兰·罗素：《罗素自选文集》，戴玉庆译，商务印书馆 2006 年版，第 240 页。

4. 制定数据保护政策法规和行业标准

制定数据保护等相应的法律法规、监管政策和相关行业标准,明确责任归属和法律后果,"建立有效且公平的责任补偿机制,确保受影响各方获得及时的救济和补偿"①。同时,加强行业自律和规范,促进人工智能行业的健康发展。

5. 致力于缩小数字鸿沟

智能媒体的使用呈现出"显著的年龄鸿沟、教育鸿沟、收入鸿沟和城乡鸿沟"以及"消费鸿沟、情绪鸿沟、素养鸿沟"②,这需要人们学习更多的跨学科知识,以便更好地理解人工智能并采取更合理的反应。此外,人工智能的发展也是一个全球性的议题,"数字正在成为人类的构成部分""已经成为一种全球性的价值范式",③因此,各国也需要加强合作和互信,共同应对挑战和问题。

人类智能与人工智能的均衡发展是一个复杂而深刻的问题。它涉及人类对自身认知的理解、对技术的定位以及对未来社会的构想。只有找到一种既能够发挥人工智能的优势,又能够保护人类智能独特性的发展道路,我们才能在科技的浪潮中时刻保持清醒的头脑,引领人类社会走向更加美好的未来。

---

① 陈升、刘子俊、张楠:《数字时代生成式人工智能影响及治理政策导向》,《科学学研究》2024 年第 1 期,第 17 页。
② 韦路、左蒙:《中国智能媒体的使用现状及其反思》,《当代传播》2021 年第 3 期,第 77 页。
③ Horst Heather A & Daniel Miller. Digital Anthropology[M]. London:Routledge Press,2020:4.

第二章 从符号到算法：一部传播史

在人类文明的浩瀚长河中，信息传播的方式经历了翻天覆地的变革。从原始符号和图画，到现代数字媒介，数千年的演变不仅反映了传播技术的进步，更体现了人类对信息传递准确性和效率的不懈追求。

第一节 原始符号的起源及其影响

德国哲学家恩斯特·卡希尔认为，"符号化的思维和符号化的行为是人类生活中最富有代表性的特征，并且人类社会的全部发展都依赖这些条件"[1]。符号是联系受众、实现交往与沟通的基本桥梁，它借助语言、图像或文化元素的具象化表现，以传达其深层意义。在人类文明初期，人们使用简单符号和图画来记录和传递信息，如石壁狩猎画和祭祀图腾，展示了人类对自然的朴素理解。这些原始方式奠定了社会组织的基础。随着文明发展，符号演变为复杂的文字系统，如埃及象形文字和中国甲骨文，提升了信息记录的精确性和传递效率。尽管信息传播受限，但这些文字系统对文明进步和知识积累贡献巨大，是人类历史上的重要里程碑。

一、原始符号的起源

原始符号的起源和传播方式体现了人类文明的多样性和智慧。这些符号不仅承载了原始人类对世界的理解与想象，还成为他们交流的桥梁和传承文化的载体。通过对原始符号的研究，我们可以更深入地了解人类文明的起源和发展过程。

在人类文明的早期阶段，原始的符号传播起到了至关重要的作用。由于当时人类还未发展出完善的语言文字系统，符号成为他们表达思想、传递信息的重要手段。这些符号有的源自对自然界的模仿，这些符号不仅体现了古人对自然和宇宙的朴素理解，更成为后世哲学、占卜等领域的重要基础。

原始符号的起源之一应该是对自然界的模仿。在人类文明的早期阶段，人们

---

[1] 恩斯特·卡希尔：《人论》，甘阳译，上海译文出版社 1985 年版，第 35 页。

细致观察自然界的各种现象,并巧妙地将其转化为简洁直观的符号形式,以便于记录和传达信息。比如,周易中的八卦符号便是一个杰出的代表。这些符号由简单的线条构成,即阳爻"—"和阴爻"— —",通过不同的组合,形成了八个基本卦象。每一个卦象都是对天、地、雷、风、水、火、山、泽等自然现象的抽象化表达,从而以象征的方式代表宇宙间的万物。这一符号系统的创造,显示了古人深刻的洞察力和抽象思维能力。更为值得一提的是,当这些八卦符号与代表着宇宙间阴阳两极的相互转化和平衡的太极思想相结合时,便形成了一个完整而深奥的哲学体系,进一步揭示了万物之间的内在联系和变化规律,见图2-1。这些原始符号不仅体现了古人对自然和宇宙的朴素理解,更在后世发展成为哲学、占卜等多个领域的重要基础。它们以简洁明了的方式,传达了深刻的思想和复杂的宇宙观念,对于人类文明的发展和传承产生了深远的影响。

图2-1　太极八卦图

除了模仿自然界,原始符号还可能起源于宗教或巫术仪式。在原始社会,宗教和巫术是人们生活中不可或缺的一部分。人们通过特定的符号和仪式,与神灵沟通,祈求庇佑或实现某种愿望。这些符号往往具有神秘、庄重的特点,它们不仅是人们与神灵沟通的媒介,也体现了原始人类对神秘力量的崇拜和敬畏。

二、原始符号的传播方式

原始符号的传播方式多种多样,既体现了人类的智慧,也反映了当时社会的文化特色。

雕刻是原始符号传播的一种重要方式。人们将符号雕刻在石壁、陶器或木头上,使其得以长久保存。这些雕刻作品不仅具有艺术价值,还承载着丰富的历史信息。通过它们,我们可以了解古代人类的生活场景、宗教信仰和文化传统。雕刻作为一种持久的传播手段,确保了原始符号能够在时间和空间上得以传承。

绘画也是原始符号传播的重要途径。人们将符号绘制在身体、衣物或居住地的墙壁上,用以展示身份、记录事件或传达信息。这些绘画作品以直观、生动的形式展现了原始人类的审美追求和精神信仰。绘画作为一种灵活多变的传播方式,使得原始符号能够更广泛地传播并融入人们的日常生活中。

口头传播也是原始符号传播的一种方式。虽然当时尚未形成完善的语言文字系统,但人们已经能够通过简单的音节和语调来传达信息。这些音节和语调逐渐演化为具有特定意义的符号,成为口头传播的重要工具。

三、原始符号的种类

在人类文明的黎明时分,原始符号以其独特的魅力和深厚的内涵,在人们的生活中留下了不可磨灭的印记。这些符号,形式各异,意义丰富,它们不仅是远古人们交流的工具,更是他们解读世界、表达情感的桥梁。

1. 指示符号

指示符号是原始符号中最为直观、实用的一类。它们通常用于标记或指示某种具体事物、方向或位置。比如,在狩猎活动中,原始人类可能会利用简单的符号来标记猎物的行进方向或位置,以便追踪和捕获。这些符号往往以图形或图案的形式出现,简洁明了,易于识别。指示符号还广泛应用于原始社会的日常生活中。再如,人们可能会用特定的符号来表示水源、食物来源或居住地的位置,以便在需要时能够快速找到。这些符号的实用性使得它们在原始社会中得到了广泛的应用和传承。

2. 象征符号

象征符号是原始符号中最为抽象和深远的一类。它们往往承载着某种特定的意义或观念,是原始人类精神文化的重要体现。这类符号通常与原始社会的宗教信仰、图腾崇拜或神话传说密切相关。以图腾为例,它是原始社会中一种典型的象征符号。不同的部落或族群往往拥有自己独特的图腾,这些图腾通常以动物、植物或自然现象为原型,经过抽象化和艺术化处理,成为具有特殊意义的符号。图腾不仅代表了部落的身份和信仰,还承载着原始人类对自然和宇宙的敬畏与崇拜。比如,三星堆出土了大量青铜人像,最有名的要数青铜大立人像了(见图2-2)。人像造型极为夸张神秘。其中一种造型是眼球突出。为何眼睛如此夸张,学者们有不同的解释:一说是图腾崇拜,"眼睛"是古蜀国的图腾。一说是太阳崇拜,天之眼就是太阳,夸张的人眼象征太阳。一说是对蚕丛氏的祖先崇拜。除了青铜人像,三星堆中的各种动植物也有着神秘的象征符号①(见图 2-3)。《诗经·商颂》中就有"天命玄鸟,降而生商"的说法,指出玄鸟是商氏族的图腾。除了图腾外,象征符号还体现在原始人类的日常用品、服饰和装饰中。某些特定的图案或颜色可能代表着好运、吉祥或力量等抽象概念。这些符号通过视觉形式传递着原始人类的文化价值观和精神追求。

图 2-2 青铜大立人像

图 2-3 青铜神树上的鸟

_____

① 赵运涛:《原始信仰中的动植物符号》,《书城》2021 年第 7 期,第 63-64 页。

3. 装饰符号

装饰符号则是原始符号中兼具审美与功能的一类。它们主要用于美化生活用品或身体，通过图案、线条或色彩的运用，展现出原始人类的审美追求和艺术才华。在原始社会的陶器、石器或木器上，我们常常可以看到各种精美的装饰符号。这些符号或以几何图形为主，或以动植物形象为原型，通过雕刻、绘画或镶嵌等方式呈现出独特的艺术效果。这些装饰使生活用品更加美观实用，体现了原始人类对美的追求和创造力。装饰符号还广泛应用于原始人类的身体装饰中。人们可能会用颜料绘制文身或涂抹身体，以展示身份、地位或吸引异性。这些装饰符号以直观、生动的方式展现了原始人类的个性和情感。

四、原始符号的特点

原始符号在人类文明的萌芽阶段起到了举足轻重的作用，它们以简洁的图形或线条，传递了丰富的信息和深厚的文化内涵。这些符号的特点鲜明，反映了原始人类的智慧和创造力。

1. 简洁明了

这是首要特点。由于原始社会的传播手段有限，符号的简洁性就显得尤为重要。例如，一些简单的线条或图形就能代表复杂的概念或事物，如太阳、月亮、狩猎等。这种简洁性确保了信息能够快速、准确地传递，减少了误解和歧义的可能性。想象一下，在远古的狩猎场景中，一个简单的符号就能迅速传达猎物的种类、位置和数量，对于狩猎活动的成功至关重要。

2. 文化内涵丰富

除了简洁性，原始符号还蕴含着丰富的文化内涵和象征意义。原始人类在创造这些符号时，不仅考虑到了其实用性，更在其中融入了他们的信仰、价值观和审美追求。例如，许多原始符号都与宗教或图腾崇拜有关，它们代表了部落的精神寄托和对自然的敬畏。这些符号不仅是沟通的桥梁，更是文化传承的载体。

3. 稳定和持久

这是另一个显著特点。尽管原始社会经历了漫长的岁月变迁，但这些符号的基本形态和意义却能够相对稳定地传承下去。这得益于原始人类对符号的深刻理解和广泛应用。一代又一代的人们通过模仿、学习和创新，不断丰富和发展了这些符号的内涵和外延，使其成为人类文明宝库中的瑰宝。

五、原始符号的传播功能和深远影响

在人类初始时期，原始符号对信息交流起到了举足轻重的作用，它们为原始人类的沟通搭建了桥梁，推动了文化的传递和发展，为后世文明打下了深厚基础。

原始符号在人类未发明文字之前，便作为独特的语言，助力人们跨越沟通障碍。如原始部落的猎人用特定符号标识狩猎方向和猎物种类，确保了狩猎效率与安全，加强了部落的团结。

这些符号不仅仅是沟通的手段，更是文化的传承者。图腾，作为特殊的原始符号，代表部落身份和信仰，传承了历史和文化。原始人类生活用品、装饰品和艺术作品中融入大量符号元素，如陶器上的几何图案、洞穴壁画中的动物形象，都体现了原始人类对世界的理解，并为我们了解古代文明提供了线索。

原始符号对后世产生了深远影响。首先，为文字的产生奠定了基础，如甲骨文、楔形文字等均由原始符号演变而来，为人类文明记录与传播提供了便捷工具。其次，原始符号的艺术价值被后世继承，从洞穴壁画到现代抽象艺术，都可见其影子。再者，原始符号蕴含的哲学思想和文化内涵也为我们提供了启示，帮助我们深入了解古代世界观和价值观。

在现代社会，原始符号的价值和意义仍不可忽视。它们为艺术家提供灵感，为设计师提供简洁直观的元素，同时在旅游和文化遗产保护方面发挥作用，让人们直观了解当地历史文化。我们应珍视和保护这些文化遗产，让它们继续为人类文明贡献力量。

第二节　文字书写作为文化的载体

文字是人类文明的重要标志，它的出现极大地推动了人类社会的进步。在远古时代，人们尝试用各种符号来记录信息，这些符号最终演化为成熟的文字系统。

一、文字的出现与早期传播

1. 文字的起源与重要性

在人类文明的长河中，文字的出现无疑是一个划时代的事件。这一伟大的发明不仅标志着人类开始以书面形式记录自己的历史和文化，而且极大地推动了知识的传播和文明的进步。文字，作为人类智慧的结晶，承载了丰富的历史信息和深厚的文化底蕴。

在遥远的古代,人类通过细致地观察和模仿自然界的物象,逐步创造出了原始的图画文字。这些图画文字以简洁的线条和符号,生动地描绘了物体或场景。随着时间的推移,这些图画文字逐渐演化成了更为复杂和系统的文字体系,成为人类文明发展的重要基石。

以古埃及的圣书体为例,我们可以看到文字在记录历史和文化方面的重要作用。圣书体,作为古埃及独特的文字系统,将图画、表音文字和限定词巧妙地融合在一起,展现了古埃及文化的独特魅力。通过石刻和纸莎草纸的传播,我们得以窥见古埃及宗教仪式、历史事件以及社会生活等各个方面的真实面貌。

2. 世界各地文字的发展

除了古埃及的圣书体,世界各地还有许多其他独特的文字系统。例如,古苏美尔的楔形文字(见图2-4),它以独特的形态和内涵揭示了另一个古老文明的面貌。楔形文字最初由象形文字演化而来,其笔画呈楔形,书写在泥板上,经过晒干或烤干后得以保存。这种文字系统详细记录了古苏美尔人的法律、经济、宗教和社会生活等各方面的信息,为我们提供了宝贵的历史资料。

图2-4　古苏美尔楔形文字

在中国,这个拥有悠久历史和灿烂文化的国家,文字的起源和传播方面也有着丰富的故事。甲骨文,作为中国商朝时期的一种成熟文字,主要用于记录占卜结果和祭祀活动。它是中国文字的源头和中华优秀传统文化的根脉。以甲骨文中的"牛"字为例,其字形像从后面看牛的形状,表现了牛的头上有角、身后有尾巴的特征。这个字形简洁而生动地描绘了牛的形象,体现了甲骨文象形文字的特点(见图

2－5）。甲骨文中的字形非常有趣且形象，它们往往能够直观地反映出字的意义。如"日""月""水""火""土"等（见图2－6）。"日"字的甲骨文像太阳的形状，通常是一个圆圈中间加一个点或短横，以表示太阳的光芒，这个字形直观地描绘了太阳的外观。"月"字则像月牙的形状，简洁地描绘了月亮的外观；"水"字像峭壁上落下的液滴，或者像崎岖凹凸的岩壁两边液体向下流泻飞溅的样子，这个字形生动地展现了水的流动性和液态特征。"火"字的甲骨文字形像火焰，由三个向上弯曲的尖角组成，形象地描绘了火焰的形状和动态，让人一眼就能感受到火焰的热烈。"土"字则形象地描绘了土壤或土地的样子，虽然具体字形可能因时代和地域的差异而有所不同，但总体上都保留了"土"的核心概念。这些甲骨文字形充分体现了古代文字的象形特点，使我们可以从这些字形中直观地理解它们的原始含义，同时也为我们提供了了解古代文化和历史的重要线索。

图2－5　甲骨文"牛"

图2－6　甲骨文"日""月""水""火""土"

在中国，除了甲骨文，还有一种古老的文字形式——金文，也值得一提。金文主要刻在青铜器上，因此得名。与甲骨文相比，金文的字形更加规范、美观。它记录了周朝时期的历史事件、祭祀活动以及贵族的铭文等。金文的传播与青铜器的流传密切相关，通过这些青铜器，我们可以窥见古代中国的政治、经济和文化面貌。

3. 文字传播方式的演变与影响

随着时代的发展，文字的传播方式也在不断演变。在早期的文明中，文字主要依赖于石刻、泥板、纸莎草纸等媒介进行传播。这些媒介虽然具有一定的局限性，如制作成本高、保存困难等，但它们却为古代文明的传承和发展奠定了坚实的基础。

随着造纸术和印刷术的发明，文字的传播方式发生了革命性的变化。书籍、报纸、杂志等印刷品的出现使得知识能够更广泛地传播，文化交流也变得更加便捷。这些变化不仅加速了人类文明的进步，还促进了不同地区和民族之间的相互了解和融合。

文字的出现与传播对人类社会产生了深远的影响。它打破了地域和时间的限制，让人们可以跨越时空进行交流和合作。通过文字，我们可以了解不同文化的特点和价值观，促进文化多样性的发展。同时，文字也是知识传承和创新的重要工具。它记录了人类的智慧成果和科技创新，为后人的发展提供了宝贵的经验和启示。

二、文字的传播媒介与方式

古代文字的传播媒介与方式虽然受限于技术水平，但人们依然凭借着智慧与创造力，让文字得以流传千古。从石刻、竹简到纸张、印刷术，再到书信、碑刻、壁画等多种形式，文字的传播方式不断演变和发展，推动了人类文明的进步和繁荣。

我们来看看石刻这一传播媒介。在古代，人们常常将文字刻写在坚硬的石头上，以记录重要的事件或传达某种思想。这些石刻作品，如秦始皇时期的石刻诏书、汉代碑刻等。石鼓文（见图2-7）是我国最早的石刻文字，起源于春秋战国时期的秦国，被精心地刻在十个鼓形石头上。这十个鼓形刻字石，每个高约100厘米，被后人尊称为"石鼓"，不仅是文字的载体，更是历史的见证。历经千年风霜，至今依然屹立不倒，为我们提供了宝贵的历史见证。这些石刻作品不仅展示了古代文字的艺术魅力，还反映了当时社会的政治、经济和文化状况。

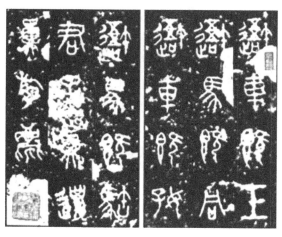

图2-7 春秋战国时秦国石鼓文

除了石刻，竹简和木牍也是古代文字传播的重要媒介。竹简是将竹子削成薄片，然后在其上书写文字，最后用绳子串联起来。木牍则是用木板制成，同样用于书写和记录。这些媒介虽然不如现代纸张轻便易携，但在当时却是最实用的文字载体。通过竹简和木牍，古代文献得以保存下来，为我们了解古代历史和文化提供了重要的依据。

然而，真正让文字传播方式发生革命性变化的，是造纸术和印刷术的发明。这两项技术的出现，极大地推动了文字的传播和普及。造纸术的发明，让纸张成为文字的主要载体。与竹简、木牍相比，纸张轻便、易携带，且成本更低，使得更多的人能够接触到文字。随着纸张的普及，书籍、信件等文字作品开始大量涌现，极大地丰富了人们的精神世界。印刷术的发明，则让文字的传播速度和质量得到了进一步提升。在印刷术出现之前，书籍的复制主要依赖于手抄，这种方式既费时费力，又容易出错。而印刷术则通过制版、印刷等工序，实现了书籍的快速复制和准确传播。这使得知识能够更广泛地传播，文化得以更深入地交流。

在印刷术的发展过程中，活字印刷术的出现更是具有划时代的意义。活字印刷术由北宋的毕昇发明，它采用泥活字排版印刷，大大提高了印刷效率和质量。此后，木活字、铜活字等相继出现，使得印刷术更加完善。这些技术的普及和应用，不仅推动了古代文化的繁荣，也为现代印刷业的发展奠定了基础。

除了书籍这一重要的传播媒介，文字还通过其他方式进行传播。在古代，书信是远距离沟通的主要方式之一。人们通过书信来交流思想、表达情感，书信中往往蕴含着深情厚意和丰富的人生哲理。这些书信不仅记录了个人之间的交往历史，也反映了当时社会的风土人情和文化特色。

文字还通过碑刻、壁画等形式进行传播。碑刻，作为古代一种重要的记录方式，通常用于记载重要事件或人物，其文字往往经过精心雕刻，具有高度的艺术性和历史价值。壁画，作为另一种独特的文字传播形式，通过绘画和文字的结合，生动地再现了古代社会的生活场景和文化内涵。比如，敦煌壁画（见图 2-8）就是一部活生生的历史长卷，它描绘了古代人们的生活、信仰、战争、和平等各种场景，每一笔每一画都充满了生活的气息和历史的厚重。这些形式——碑刻与壁画，不仅极大地丰富了文字的传播方式，也为我们了解古代文化、历史以及人们的生活状态提供了多维度的视角。它们是我们与古人对话的桥梁，是我们探寻过去的一扇窗。通过这些珍贵的文化遗产，我们能够更深入地理解古人的智慧、情感和追求。

图 2-8　敦煌莫高窟壁画

　　最后，我们不得不提的是口耳相传这一古老而有效的传播方式。在古代社会，许多故事、传说和历史知识都是通过口耳相传的方式流传下来的。这些故事和传说往往蕴含着丰富的文化内涵和人生智慧，它们通过一代又一代人的讲述和传承，成为民族文化的重要组成部分。

三、文字传播对社会文化的影响

　　文字，作为人类文明的载体，其传播对社会文化的影响深远而持久。它不仅仅是一种记录工具，更是一种文化的传播媒介，对人类社会的发展起到了重要的推动作用。

　　1. 打破了时间和空间的限制

　　文字的传播使得知识和文化得以跨越时空进行传承。在古代，由于交通不便、信息传播缓慢，许多珍贵的历史文献和文化遗产往往难以保存下来。然而，随着文字的出现和传播，这些宝贵的文化遗产得以流传至今，为我们提供了了解过去、继承传统的机会。我们可以以古代中国的《诗经》《尚书》等经典文献为例。这些文献记录了古代社会的风土人情、历史事件和思想观念，通过文字的传播，我们得以一窥古代社会的面貌，感受到那个时代的文化氛围。同样地，古埃及的圣书体、古希腊的哲学著作等都通过文字的传播，让后人得以了解并继承这些古老文明的精神内核。

2. 促进了不同地区、不同民族间的文化交流

在古代，由于地理阻隔和政治分割，各地区之间的文化交流往往受到限制。然而，随着文字的传播，不同地区、不同民族之间的文化开始相互交融、相互影响。丝绸之路的开通就是一个典型的例子。通过丝绸之路，东西方文化得以相互传播和交流。中国的丝绸、茶叶、瓷器等物品传到了西方，而西方的宗教、艺术、科技等也传入了中国。这种文化的交流与碰撞不仅丰富了各自的文化内涵，也推动了世界文明的进步与发展。

3. 推动了教育的普及和发展

在古代社会，由于教育资源的匮乏和信息传播的限制，许多人无法接受良好的教育。然而，随着文字的出现和传播，教育的门槛逐渐降低，更多人有了接受教育的机会。以古代中国的私塾教育为例。私塾是古代中国的一种基础教育形式，通过文字的教授和学习，许多贫寒子弟得以接受教育、改变自己的命运。同样地，在欧洲中世纪时期，随着教会学校和大学的兴起，文字的传播也推动了教育的普及和发展。这些教育机构通过教授拉丁语等文字知识，培养了一批批有知识、有文化的人才，为社会的进步和发展做出了重要贡献。

4. 对文学艺术的繁荣起到了关键作用

文字作为表达思想和情感的工具，为作家、诗人和艺术家们提供了无限的创作空间。通过文字，他们可以将自己的想象和感受转化为具体的作品，传达给广大读者和观众。例如，在中国古代文学中，唐诗、宋词等经典作品通过文字的传播得以广泛流传。这些作品以其优美的语言和深刻的内涵吸引了无数读者，成为中国文化的瑰宝。同样地，在西方文学中，莎士比亚的戏剧、雨果的小说等也都通过文字的传播成为世界文学的经典之作。

5. 对社会的价值观念和行为规范产生了影响

通过文字的传播，人们可以了解并接受各种道德观念、伦理规范和法律法规。这些价值观念和行为规范不仅引导着人们的行为举止，也塑造着社会的风貌和气质。文字传播在现代社会依然发挥着重要作用。随着信息技术的迅猛发展，文字的传播方式也在不断更新和升级。互联网、社交媒体等新媒体平台的出现，使得文字的传播更加便捷、高效和广泛。通过这些平台，人们可以随时随地获取各种信息、分享自己的见解和感受，推动了社会文化的进一步发展和繁荣。

第三节　印刷术与大众传播的兴起

印刷术,作为中国古代四大发明之一,其起源与发展可谓是人类文明史上一部波澜壮阔的史诗。这一伟大的发明不仅为古代书籍的复制与传播提供了革命性的手段,更为后世的文化传承与科技进步奠定了坚实的基础。

一、印刷术的起源与发展

让我们追溯至隋唐时期,这是中国印刷术发展的萌芽阶段。在隋唐之前,书籍的复制主要依赖于手抄,这种方式既费时费力,又难以保证复制的准确性。然而,随着社会的进步和文化的繁荣,人们对书籍的需求日益增长,这促使了印刷技术的出现。

最初的印刷术是雕版印刷,其原理是将文字和图案刻在整块木板上,然后涂上墨汁进行印刷。这种方法虽然相较于手抄有所改进,但仍然存在诸多不足。例如,一旦刻好的木板损坏,就需要重新雕刻,这无疑增加了材料成本和时间成本。然而,尽管如此,雕版印刷在唐代仍然得到了广泛的应用。

随着技术的不断进步,印刷术在宋代迎来了革命性的发展。北宋时期,著名发明家毕昇发明了活字印刷术,这一创新彻底改变了印刷业的面貌。活字印刷术的原理是将每个字都单独刻制成一个个字模,然后按照需要排版印刷。这种方法的出现,极大地提高了印刷的效率和灵活性。毕昇的发明不仅在当时引起了轰动,更为后世的印刷业发展开辟了新的道路。

活字印刷术的出现,使得书籍的复制变得更为容易和快捷。活字印刷术的效率,以宋代沈括在《梦溪笔谈》(卷一八"技艺")所作总结最为妥切:"若止印三二本,未为简易;若印数十百千本,则极为神速。常作二铁板,一板印刷,一板已自布字,此印者才毕,则第二板已具,更互用之,瞬息可就。"随着古人对活字优势认知的发展,其使用范围及频率亦不断扩大,活字印刷对文化传播、保存之功亦由此日渐彰显,在文化史上具有重大影响的一些鸿篇巨制也因此得以留存于世[①]。这些书籍不仅丰富了人们的精神世界,更为后世的文化传承提供了宝贵的资料。活字印刷术还促进了文化的交流与融合。在宋代,随着印刷技术的普及,各地的文化特色得以相互借鉴与融合,形成了独特的宋代文化风貌。

除了毕昇的活字印刷术外,宋代的印刷技术还取得了其他一系列创新。例如,

---

① 刘大军:《中国古代对活字印刷术的认知》,《中国典籍与文化》2023 年第 1 期,第 129 页。

为了提高印刷质量,人们开始使用质地更为细腻的纸张;为了增加书籍的美观度,人们还开始在书籍中加入插图和装饰。这些技术的运用,使得宋代的印刷品在质量和美观度上都达到了前所未有的高度。

随着时间的推移,印刷术在明清时期继续发展完善。明代时期,木版年画开始流行,这不仅是印刷技术的一种新应用,也反映了当时社会对文化的需求和审美趣味。清代时期,随着西方印刷技术的传入,中国传统印刷术开始与西方技术相结合,形成了更为先进的印刷体系。

印刷术的起源与发展是中国古代文明的重要组成部分。从隋唐时期的雕版印刷到宋代的活字印刷术,再到明清时期的技术革新与中西合璧,中国印刷术在不断进步中为人类文明的发展做出了巨大贡献。同时,印刷术的普及也推动了文化的传播与交流,使得古代文化得以传承至今。在今天这个信息化时代里,我们仍然可以从印刷术的起源与发展中汲取智慧与启示,为未来的科技进步与文化繁荣贡献力量。

值得一提的是,印刷术的影响不仅局限于中国,它的传播还对世界文化产生了深远影响。随着丝绸之路的开通和海上贸易的发展,中国的印刷术逐渐传播到周边国家和地区,进而影响了整个世界的文化格局。例如,朝鲜、日本等国家在接触到中国的印刷术后,纷纷仿效并发展出具有自身特色的印刷技术。这些技术的交流与融合,进一步丰富了世界文化的多样性。

二、印刷术与社会变革

印刷术,作为中国古代的伟大发明,其影响不仅局限于文化的传播和知识的积累,更深远地触动了整个社会的结构和变革。随着印刷技术的不断发展与普及,书籍变得日益丰富多样,知识得以广泛传播,进而推动了社会文明的进步与繁荣。

印刷术的普及大大提高了整个社会的文化素养。在印刷术之前,书籍的复制主要依赖于手抄,数量稀少且成本高昂,因此知识主要被少数贵族和学者所垄断。然而,随着印刷术的兴起,书籍的数量大幅增加,成本降低,使得更多的人有机会接触到知识。无论是城市的文人墨客,还是乡村的耕读之家,都能通过印刷品获取到知识,进而提高自身的文化素养。

印刷术的普及推动了社会各领域的进步与发展。在明清时期,随着印刷技术的不断完善和成本的降低,大量的书籍开始涌现,涵盖了文学、历史、哲学、医学、农业等多个领域。这些书籍的广泛传播,不仅丰富了人们的精神生活,更为社会各领域的进步提供了重要的思想资源和知识支持。例如,医学书籍的普及推动了中医药学的发展,农业书籍的传播促进了农业生产的进步,而文学作品的广泛传播则丰富了人们的精神世界，推动了文学艺术的繁荣。

印刷术的普及也促进了社会阶层的流动和变革。在印刷术之前，知识主要掌握在贵族和学者手中，他们通过垄断知识来维护自身的社会地位和利益。然而，随着印刷术的普及，知识变得不再那么遥不可及，普通人也有了学习和提升自己的机会。这使得一些有才华、有志向的平民能够通过努力学习，改变自己的命运，跻身于社会的上层。这种社会阶层的流动和变革，为社会的稳定和繁荣提供了重要的支撑。

印刷术还对社会文化产生了深远的影响。随着印刷品的广泛传播，不同地区、不同民族的文化开始相互交融和碰撞，形成了丰富多彩的社会文化景观。这种文化的交融和碰撞，不仅促进了文化的创新和发展，也加强了各地区、各民族之间的联系和交流。同时，印刷术还促进了社会思想的开放和进步。通过书籍的传播，人们可以接触到不同的思想观念和价值观念，进而拓宽自己的视野，增强自己的思辨能力。这种思想的开放和进步，为社会的变革和发展提供了重要的思想动力。以《本草纲目》为例，这部由明代著名医学家李时珍所著的药物学巨著，在印刷术的推动下得以广泛传播。《本草纲目》的广泛传播还推动了社会对中医药学的认可和接受，为中医药学的传承和发展奠定了坚实的基础。再以小说为例，明清时期是中国小说的黄金时代，涌现出了《水浒传》《红楼梦》《西游记》等一大批经典之作。这些小说通过印刷术得以广泛传播，深受广大人民群众的喜爱。这些小说不仅丰富了人们的精神生活，也反映了当时社会的风貌和人民的心声，对社会的变革和发展产生了积极的影响。

然而，我们也要看到，印刷术虽然带来了社会变革的积极因素，但也存在一些问题和挑战。例如，随着印刷品的增多，信息的真实性和准确性也面临着更大的挑战。同时，印刷术也加剧了知识的不平等现象，使得一些地区或群体难以接触到先进的知识和文化。因此，在享受印刷术带来的便利和进步的同时，我们也需要警惕其可能带来的问题，并积极寻求解决之道。

三、印刷术与现代信息传播

随着科技的不断进步，电子媒介和网络技术逐渐崭露头角，成为现代社会信息传播的主流方式。然而，尽管现代科技带来了信息传播的革命性变革，印刷术作为信息传播的一种传统方式，依然在现代社会中发挥着不可替代的作用。

印刷品在现代社会仍是获取信息的重要途径。无论是报纸、杂志还是书籍，这些印刷品都是人们获取新闻、知识和文化的重要载体。尽管网络媒体的兴起使得信息传播更加迅速和便捷，但印刷品所特有的物理存在感和阅读体验，使得人们仍然对其情有独钟。尤其是在一些特定的场合和环境中，如图书馆、学校、办公室等，印刷品更是成为人们获取信息的主要来源。

在教育领域，印刷术的作用更是不可忽视。教科书、辅导材料以及各类学习资料的印刷出版，为知识的传承和普及提供了重要的物质基础。印刷品具有稳定、可靠、易于保存等特点，使得学生们可以随时随地地进行学习和复习。此外，印刷品还可以根据学科和年级的不同需求进行定制和编排，更好地满足教育的需要。

印刷术还在一些特殊领域中发挥着独特的作用。例如，在艺术领域，印刷术被广泛应用于绘画、摄影等作品的复制和传播，使得更多的人能够欣赏到这些艺术作品。在出版业中，印刷术也是保证出版物质量和数量的重要手段。通过印刷术，出版社可以将优秀的作品以书籍的形式呈现给读者，推动文化的繁荣和发展。

印刷术在现代社会中面临的挑战和机遇并存。随着数字化、网络化的发展，电子书籍、在线杂志等数字出版物逐渐兴起，对传统的印刷品市场构成了一定的冲击。然而，印刷品所特有的物理质感和阅读体验仍然是数字出版物所无法替代的。因此，印刷术需要不断创新和进步，以适应现代社会的发展需求。一方面，印刷术需要提高生产效率和降低成本，以满足日益增长的市场需求。通过引进先进的印刷技术和设备，优化生产流程和管理模式，可以有效提高印刷品的生产效率和质量。降低生产成本也可以使得印刷品更加亲民，让更多的人能够享受到阅读的乐趣。另一方面，印刷术还需要注重环保和可持续发展。在印刷过程中，需要采用环保材料和工艺，减少对环境的影响。同时，也需要加强废弃物的处理和回收，实现资源的循环利用。

第四节　电子媒介带来的时代跨越

在科技的浩瀚海洋中，电子媒介的诞生与发展无疑是一道独特的风景线。它的出现，不仅为信息传播领域带来了革命性的变革，更是深刻地改变了人们的生活方式和思考方式。

一、电子媒介的萌芽与初期发展

谈及电子媒介的萌芽，我们不得不提及 19 世纪末的无线电技术。当时，科技的飞速发展使得人们开始探索声音信号的远程传输。无线电技术的诞生，正是这一探索的结晶。通过无线电波，声音信号得以穿越千山万水，传达到遥远的地方。这一技术的出现，不仅打破了地理空间的限制，使得信息传播的速度大大提升，同时也为人们提供了一种全新的娱乐方式。当时的广播节目，如新闻播报、音乐演奏等，都成为人们生活中不可或缺的一部分。

随着无线电技术的不断发展，电视技术也应运而生。电视技术的兴起，可以说是电子媒介发展史上的又一次重大突破。与无线电技术相比，电视技术不仅传输声音信号，还传输图像信号。这使得信息传播变得更加直观、生动。人们可以通过电视观看远处的风景、了解世界各地的文化风俗，甚至观看体育赛事和文艺演出。电视的出现，极大地丰富了人们的精神文化生活，也为大众传播带来了更为广阔的空间。

在电子媒介的初期发展阶段，许多先驱者为其发展做出了巨大的贡献。例如，尼古拉·特斯拉作为无线电技术的奠基人之一，他的发明和创新为无线电技术的普及奠定了坚实的基础。而费洛·法恩斯沃斯则是电视技术的先驱者，他发明的电视系统为后来的电视技术发展提供了重要的思路。

电子媒介的初期发展也离不开政府的支持和推动。当时，许多国家都认识到了电子媒介在信息传播和社会发展中的重要作用，纷纷投入大量资源进行研发和推广。政府的支持为电子媒介的发展提供了有力的保障，也为其后续的繁荣奠定了坚实的基础。

随着电子媒介的不断发展，人们也开始探索其在商业领域的应用。广告商们看到了电子媒介在信息传播方面的巨大潜力，纷纷将目光投向了这一领域。于是，电视广告、广播广告等形式的出现，不仅为商家们提供了一个全新的宣传渠道，也为电子媒介的商业化发展开辟了道路。

电子媒介的萌芽与初期发展不仅改变了人们的生活方式，也对社会产生了深远的影响。它使得信息传播的速度大大加快，人们可以更加便捷地获取各种信息。同时，电子媒介也为人们提供了一个展示自我、表达观点的平台，使得社会舆论更加多元化、开放化。

二、电子媒介的多样化发展

进入 20 世纪，科技的飞速发展推动了电子媒介的多样化发展。在这个时代，广播、电视、电影等媒介形式如雨后春笋般纷纷涌现，它们不仅为大众提供了更加丰富的信息来源和娱乐方式，更是深刻地改变了人们的生活方式和思维方式。

广播作为最早出现的电子媒介之一，以其独特的传播方式迅速占领了人们的听觉世界。无论是早晨的新闻播报，还是晚上的音乐节目，广播都以其即时性和便利性，让人们在忙碌的生活中随时了解世界的动态。广播也催生了一批优秀的播音员和主持人，他们通过声音的魅力，将信息和情感传递给听众，使得广播节目成为一种文化现象。

电视的出现更是将电子媒介的发展推向了一个新的高度。与广播相比,电视不仅具备了声音的传播功能,更通过图像和画面的展示,将信息呈现得更为生动、形象。从早期的黑白电视到后来的彩色电视,再到如今的高清、4K 甚至 8K 电视,电视技术的不断升级换代,使得观众能够享受到越来越清晰的画面和越来越丰富的节目内容。无论是新闻、电视剧、综艺节目还是体育赛事,电视都成为人们生活中不可或缺的一部分。

电影作为一种视听结合的媒介形式,也在 20 世纪得到了飞速的发展。从早期的无声电影到有声电影,再到后来的彩色电影和立体电影,电影技术的不断创新为观众带来了越来越震撼的观影体验。同时,电影作为一种艺术形式,也涌现出了许多经典作品和优秀演员,他们通过精湛的演技和深刻的故事情节,让观众在享受视觉盛宴的同时,也感受到了人性的光辉和情感的共鸣。

除了广播、电视和电影之外,20 世纪还出现了许多其他形式的电子媒介,如录音带、录像带、CD、DVD 等。这些媒介的出现不仅丰富了人们的信息获取方式,也促进了文化艺术的传播和交流。例如,录音带和 CD 使得音乐得以更加广泛地传播,让更多的人能够欣赏到不同风格和流派的音乐作品;录像带和 DVD 则使得电影和电视节目得以在家庭中重复播放,让人们能够随时回顾经典作品。

随着数字技术的快速发展,电子媒介也迎来了新的变革。互联网、智能手机、社交媒体等新兴媒介形式的出现,使得信息的传播更加迅速、便捷和多元化。人们可以通过互联网获取全球范围内的新闻资讯和学术资源,可以通过智能手机随时随地观看电影、电视剧和综艺节目,可以通过社交媒体与世界各地的人进行交流和互动。这些新兴媒介不仅改变了人们的生活方式,也推动了社会的进步和发展。

三、电子媒介对大众传播的影响

电子媒介的崛起与发展,无疑对大众传播领域带来了前所未有的变革。如果重读梅罗维茨的《无身份感》,会发现他说得不无道理——媒介与其受众的特殊关系彻底重建了社会秩序。尤其是"电子媒介混淆了由于体制而造成的亚群体之间的界限"。他认为通过电子媒介进行的谈话取消了语境,创造了新的话语场,这点与从前截然不同①。这一变革不仅体现在信息传播的速度和效率上,更在内容、形式以及文化交流等多个层面产生了深远的影响。

1. 提升了信息传播的速度和效率

在过去,信息的传递往往受限于物理媒介的运输速度,而电子媒介的出现彻底

---

① Joshua Meyrowitz. No Sense of Place:The Impact of Electronic Media on Social Behavior[D]. Oxford, 1985:6.

打破了这一限制。通过无线电波、光纤以及卫星传输等先进技术，信息可以在瞬间跨越国界，实现全球范围内的即时传播。无论是突发的新闻事件、重要的社会动态，还是日常生活的点滴细节，都能通过电子媒介迅速传播到世界的每一个角落。这种即时性的信息传播，使得大众能够更快速地获取到所需的信息，同时也为社会的快速反应和决策提供了有力支持。

2. 丰富了信息传播的内容和形式

传统的媒介形式，如报纸、广播等，虽然也有其独特的传播优势，但在信息呈现的形式上相对单一。而电子媒介则能够集文字、图片、声音、视频等多种信息形态于一体，为大众提供更为丰富、生动的信息传播体验。从高清的新闻图片到逼真的现场视频，从动人的音乐旋律到深情的旁白解说，电子媒介通过多元化的信息呈现方式，使得信息传播更加生动、形象，更能够吸引大众的注意力。

3. 促进了文化的交流与融合

电子媒介对文化交流与融合起到了巨大的推动作用。它让不同地域和文化的人们能更方便地共享与理解信息，体验世界各地的风俗文化，丰富个人文化内涵。电子媒介还为多元文化交流提供平台，推动了文化的融合与进步。以互联网为例，它已深入生活，方便我们获取全球新闻、学术资源和娱乐内容，打破信息传播壁垒。互联网为每个人提供发声机会，实现信息的民主化与多元化，使人们同时成为信息的传播者与接收者，进一步促进了文化的交流与融合。

4. 社交媒体为电子媒介增添了新的注脚

社交媒体作为电子媒介的新兴力量，为人们提供了一个全新的交流平台。在这里，每个人都可以自由分享生活片段、表达个人见解，并与全球各地的用户进行实时互动。这种新型的交流方式极大地提升了信息的传播效率和影响力，更重要的是，它在人与人之间建立了更紧密的情感纽带，推动了各种文化的交融与传播。社交媒体，无疑为电子媒介在文化交流与融合方面的作用，注入了新的活力和内涵。

第五节 电信技术的兴起与远程传播

电信，这一借助电子技术传递信息的手段，其起源可追溯至电报的出现。自19世纪中叶电报技术诞生以来，人类便开启了一个全新的信息传播时代。电报的出现，不仅使信息得以快速传递，更是极大地改变了人们的沟通方式和信息传递的效率。

一、电信的起源与早期发展

电报的发明是电信技术发展的一个重要里程碑。早期的电报系统主要依赖于电缆和简单的二进制代码进行信息的传输。通过电缆，电报机可以将文字信息转化为电信号，并通过长距离的线路进行传输。接收端则将这些电信号再转化为文字信息，从而实现了信息的远距离快速传递。这种传输方式虽然简单，但却极大地提高了信息传递的速度和效率，使得人们可以更加及时地获取到各种信息。

电报的编码方式也为后来的数字通信奠定了基础。在电报传输中，每一个字母或符号都被对应到一串二进制代码，即"点"和"划"或"0"和"1"。这种编码方式不仅简化了信息的传输过程，还使得信息的存储和处理变得更加方便。随着电信技术的不断发展，这种二进制编码方式被广泛应用于各种数字通信系统中，成为现代通信技术的基础。

除了电报之外，电话的发明也是电信早期发展的重要事件之一。电话的出现使得人们可以通过声音进行实时沟通，极大地提高了信息传递的便捷性和直观性。早期的电话系统主要依赖于有线线路进行传输，但随着技术的不断进步，无线电话也逐渐出现并得到了广泛应用。电话的发明不仅改变了人们的沟通方式，还对社会生活产生了深远的影响。它使得人们可以跨越地域限制进行远距离通话，促进了商业、教育、文化等领域的交流与合作。

在电信的早期发展阶段，许多杰出的科学家和发明家为这一领域的进步做出了重要贡献。例如，塞缪尔·莫尔斯是电报的发明者之一，他通过改进电报机的设计和编码方式，使得电报传输的速度和可靠性得到了大幅提升。此外，亚历山大·格拉汉姆·贝尔则是电话的发明者，他的发明改变了人们之间的沟通方式，使得语音通信成为可能。

这些发明不仅推动了电信技术的快速发展，也对社会产生了深远的影响。随着电信技术的不断进步，人们可以更加便捷地获取和传递信息，促进了社会的交流和发展。同时，电信技术也为商业、教育、医疗等领域的发展提供了有力支持，推动了社会的整体进步。

然而，早期的电信技术也面临着一些挑战和限制。例如，电缆线路的铺设和维护成本较高，且容易受到天气等自然因素的影响。此外，早期的电信设备也比较笨重和昂贵，使得普通家庭难以承受。尽管如此，这些挑战并没有阻止电信技术的持续发展。随着科技的进步和成本的降低，电信技术逐渐普及到更多的人群和领域，为人们的生活带来了更多的便利和可能性。

二、电信技术的演进与应用拓展

随着科技的日新月异,电信技术经历了从有线到无线、从模拟到数字的深刻变革。这一系列的演进不仅极大地拓宽了电信技术的应用领域,更深刻地改变了人们的生活方式和社会形态。

互联网的崛起无疑是电信技术发展史上的重要里程碑。自 20 世纪 90 年代起,互联网以其独特的开放性和共享性,迅速成为全球范围内的信息交流中心。互联网不仅使得信息能够跨越地域限制进行高速传输,更催生了众多新型的信息传播方式和业务模式。例如,电子邮件的普及彻底改变了传统书信往来的方式,使得人们能够以更低的成本、更高的效率进行远程沟通。而即时通信工具的出现,则使得人们能够随时随地进行实时交流,无论身处何地,都能与亲朋好友保持紧密联系。

移动通信技术的飞速发展,极大地丰富了电信传播的形式和内容。从早期的 2G 时代到如今的 5G 时代,移动通信技术不断突破速度和容量的限制,为人们提供了更加便捷、高效的通信服务。在 2G 时代,人们主要通过手机进行简单的语音通话和短信交流。而到了 3G 时代,随着数据传输速度的提升,人们开始能够通过手机浏览网页、观看视频等。到了 4G 时代,移动互联网的普及使得人们可以随时随地接入互联网,享受各种在线服务。而 5G 时代,更是带来了前所未有的高速率和低时延,为远程医疗、自动驾驶、工业互联网等领域的发展提供了有力支持。正如有学者所言,在没有 5G 之前,我们的作为只能局限在"发现"这些节点;而有了 5G 的技术支持和 VR/AR/MR 对于场景的虚拟建构后,我们就可以"创造"这些节点,"设计"这些作为信息交汇的节点的"场景"[1]。

在电信技术的演进过程中,智能手机的出现无疑是一个重要的里程碑。智能手机不仅具备了传统手机的基本通信功能,更融合了多种先进的技术和应用,成为一个集通信、娱乐、办公等多种功能于一体的便携式设备。通过智能手机,人们可以随时随地接入互联网,进行语音通话、视频聊天、浏览新闻、观看视频等多种活动。同时,智能手机还催生了众多新型的应用和服务,如移动支付、在线购物、共享经济等,极大地丰富了人们的生活方式。

除了互联网和移动通信技术的发展外,电信技术还在其他领域得到了广泛应用。例如,在物联网领域,电信技术为各种智能设备的互联互通提供了可能,使得

---

[1]　喻国明:《5G:一项引发传播学学科范式革命的技术——兼论建立电信传播学的必要性》,《新闻与写作》2019 年第 7 期,第 56 页。

智能家居、智能城市等概念得以实现。在云计算领域，电信技术为数据的存储和处理提供了强大的支持，推动了大数据、人工智能等新兴技术的发展。

当然，电信技术的演进也离不开众多科学家的努力和贡献。他们通过不断的研究和创新，推动了电信技术的不断进步和发展。例如，香农的信息论为数字通信提供了理论基础；贝尔实验室的科学家们在移动通信技术方面取得了重大突破；而谷歌、苹果等科技巨头则在互联网和智能手机领域引领了创新潮流。

三、电信传播对社会的影响

电信传播不仅改变了人们获取信息的方式，还深刻影响了人们的生活方式、工作模式乃至社会结构。

1. 扩展了信息传递的广度与深度

过去，信息传递受限于地域和时间，但现在互联网和智能手机的普及让信息传播更迅速、广泛。人们能随时获取全球最新的新闻、知识和文化，推动了知识的传播和文化的交融。大数据技术也发挥了重要作用，通过处理和分析巨量数据，揭示用户行为模式和偏好，为电信运营商提供决策依据，使其能更精准地掌握用户需求，提供个性化服务。例如，根据用户通话和上网数据推荐服务套餐，或基于用户位置和兴趣推送广告和优惠信息。

2. 改变了人们的生活方式和工作模式

传统的时空限制被打破，远程办公、在线教育等新方式应运而生。人们可以在家中通过网络工作和学习，这不仅提高了效率，也极大地提升了生活的便捷性。企业利用电信技术进行远程协作，降低成本，而在线教育则推动了教育的普及和公平。物联网技术的崛起进一步推动了电信传播的变革，各种设备实现智能互联，如智能家居和智能交通的应用，不仅提升了生活的舒适度，还增强了道路安全。

3. 推动了社会的进步和发展

在医疗、教育、交通等多个领域，电信技术都发挥了举足轻重的作用。远程医疗让患者享受到了更为便捷高效的服务，节省了资源和时间；在线教育则显著提高了教育的普及率，让更多人有机会接受优质教育；智能交通系统利用数据分析，大幅提升了道路交通的安全性和通行效率。云计算技术的引入，使得电信传播能够更高效地处理、存储和共享海量数据，进一步增强了电信传播的灵活性和可靠性。例如，在传媒领域，云计算支持了大规模媒体内容的快速处理和分发，让观众能够更流畅地观看高清视频，享受丰富的媒体内容。

4. 对文化产生了积极的影响

电信传播打破了地域和文化的限制，让不同背景的人们能够轻松地进行跨文化的交流和互动。这种交流不仅促进了文化的多样性，还推动了各种文化的交融与碰撞。现在，只需动动手指，我们就能欣赏到世界各地的音乐、电影和艺术作品，这不仅丰富了我们的文化视野，也为我们的生活增添了更多的色彩和乐趣。更为重要的是，电信传播在文化传承和创新方面发挥了不可或缺的作用。通过它，传统的文化和艺术形式得以广泛传播，被更多的人所了解和欣赏，同时也为艺术家和创作者提供了一个展示自己才华的广阔平台。

第六节　算法引领数字传播新时代

数字的起源和早期应用是人类文明史上的一个重要篇章。从美索不达米亚的楔形文字到埃及、印度和中国的独特数字系统，再到现代的阿拉伯数字，数字的演变和发展不仅见证了人类文明的进步，更推动了科技、经济、文化的全面发展。

一、数字的起源及其早期应用

数字的起源是人类文明发展史上的一个里程碑。回望历史长河，我们可以发现，数字的概念和应用源远流长，早在古代文明时期，智慧的先民们就开始使用各种符号来计数，以此满足日常生活和商业活动的需求。这些原始的计数符号，经过数千年的演变和发展，最终形成了我们今天所熟知的数字系统。

1. 美索不达米亚与楔形数字

约 5000 年前的古代美索不达米亚，是人类最早发展出数字系统的地区之一。当时，美索不达米亚人以楔形文字来记录数字，这种独特的书写方式不仅体现了他们对数字的深刻理解，更为后来的数学和科学计算奠定了坚实的基础。楔形数字系统的出现，极大地推动了当时社会经济和文化的发展，使得人们能够更加精确地记录和计算财物、税收以及进行商业交易。

2. 古埃及与数字表达

同样值得关注的还有古埃及文明，他们也发展出了一套独特的数字表达方式。与美索不达米亚的楔形数字不同，埃及人采用的是一种基于十进制的数字系统，他们用特定的符号来表示不同的数字，这些符号被刻画在石壁上，或者书写在莎草纸上，流传至今。

3. 古印度数字与"0"的发明

古代印度在数字的发展上也做出了杰出的贡献。他们发明了一种记数的方法，被广泛应用于印度次大陆。值得一提的是，印度数字系统中的"0"的概念，这在世界数字发展史上具有划时代的意义。它不仅解决了之前数字系统中无法表示"无"或"空"的问题，还为后来阿拉伯数字系统的形成奠定了基础。

4. 数字的传播与阿拉伯数字的形成

在数字的传播过程中，商业和贸易起到了关键的推动作用。随着丝绸之路的开通，阿拉伯商人将印度的数字系统带到了中东地区，并在此基础上逐渐演变成了现代的阿拉伯数字系统。这一系统因其简洁明了、易于学习和使用的特点，迅速在全球范围内得到了广泛的接受和应用。

5. 古代中国的数字表达与文化融合

古代中国在数字的表达上也有其独特的贡献。最早的算筹计数法体现了古代中国人的智慧，而随着汉字的发展，独特的汉字数字也应运而生。这些数字不仅是计算的符号，更融入了深厚的文化内涵。例如，"一帆风顺""二龙腾飞"等吉祥话，不仅体现了数字与文化的紧密结合，还展示了中国人对美好生活的向往和追求。

数字系统的形成对古代社会经济文化有巨大推动作用，为后来的科研创新提供了重要工具，广泛应用于天文、建筑、商业和文学艺术等领域，成为人类文明的基石。古代数字传播有限，但口传心授和文字记载为其普及打下基础，使数字逐渐成为生活中不可或缺的部分，推动社会全面进步。如今，我们身处数字化时代，数字已渗透到生活的方方面面，从手机、电脑到智能设备都离不开数字，这一切都源于古代先民的智慧和创造。

二、数字传播的现代化进程

数字时代已然包含了某种通过计算来认识社会的基本框架，如今计算本身即是一个关于概念的、理论的和实践风格的重要集合，而这些都是由计算性来定义的①。计算机技术的飞速发展不仅显著提升了数字处理的速度，还极大地增强了数据存储、分析和传输的能力。在这一进程中，算法起到了至关重要的作用。

算法是数字传播现代化的核心驱动力之一。尼葛洛庞帝曾说过一句令世人再三回味的话："计算不再只和计算机有关，它决定我们的生存。"②大众是处理、分析

---

① Berry, D. M., Dieter M., Gottlieb, B., Voropai, L. Imaginary Museums, Computationality & the New Aesthetic[M]. Berlin：Transmediale，2013：2 - 4.

② ［美］尼葛洛庞帝：《数字化生存》，胡泳、范海燕译，海南出版社 1998 年版，第 15 页。

和传输数字信息的基石,使得计算机能够高效地执行任务。算法被广泛应用于数据压缩、加密解密、图像处理、自然语言处理等方面。正是有了高效算法的支持,数字信息的传播速度才得以大幅提升,同时保证了信息传输的准确性和安全性。在新闻资讯领域,算法可以帮助媒体快速筛选和推送用户感兴趣的内容;在广告行业中,算法能够根据用户的浏览历史和偏好,实现广告的精准投放;在数字娱乐产业,算法则用于优化游戏设计,提升用户体验。

更为值得一提的是,随着机器学习和人工智能技术的兴起,算法在数字传播中的作用愈发重要。智能推荐算法能够根据用户的兴趣和行为习惯,提供个性化的内容推荐;自然语言处理算法则使得机器能够理解和生成人类语言,从而实现更加自然的人机交互。可以说,算法是数字传播现代化不可或缺的一部分。它们的存在不仅提升了数字传播的效率和质量,还为用户带来了更加便捷和丰富的体验。互联网技术的普及则为数字传播带来了前所未有的机遇。互联网的全球性特点使得数字信息能够迅速传播到世界的每一个角落,打破了时空的限制。

科技的不断发展推动了大数据、云计算、人工智能等新兴技术的涌现,这些技术为数字传播提供了更为强大的支持。在此背景下,国内一些学者提出了构建计算传播学的设想,旨在充分利用"计算的想象力"。而"计算性－计算认识论"为主体的理论体系,正是这种想象力的理论化产物。值得一提的是,强调计算的目的并非是要构建一个以计算为核心的理论神话,而是作为探索"计算传播学何以可能"这一问题的一条可行之路①。

三、对未来数字传播的展望

1. 更加智能化

在人工智能技术的推动下,数字传播正朝着更加智能化与个性化的方向发展。未来的智能推荐系统预计将突破现有算法的局限,结合深度学习与用户行为分析,为每位用户提供更为精确的内容推荐。当用户访问新闻应用或视频平台时,系统将通过分析其历史浏览数据和偏好,推送与其兴趣高度匹配的内容。智能语音助手有望成为人们获取信息和服务的核心途径。用户仅需通过简单的语音指令,如"今日的新闻概览"或"播放我所喜欢的音乐",智能助手便能迅速响应并提供所需内容。这种高度智能化的交互方式,将极大地提升用户体验和信息获取效率。

---

① 韩少卿、巢乃鹏:《从计算到计算性:计算传播学的理论探索》,《新闻与传播研究》2023 年第 12 期,第 67 页。

2. 更加多元化和跨界融合

未来的数字传播将不再局限于传统的文字、图片和视频。虚拟现实（VR）、增强现实（AR）以及混合现实（MR）等新技术将为数字传播带来全新的维度。用户可以更加沉浸地体验内容，仿佛亲身置身其中。同时，数字传播将与各个行业进行深度的跨界融合。比如在教育领域，通过数字技术，学生可以更加直观地了解复杂的科学概念。

3. 更加注重用户体验和用户权利

提供个性化服务的同时，数字传播也将更加注重用户的隐私保护。在大数据和算法的背后，是对用户信息的严格保密措施。未来，相关法律法规将更加完善，确保数字传播在为用户提供优质服务的同时，也充分保障其隐私和数据安全。

四、算法对数字传播的影响

1. 算法显著提升数字传播的效率

在过去，数据处理主要依赖人工，这种方法不仅效率低下，而且准确性也无法得到很好的保证。但现在，随着算法的不断进步，我们可以高效地处理大量数据，准确识别、分类和推送信息。比如，在购物网站上，算法可以根据你的浏览和购买记录，推荐你可能感兴趣的产品或优惠。算法对搜索引擎和广告的优化也起到了关键作用，可以更精确地理解用户的搜索意图和兴趣，从而使搜索结果和广告投放更加精准。

2. 算法引领数字传播方式的变革

以前，信息传播主要是单向的，但现在算法让信息传播变得更具互动性和双向性。用户不再只是被动地接收信息，还可以主动地参与信息的发布、分享和交流。特别是在社交媒体上，用户可以根据自己的喜好选择和分享内容。算法还可以根据用户的反馈和行为调整推送的内容，让信息传播更加个性化和动态。比如，社交媒体上的点赞、评论和分享功能，都是基于算法实现的，它们可以根据用户的互动来优化展示的内容。

3. 算法对数字传播内容带来深远影响

霍兰认为，"现实的可计算程度"与"可理解的洞见"相关，现实可计算的才是现实可认识的，且可计算的认识才是高效率的[①]。算法对数字传播内容产生深远影

① ［美］约翰·H.霍兰：《隐秩序——适应性造就复杂性》，周晓敏、韩晖译，上海科技教育出版社 2000 年版，第 155 页。

响,强化了"内容为王"的理念。为满足用户多样化和个性化需求,内容创新和独特性至关重要。算法成为实现这一目标的关键工具,通过深入分析用户行为、兴趣及社交互动,帮助内容创作者精准把握受众需求。算法推动新颖内容形式涌现,如短视频、直播等,丰富用户体验,提供更多互动机会。然而,算法也可能导致信息"茧房效应"或者引发伦理和隐私问题,算法的透明度和公平性也日益受到关注,因此,在享受算法便利时,需警惕其潜在负面影响。

中 编

第三章　数字传播机制：动力、连接、交互与共鸣

数字化为信息传播机制带来了前所未有的动力变革。我们如何理解信息在数字空间中构建连接与流动？交互对人类的数字沟通带来哪些影响？数字共鸣又如何深刻地映射出现代社会的精神共鸣？这不仅是对信息传播技术进步的审视，更是对人类存在方式和交流本质的深刻反思。

第一节　数字传播概览

数字传播是利用数字技术和网络平台进行的信息传播方式，通过文本、图像、音视频等多媒体形式，实现快速、高效、互动的信息交流。智媒时代是数据驱动的时代，人类"在历史上第一次不再仅仅是身体的存在，同时也是数字的存在"[①]。

一、数字传播的主要特点

1. 即时性与全球性

数字传播打破了时间和空间的限制，使得信息传播达到了前所未有的速度和广度。无论是国际新闻还是朋友圈的动态，都能在短时间内迅速传播到全球各地。这一特性不仅加快了信息传递的速度，还拉近了人与人之间的距离，使得全球各地的信息交流变得更加便捷和高效。

2. 互动性与参与性

与传统的信息传播方式相比，数字传播更加注重受众的参与和反馈。受众可以通过评论、点赞、分享等方式与传播内容进行互动，充分表达自己的观点和看法。这种互动性不仅增强了受众的参与感和归属感，还让传播者能够及时了解受众的需求和反馈，从而调整传播策略，提高传播效果。

---

① 洪浚浩：《从信息时代进入传播时代，我们准备好了吗？》，《人民论坛·学术前沿》2021年第9期，第98页。

3. 多媒体与富媒体特性

通过融合文本、图像、声音、影像等多元媒介，数字传播为受众呈现出一个更加丰富多彩的信息世界。借助虚拟现实、增强现实等前沿科技，数字传播还为受众创造出沉浸式的体验空间，让受众能够更深入地理解和感受信息的内涵。

4. 个性化与定制化

通过强大的数据分析与挖掘技术，数字传播能够精确地洞察受众的兴趣、需求和行为习惯，为受众提供个性化的内容推荐与服务。这种个性化与定制化的服务方式不仅提高了信息传播的精准性和有效性，还让受众感受到了前所未有的满意。

二、数字传播的渠道

数字传播，以其多元化的形式和渠道，深刻地改变了我们获取、分享和交流信息的方式。在这个信息时代，数字传播渠道如同一条条信息高速公路，将全球各地的人们紧密地连接在一起。

1. 互联网平台

互联网平台无疑是数字传播中最重要、最广泛的渠道之一。新闻网站如新浪、腾讯和今日头条等，已成为我们日常获取时事资讯的主要途径。这些平台不仅提供迅速、准确的新闻报道，还融合了视频、图像以及交互式评论，使新闻呈现更加立体和生动。社交媒体如微信、微博、抖音等，则在我们日常生活中占据了举足轻重的地位。它们不仅是维系社交关系的工具，更是信息传播的重要枢纽。通过社交媒体，用户可以轻松地分享和获取各种信息，从而形成一个庞大的信息网络。

2. 移动通信网络

移动通信网络是数字传播的又一关键渠道。随着智能手机的广泛普及和移动通信技术的不断进步，人们可以随时随地通过手机接收和发送信息。短信、彩信以及各类移动应用程序，如微信、微博等，都成为信息传播的重要载体。移动通信网络的便携性、即时性和个性化特点，使得信息传播更加灵活、便捷，满足了人们随时随地获取信息的需求。

3. 数字媒体平台

数字媒体平台通过先进的算法和个性化推荐技术，为用户提供精准、定制化的内容推荐。数字电视、网络视频平台如爱奇艺、腾讯视频，以及各类音乐平台等，都是数字媒体平台的典型代表。这些平台以丰富的视听体验和个性化的内容服务吸引了大量用户，同时也为广告商提供了精准的广告投放渠道，实现了商业价值的最大化。

4. 专业信息平台

专业信息平台聚焦于特定行业或领域,如科技、金融、教育等,为用户提供深度的行业资讯和分析报告。这些平台通过精准的信息筛选和专业的解读,帮助用户更好地了解行业动态和前沿知识。专业信息平台在信息传播的精准性和高效性方面具有显著优势,是行业内外人士获取信息的重要渠道。

5. 智能设备与应用

随着物联网技术的快速发展,智能设备如智能家居、智能穿戴设备等正逐渐成为数字传播的新渠道。这些设备通过内置的应用程序或与其他设备的互联互通,能够向用户推送个性化的信息和服务。智能设备和应用的普及,不仅提高了信息传播的效率和便捷性,还为用户提供了更加智能化的信息服务。

6. 虚拟现实(VR)与增强现实(AR)平台

VR 和 AR 技术的发展为数字传播带来了新的渠道和可能性。通过这些技术,用户可以沉浸在虚拟的环境中,以全新的方式接收和体验信息。在教育、娱乐和广告等领域,VR 和 AR 平台已经被广泛应用,为用户提供更加生动、真实和沉浸式的信息体验。

7. 线下数字媒体

线下数字媒体如数字广告牌、数字显示屏等也成为数字传播的一部分。这些媒体通常位于公共场所如购物中心、车站等通过循环播放视频、图片等形式向大众传递信息。这种传播方式具有覆盖面广、视觉冲击力强的特点,能够有效地吸引受众的注意力并提高信息的传播效果。

如今,数字传播的渠道多种多样且各具特色,它们共同构成了现代信息传播体系,为信息的快速流通和广泛传播提供了有力支持。

三、数字传播效果的评估

数字传播效果的评估是一个多层次、多维度的复杂任务,这源于传播效果本身的"内隐性、累积性、恒常性、层次性与两面性"等特性[1]。这些特性使得传播效果不仅涉及表面的知识传递,更深入到智能的启发、价值观的塑造、态度的影响,乃至最终行为的改变。因此,在分析数字传播效果时,我们需要从全局出发,考虑各种整体关系、互动关系,并从多个维度和层面进行综合考量。

---

[1] 邵培仁:《传播学导论》,浙江大学出版社 1997 年版,第 378 - 381 页。

对于传播者——无论是企业、机构还是个人——来说，对数字传播效果进行准确评估的重要性不言而喻。这种评估不仅能够帮助我们更透彻地了解信息的传播动态，更能为制定和调整后续的传播策略提供坚实的数据基础。

1. 传播范围的细致考量

传播范围，作为衡量数字传播效果的基础指标之一，主要反映信息触及的广度和深度。在评估时，需关注几个关键数据。首先是点击量，这个直观的指标能帮助我们了解信息被多少人点击浏览。但需注意，高的点击量并不等同于好的传播效果，因为无效点击也包含其中。其次是曝光量，它展示了信息在平台上的可见度和受欢迎程度。最后，分享和转发数也是重要的参考，它们体现了信息的传播深度和受众的认可度。

2. 受众参与度的深入剖析

受众参与度是评估数字传播效果的又一重要维度，它反映了受众与信息互动的质量和程度。高参与度意味着信息更具吸引力和影响力。在评估时，可以观察几个关键指标：评论数、点赞数以及用户停留时间。评论是受众与信息互动的直接方式，通过分析评论，我们能了解受众的真实想法和态度。而点赞数则简单直接地反映了受众对信息的喜好。用户在信息页面上的停留时间也是一个不可忽视的指标，它暗示了用户对信息的兴趣和投入程度。以一篇热门文章为例，作者可以通过这些指标来全面评估受众的参与度，进而优化内容以吸引更多读者。

3. 转化率的精确度量

转化率，作为衡量数字传播效果的最直接指标，反映了受众在接收信息后采取进一步行动的比例。这些行动可能包括购买、注册、下载等。对于不同类型的传播目标，我们可以关注不同的转化率指标。例如，在电商领域，购买转化率是衡量传播效果的关键；对于需要用户注册的平台，注册转化率则显得尤为重要；而在应用推广中，下载转化率自然是核心指标。通过精确度量这些转化率，传播者可以清晰地了解信息传播的实际效果，并据此调整策略。

4. 利用数据进行策略调整与优化

收集并分析上述数据后，可以发现传播过程中的短板和机遇。例如，如果发现某类受众对信息的参与度特别高，那么就可以针对这部分受众制定更为精准的传播策略。根据数据的反馈来调整信息的内容和形式也是提升传播效果的关键。如果数据显示视频内容的受众参与度高于图文内容，那么在未来的内容制作中，就可以适当增加视频内容的比例。

第二节　数字传播的动力机制

数字传播的动力机制，其根本源于人们内在的传播动机与多元化的需求，涵盖了技术创新、用户需求、市场竞争等多个方面，是推动信息流动和传播的内在力量。

一、传播动机与需求的分析

1. 信息获取的需求

人们对新闻资讯、行业动态和科技新知等信息的持续需求，是推动数字传播迅猛发展的关键驱动力。在当今这个快速变化的时代背景下，个体普遍期望能及时跟上时代的步伐，全面掌握全球最新动态。数字传播凭借其时效性和广泛覆盖的特点，使用户能够迅速获取世界范围内的多元信息。例如，在科技巨头如苹果、华为发布新产品时，相关产品详情、技术解析等内容都能通过数字化渠道迅速扩散，从而有效满足消费者对新品信息的渴求。

2. 社交互动的需求

麦克卢汉曾说："在这个电力时代里，我们发现自己日益转化成信息的形态，日益接近意识的技术延伸。"[①]社交互动的需求对数字传播的演进产生了深远影响。作为社会性生物，人类具有与他人交流、分享和互动的天然倾向。数字平台为用户创造了一个新颖的社交环境。以社交媒体为例，微信、微博、抖音等平台已成为现代人进行社交活动的重要场所，用户通过这些平台分享生活点滴、工作经验，甚至参与各类社会议题的讨论。

3. 个性化和定制化的需求

随着科技的进步，用户对信息的个性化和定制化需求日益凸显。数字传播能够根据用户的个人喜好和需求，提供更为精准的内容推荐服务。例如，网易云音乐、抖音等平台会依据用户的听歌和观看记录，推荐相似风格的音乐和视频内容。

4. 商业利益的驱动力

商业利益在数字传播中的推动作用不容忽视。广告商和企业都希望通过数字平台更精确地触达目标消费者，从而实现商业价值的最大化。这种商业利益的驱动，也在一定程度上促进了数字传播的快速发展与创新。

---

① ［加］马歇尔·麦克卢汉：《理解媒介——论人的延伸》，何道宽译，商务印书馆 2000 年版，第 93 页。

二、内容创新与扩散的动力

内容创新在数字传播领域扮演着至关重要的角色。唯有高质量、独具创意的内容才能在信息的海洋中独树一帜。内容创新不仅仅是创造新颖的内容,更是基于对受众需求的深刻理解与精准把握。

1. 市场竞争的催化效应

市场竞争对于内容创新起到了重要的催化作用。在数字传播领域,竞争日趋激烈,各类媒体平台均致力于打造别具一格的内容以吸引受众。这种竞争环境促使内容创造者与传播者不断追求创新,探索崭新的内容形式和表达方式。以近年兴起的互动剧情短视频为例,这一创新形式允许观众在观看视频的同时参与剧情选择,从而极大地提升了受众的参与度和黏性。

2. 受众需求的导向作用

受众需求是内容创新的重要指引。随着社会生活节奏的加快,受众对于信息接收和内容消费的形式提出了更高的要求。他们期望在有限的时间内获取到更多高质量的信息,这要求传播者必须持续创新内容,以满足受众日益增长的信息需求。例如,知识科普类短视频的流行,正是回应了受众对于快速获取知识和信息的需求,通过简洁明了的方式迅速传递知识点,吸引了大量受众的关注。

3. 技术进步的赋能作用

技术进步为内容创新提供了强大的赋能。新的传播技术和工具不断涌现,为内容创作者提供了更多的创新手段和可能性。以人工智能技术为例,其能够分析受众的喜好和行为习惯,为内容创作者提供精准的创作方向。利用虚拟现实技术,创作者能够为受众打造沉浸式的体验环境,提供前所未有的内容消费体验。

4. 文化交融与创新思维的碰撞

文化交融在内容创新中扮演着重要角色。随着全球化的不断推进,不同文化间的交流与融合成为常态。这种文化交流为内容创作者提供了丰富的创意源泉,使他们能够创作出具有全球视野和多元文化特色的内容。一些跨国合作的音乐作品,由不同文化背景的音乐人共同创作,将各自的文化元素融入音乐中,创造出独具一格的音乐作品,成功吸引了全球粉丝的喜爱。

三、技术革新:数字传播的核心引擎

在信息传播领域中,技术革新犹如一股涌动的暗流,无声无息中推动着数字传播的巨大车轮滚滚向前。这些技术革新,不仅极大地提升了信息传递的速度与准确性,更让信息的覆盖范围愈发广泛,从而更好地满足了公众对于信息的迫切需求。

互联网技术的异军突起,彻底打破了信息传递的地域桎梏。如今,无论身处世界的哪一个角落,人们都能通过简单的操作,迅速获取到全球范围内的新闻动态与行业资讯。这种跨越时空的信息获取方式,不仅极大地拓宽了我们的知识视野,更使得数字传播的影响力与穿透力得到了前所未有的提升。每当国际重大事件发生时,互联网都能在极短的时间内将信息传播至全球各地,引发世界范围内的广泛关注与热烈讨论。

移动通信技术的不断进步,为数字传播带来了前所未有的便捷性。随着智能手机的广泛普及与移动互联网的迅猛发展,人们可以随时随地通过移动设备获取并分享各类信息。这种移动性不仅为信息传播增添了极大的灵活性与多元性,更显著提升了信息传播的即时性与广泛性。在突发事件中,人们可以迅速通过移动设备拍摄并分享现场情况,从而让更多的人能够及时了解事件的最新进展与真实情况。

大数据技术的引入,为数字传播注入了更为精准与个性化的服务元素。通过深入剖析与挖掘用户数据,传播者能够更为精确地洞察受众的兴趣与需求,从而提供更为符合用户喜好的内容与服务。这种个性化的传播方式不仅显著提升了用户体验,更使得数字传播变得更为高效与精准。例如,电商平台可以通过精确分析用户的购物行为与浏览记录,为用户推荐最为符合其需求的商品,从而有效提高购买转化率并增强用户忠诚度。

人工智能技术与数字传播的深度融合,则为传播动力注入了新的活力。人工智能技术不仅能够协助传播者高效处理海量信息,提升内容生产的效率与质量,更在智能推荐、智能客服等多个领域展现出了广泛的应用前景,为用户提供更为便捷与智能的服务体验。如今,越来越多的智能设备已经能够通过语音识别等技术与用户进行自然交互,为用户提供个性化的信息与服务解决方案,极大地推动了数字传播的发展与创新。

四、经济效益与社会效益的平衡

在数字传播的广阔领域中,商业利润的追求与社会价值的实现之间,构成了一个既微妙又复杂的平衡关系。这种平衡,就像是在一个天平的两端放上不同重量的砝码,需要精细地调整,才能确保天平的稳定。

首先,我们不能否认商业利益在数字传播中的重要性。毕竟,经济回报是推动行业持续发展的关键因素。数字平台通过多元化的商业模式，如广告投放、用户付费内容等，获得了可观的经济收益。这些收益为平台的运营、技术研发和内容创新提供了坚实的物质基础。换句话说，没有商业利润的支撑，数字传播平台的生存和发展都将面临严峻的挑战。

然而，在追求商业利润的同时，我们必须时刻牢记数字传播所承载的社会责任。数字传播不仅仅是商业活动的场所，更是社会文化交流的重要窗口。因此，它不能仅仅被商业利益所驱使，更应该注重传播正面信息、弘扬主流价值观。在选择和传播内容时，平台需要充分考虑其对社会的影响，优先选择那些具有深刻社会文化意义、能够提升公众文化素养的作品。

同时，数字传播平台还需严格遵守国家法律法规，尊重他人的知识产权，努力为用户营造一个健康、安全的网络环境。这不仅是平台应尽的社会职责，也是其长期发展的必然选择。

事实上，商业利益和社会价值并不是一对矛盾的存在。相反，它们在一定程度上是可以相互促进的。通过传播具有社会文化价值的内容，平台可以吸引更多的用户，从而提升其商业价值。而商业上的成功，又可以为平台提供更多的资源，支持其更好地履行社会责任。

因此，数字传播平台需要在商业利益和社会价值之间找到一个最佳的平衡点。这既需要平台具备高度的社会责任感，也需要其拥有敏锐的市场洞察力。只有这样，数字传播才能在激烈的市场竞争中立于不败之地，同时为社会文化的繁荣发展贡献自己的力量。

第三节　数字传播的连接机制

数字传播的连接机制是数字传播得以实现的关键所在。"互联网本身连接一切的特性重塑了人与人之间的关系和分享信息的方式"，进而"使建构一种新型的共同体成为可能"[①]。通过技术的不断发展和应用场景的不断扩展，数字传播的连接机制将不断完善和优化。

一、连接的概念与重要性

连接是数字传播时代的核心与基石。"连接"这一概念已经远远超出了其字面

---

① 邵培仁、许咏喻：《新世界主义和全球传播视域中的"网络空间命运共同体"理念》，《浙江大学学报（人文社会科学版）》2019 年第 5 期，第 101 页。

意义，它不再仅仅是简单的物理链接，而是代表着信息、情感以及价值观在数字世界中的相互交融与深度共享。数字全球化时代，技术文明的发展建立在互联网、数字技术、数字基础设施之上，即时通信和共享信息得以实现，基于社交媒体的全球化社交已成常态，跨境数据流动日趋活跃，全球数字产业链、价值链和供应链逐渐形成，数字产品、数字服务、数字文化等缔造了全球数字市场。数字空间促成人员互联、商品互联、产业互联、观念互联①。"可编程""可修改""可复制"等非线性生产思维将享有更高的地位。"共创、分享、连结与交流"将成为横向新闻采编的核心价值观。从本质上而言，这正是"用户新闻学"相关理念的真正落地②。

1. 连接重塑信息传播方式

传统媒体的最大痛点就是连接不到受众，而借助新媒体的丰富工具，媒体可以将公域受众沉淀成为私域用户，同时视频号内容在传播上又可以借助私域撬动公域更大的流量③。连接已经彻底改变了信息传播的传统模式。过去，信息的传播受限于地域、时间和媒介，其传递效率和覆盖范围都相对有限。但数字技术的崛起打破了这些束缚，使得信息能够以更高效、更广泛的方式流通。现在，无论是国际新闻、科技动态，还是社会文化变迁，都能通过这个庞大的信息网络迅速传递给全球每一个角落的人们。连接的这种力量，极大地促进了社会的进步与发展。

2. 连接促进情感共鸣与价值观交流

连接不仅仅停留在信息传递的层面，更深入到情感和价值观的交流与碰撞。在这个虚拟的世界里，人们通过数字平台自由地表达自己的情感、观点和立场，与他人建立起深厚的情感联系。比如，短视频平台的社交属性日益凸显，这就要更易于激发"连接"的组合规则进行符号文本的创造④。同时，连接也成为不同文化、不同价值观之间交流与融合的桥梁。各种文化和价值观得以相互了解、相互尊重，进而促进了世界的多元化与包容性。

3. 连接推动创新发展

连接，是创新发展的持续推动力。它使得不同领域、不同行业的知识与资源得以相互汇聚、深度融合，从而为创新铺设了广袤的舞台，并为其注入了无穷的可能性。在这个交融的过程中，人们有机会汲取多元灵感、进行思想碰撞，探寻崭新的

---

① 刘兴华：《数字全球化时代的技术中立：幻象与现实》，《探索与争鸣》2022年第12期，第37页。
② 史安斌、朱泓宇：《2024年全球新闻传播新趋势——基于五大议题的分析与展望》，《新闻记者》2024年第1期，第107页。
③ 陈国权：《视频号里的媒体传播新模式》，《中国记者》2024年第2期，第72页。
④ 孙浩、巩奕：《中华优秀传统文化在短视频中的符号重构与创新表达》，《中国编辑》2024年第4期，第91页。

合作契机与发展空间。这种跨越界限的连接，不仅催生了科技的革新，更在文化、经济等诸多领域催生了新的繁荣。

二、技术实现的多种连接方式

互联网技术构建了一个覆盖全球的信息交流网络。它消除了地理和时间的限制，使得信息能够在世界各地自由流通。人们可以方便地访问全球的数字资源和平台，无论是获取新闻、学术研究还是娱乐内容，都变得触手可及。而云计算和边缘计算等技术的不断进步，又进一步增强了互联网的数据处理和存储能力，保障了数字传播的及时性和流畅性。

通过用户之间的关注和互动，社交媒体形成了一个庞大的社交网络。在这个网络中，信息能够快速传播并引发广泛的讨论，从而加速了信息的流通。这种交互式的传播模式不仅丰富了数字传播的内容和形式，还增强了人们之间的联系，使用户在虚拟世界中找到了归属感和认同感。

物联网技术的兴起使得数字传播的范围更加广泛。通过连接各种智能设备，物联网让信息传播渗透到我们生活的方方面面。智能产品的普及，使得我们能够实时获取和分享生活中的各种信息。这种物与物、人与物之间的新型连接方式，为人们的生活带来了更多的便捷。

通过对海量数据的深入分析和挖掘，能够精准地了解用户的需求和兴趣。基于这些数据洞察，传播者可以为用户提供更加个性化的内容推荐和服务，从而极大地提升了用户体验。基于真实数据，人工智能技术在心理特质评估中展现出巨大潜力，成为突破传统测评限制的重要手段。利用机器学习等方法，研究人员可从各种数据中提取心理特质预测因子，如通过社交平台资料预测大五人格，或用智能手机数据动态监测社交焦虑。多模态数据提取与分析也是新趋势，如通过语音分析和面部识别预测心理创伤。物联网和 VR 技术更在生态场景下测量认知能力，如结合 VR 和动作捕捉数据评估执行功能[1]。AI 丰富了心理测评数据类型，"提高了真实世界数据使用效率，使结果更精准"[2]。

总体而言，这些连接技术的普遍特点是：一是无界性，不受地理和时间束缚。二是互动性，鼓励用户之间的沟通与互动。三是智能化，自动收集、分析和处理大

---

[1] Wald R，Khoshgoftaar T M，Napolitano A et al. Using Twitter Content to Predict Psychopathy//201211th International Conference on Machine Learning and Applications[J]. December 12-15，2012，Boca Raton，FL，USA：IEEE，2013：p.394.

[2] 刘冬予、骆方、屠焯然等：《人工智能技术赋能心理学发展的现状与挑战》，《北京师范大学学报（自然科学版）》2024 年第 1 期，第 33 页。

量数据;四是融合性,融合人们的生活、工作、娱乐等各个领域;五是创新性,为各个领域带来了新的可能性和机遇。

三、连接机制的创新动向

连接机制的不断革新与优化,能够促进全面互动的更深层次激活。在此过程中,"完善各矩阵平台评论区运营的弹性机制"被赋予了特殊的重要性。传播者应当以问题为指引,充分利用评论区的交互特性,对时事新闻进行及时反应和详细阐释,同时对网络上广泛讨论的话题给予积极的回应。此外,"活化双向回流的信息流动"也是至关重要的环节,因为它能够加速不同社群间的情感共鸣和价值认同①。为了实现更广泛的影响,传播者还需要有效地整合各类平台资源,根据具体事件的特点来优化内容、信息交互、用户服务等功能。通过多种互动手段,如转发、评论、点赞、关注以及弹幕等,吸引更多处于社会网络边缘的用户,从而最大限度地凝聚共识,汇集各方力量。

1. 智能化与定制化

随着大数据与 AI 的显著进步,连接机制的智能化与定制化趋势愈发凸显。这一趋势主要体现在信息推送和服务的个性化上。现代数字平台能够深度挖掘用户数据,精准洞察用户需求,从而为用户提供更加符合其兴趣和偏好的内容。例如,音乐流媒体服务通过分析用户的听歌历史和偏好,能够智能推荐符合用户口味的音乐,极大提升了用户体验。视频平台则利用算法深度分析用户的观看行为和喜好,推送个性化的视频内容。这种智能化的连接机制不仅提高了信息的精准度,也增强了用户与平台之间的互动性。

2. 多样化与跨界融合

近年来,物联网、虚拟现实、增强现实等技术的快速发展,为数字传播的连接机制带来了多样化和跨界融合的可能性。传统的信息获取方式主要依赖手机和电脑,而现在,智能家居、可穿戴设备等多种新型设备也成为信息传播的重要渠道。这种跨界的连接方式不仅丰富了信息传播的形式,还使得信息传播更加便捷和高效。

3. 开放性与共享性

在共享经济的影响下,数字传播的连接机制正朝着更加开放和共享的方向发

---

① 韦路、陈俊鹏:《全媒体矩阵传播:国际重大新闻事件舆论引导的路径、效果与策略》,《当代传播》2024 年第 2 期,第 19 页。

展。信息的流通和共享变得更加容易，有助于消除信息隔阂，推动信息的公平传播。在开源社区中，开发者们积极共享代码、交流经验，共同推动技术创新和资源共享，从而降低了开发成本，提高了开发效率。这种开放和共享的连接机制有助于打破信息孤岛，促进社会的公平与共享。

可以预见，数字传播连接机制将会变得更加智能、多样、开放和共享，可以为用户带来更加便捷、高效和丰富的信息传播体验。

第四节 数字传播的交互机制

交互性作为数字传播的核心特点之一，被认为"是区分新媒介和旧媒介的关键词"[1]，在提升传播效果、增强受众参与感和满意度等方面发挥着重要作用。通过多样化的参与和反馈渠道，受众可以积极参与到数字传播中来，与传播者进行互动和交流。

一、交互性的概念和特点

信息技术革命催生出一种新的媒介时间。它以全球互联网为技术支撑，重新规制了现代生产与交往的方式，重构了人与时间的关系，并推动信息现代化进程加速发展[2]。

1. 信息的双向流动

在传统传播时代，信息如同流水，从高处流向低处，从传播者流向受众，是单向的、线性的。而在数字传播时代，这一切都得到了颠覆。受众不再只是信息的终点，而是可以成为信息的起点和中转站。例如，在社交媒体上，用户可以对一条信息进行转发、评论，甚至进行二次创作，这样信息就实现了从受众到传播者的反向流动。这种双向的信息流动，如同两条相向而行的河流，在交汇处产生了新的活力和可能性。

2. 受众的积极参与

智能传播时代的到来，引发了人类与智能工具之间互动关系的深刻变革。这种变革不仅局限于"人机交互的方式"的更新，更重要的是揭示了"人类自身角色的

---

① 陈小燕：《交互性视角下 AIGC 时代算传播的转型研究》，《江淮论坛》2024 年第 1 期，第 55 页。
② 隋岩、姜楠：《加速社会与群聚传播：信息现代性的张力》，《北京大学学报（哲学社会科学版）》2023 年第 2 期，第 157 页。

转变"①。在这场转变中，人类由原本单纯的使用者身份，逐渐演变为与智能工具共同合作的伙伴。我们的角色定位也从过去的传统视角，逐渐转向以技术为导向的新角色。这一演变过程，实质上在重新塑造和界定人类与智能工具之间的全新关系。交互性不仅仅体现在信息的双向流动上，更体现在受众的积极参与上。他们不再是旁观者，而是成为信息的参与者和构建者。

3. 即时性与跨时空性

交互性赋予数字传播即时性和跨时空性特点。受众可随时通过互联网等平台与传播者互动，不受时空限制。如直播中，观众可实时通过弹幕与主播交流，增强了传播的趣味性和观众参与感。交互性打破了传统传播界限，展现了信息传播的新模式，更高效、有趣，体现了包容和开放的精神，使每个人都有机会成为信息的创造者和传播者，共同塑造一个多元、互动的数字世界。

二、受众参与的方式

在数字传播过程中，受众的积极参与和实时反馈已成为其不可分割的组成部分。现代科技手段为此提供了多渠道、高效率的实现方式，从而使得受众能够以前所未有的便利程度进行观点表达与思想交流。

1. 社交媒体

社交媒体在数字时代中，已崛起为受众进行交互与表达的关键性平台。诸如微博、微信、抖音等社交媒体平台，不仅吸引了庞大的用户群体，更为受众提供了包括点赞、评论、转发等多样化的参与方式。以微博为例，热门话题下众多网友的积极留言与深入探讨，凸显了社交媒体在提升受众社会责任感以及加强信息传播者与接收者之间联系的显著功能。

2. 在线调查

作为一种高效的数据收集手段，在线调查为传播者精确洞察受众需求提供了坚实的数据支撑。通过问卷调查、在线投票等多样化方式，传播者能够系统地搜集受众对内容的偏好、对服务的评价等核心信息，进而为决策制定提供更为精准的参考依据。

3. 评论区

在数字媒体环境中，评论区已然成为思想碰撞与意见交流的关键区域。新闻

---

① 李林容、刘芳：《延伸、凝视与变换：智能传播时代下的人机关系》，《中国出版》2024年5期，第25页。

网站、博客、视频平台等提供的评论区,为受众提供了自由发表观点、深入剖析传播内容的空间。这种开放性的交流平台,极大地提升了受众的参与感,同时也为传播者带来了极具价值的反馈信息。

4. 弹幕互动

弹幕互动,作为一种新兴的受众互动方式,以其即时性和趣味性深受广大年轻受众的喜爱。在视频或直播过程中,受众可以通过发送弹幕的方式实时表达自身情感和观点,与其他受众进行即时的交流和互动,从而打破了传统的单向观看模式,使受众更加深入地参与到传播过程中来。

5. 虚拟现实与增强现实

正如我们在前文曾经提及,VR 和 AR 技术为受众带来了全新的沉浸式体验。通过这些前沿技术,受众可以身临其境地感受传播内容,并与虚拟环境进行深度的互动。例如,利用 VR 技术,受众仿佛能够置身于新闻现场之中,获得更为真实、生动的感官体验。

三、交互对数字传播效果的影响

1. 对数字传播效果的增强

交互性通过促进受众的积极介入,有效提升了数字传播的效能。依据"人类用户、智能机器和媒介环境之间建立更有效的互动和合作机制",可以"共同优化内容的质量和传播的效果"的理念,受众的角色已从被动的信息接收者转变为信息传播的参与者和构建者[①]。通过点赞、评论、分享等交互方式,受众与传播内容形成深度互动,这不仅拓宽了内容的传播范围和曝光度,还提高了传播的精准性和效率。用户反馈也为传播者提供了精准的受众需求和兴趣信息,有助于调整传播策略。

2. 对品牌认知度的加强

鉴于互动参与的核心机制在于"相互关注和情感连带"[②],交互性对提升受众的品牌认知度具有显著作用。在数字传播环境下,品牌与受众的互动成为塑造和提升品牌形象的关键途径。受众通过参与品牌的线上互动、社交媒体交流等方式,能更深入地理解品牌文化和价值观,从而增强对品牌的认知和印象。

3. 对受众满意度的提高

交互性对提升受众满意度具有显著影响。通过提供多元化的参与和反馈渠

---

① 郑泉:《生成式人工智能的知识生产与传播范式变革及应对》,《自然辩证法研究》2024 年第 3 期,第 76 页。

② [美]兰德尔·柯斯林:《互动仪式链》,林聚任等译,商务印书馆 2009 年版,第 86 页。

道,满足了受众的多样化需求和兴趣。这种设计赋予受众实时表达意见、交流想法的能力,进而增强其参与感和体验感。例如,在线视频平台的弹幕和评论区为观众提供了即时互动的平台,丰富了他们的观看体验并提升了满足感,提高了用户的参与度和黏性。

第五节　数字传播的共鸣机制

共鸣机制在数字传播过程中具有举足轻重的地位,它能够显著缩短传播者与受众之间的心理距离,从而大幅度提升信息的传播效果和整体影响力。然而,构建一个有效的共鸣机制并非易事,它需要传播者持续探索新的方法和策略。

一、共鸣含义及其价值

共鸣是一个比较难以概念化和操作化的概念,有的学者尝试将其细化为三个层面,即期望拟合、价值对齐以及精神和谐[①]。在数字传播的语境中,共鸣被赋予了更为深刻和多维的内涵。它不再局限于物理上的声波共振,而是更多地指向信息与受众之间在心理和情感层面上的深度契合。这种共鸣,是当传播的内容与受众的某些深层次需求、情感或经历产生强烈呼应时的一种现象。它超越了单纯的信息传递,触及了受众的内心,使得信息传播不再是单向的、冷漠的,而是充满了温度与情感的交流。

共鸣的形成是一个复杂的过程。有学者认为存在"真实共鸣"与"虚假共鸣"。真实共鸣是一种真挚而深刻的关系联结形式。虚假共鸣则是一种表面的、虚假的关系联结,个体不是真正理解和体验他人的情感[②]。因此,首先,传播者需要深入了解受众的内心世界,把握其情感需求和价值观。其次,传播者需要运用巧妙的创意和精湛的制作技艺,将信息与受众的情感需求紧密结合起来,从而创造出能够引发共鸣的内容。最后,共鸣的形成还需要受众的主动参与和情感投入,只有当受众真正感受到信息的内涵与温度,并与之产生共鸣时,传播的效果才能达到最佳。

共鸣在数字传播中具有多维度的价值,主要有:

1. 信息吸引力的强化

在数字时代,信息浩如烟海,如何让自己的信息脱颖而出,吸引受众的注意力,

① Wan H, H. Resonance as a Mediating Factor Accounting for the Message Effect in Tailored Communication—Examining Crisis Communication in a Tourism Context [J]. Journal of Communication, 2008(58): 472-489.
② 吴飞:《论数字共通中的共鸣关系》,《现代出版》2024年第4期,第42页。

是传播者面临的重要挑战。共鸣的存在,使得信息能够深入受众内心,与其情感产生共鸣,从而大大增强信息的吸引力。当受众感受到信息与自己的某些经历或情感相契合时,他们会更愿意停留下来深入了解这条信息,甚至主动分享给更多的人。

2. 传受关系的拉近

有专家建议,"把技术的角色重新放回到生活世界的各个方面中",使技术真正融入人们的日常生活和社会结构中①。在拉近传播者与受众关系方面,共鸣是一个重要的手段。例如,某个知名品牌在社交媒体平台上发布了一支以家庭亲情为主题的广告,通过讲述温馨动人的故事,成功唤醒了观众对家庭的深深眷恋与感慨。许多观众受到触动,在评论区留下了自己的家庭故事。这种情感上的共鸣有效地缩短了观众与品牌之间的心理距离,不仅提升了观众对品牌信息的信赖与忠诚,也为将来的沟通和交流打下了坚实的基础。

3. 传播效果和影响力的提升

共鸣还能够显著提升信息的传播效果和影响力。信息的有效传播并不仅仅依赖于数量和速度,更在于其能否在受众中产生深远的影响。当信息与受众产生共鸣时,受众会自发地成为信息的传播者,将这份触动与周围的人分享。这种口碑传播的力量是巨大的,它能够将信息迅速扩散到更广泛的受众群体中。

4. 品牌形象与认知度的塑造

对于传播者而言,通过引发共鸣的内容传播,可以有效地塑造和提升品牌形象。当受众与传播者的信息产生共鸣时,他们会将传播者与积极、正面的形象联系起来,从而增强对传播者的好感和信任。这种情感上的认同和信任是传播者宝贵的无形资产,有助于传播者在激烈的市场竞争中脱颖而出。

5. 社会议题的引导与推动

共鸣在社会议题的引导与推动方面也具有不可忽视的作用。通过引发共鸣的内容传播,可以唤起受众对社会问题的关注和思考,进而推动社会的进步和发展。例如,一些公益广告通过触动人心的故事情节和人物形象,引发受众对教育、健康、养老等社会问题的共鸣,从而激发受众的参与意愿和行动热情。

二、共鸣机制的构建要素

共鸣机制的构建,是一个涉及内容、传播策略、情感共鸣以及文化认同等多个

---

① ［美］唐·伊德:《技术与生活世界:从伊甸园到尘世》,韩连庆译,北京大学出版社 2012 年版,第 44 页。

方面的综合过程。这些要素之间相互关联,共同影响着共鸣的深度和广度。

1. 内容要素:真实、感染与价值

内容的真实性、感染力与价值是构建共鸣机制的核心。真实的内容能够触动人心,因为它贴近受众的实际生活,反映了人们的真实情感和经历。例如,纪录片《人生一串》,通过记录普通人的生活片段,展现了人性的多样性和生活的真实面貌,深受观众喜爱。具有感染力的内容能够迅速抓住受众的注意力,激发他们的情感反应。再如《我不是药神》这类电影,通过讲述一个普通人为了拯救他人生命而走上非法途径的感人故事,引发了观众对社会现实和人性的深刻反思。具有价值性的内容能够引导受众思考,产生共鸣。

2. 传播策略要素:精准与互动

传播策略在构建共鸣机制中起着关键作用。传播者需要深入了解受众的需求和兴趣,选择合适的传播渠道和方式。如今,社交媒体成为信息传播的重要渠道,通过微博、微信、抖音等平台,传播者可以精准地将信息推送给目标受众。传播者还应注重与受众的互动和反馈。例如,通过在线调查、评论区互动等方式,收集受众的意见和建议,以便及时调整传播策略。

3. 情感共鸣要素:故事与人性

情感共鸣是构建共鸣机制的重要环节。通过讲述真实故事、展现人性光辉或困境等方式,能够激发受众的情感共鸣。以纪录片《人生七年》系列为例,该片从1964年开始记录同一群人的生活变迁,每隔七年采访一次。观众通过影片中人物的真实生活和成长,看到了时间对人生的影响,感受到了人生的起伏和变迁。这种长时间的追踪记录,让观众与影片中的人物建立了深厚的情感联系,对他们的喜怒哀乐产生了强烈的共鸣。这种情感共鸣不仅让观众更加关注影片中的人物和他们的故事,也引发了关于人生、命运和社会变迁的深刻思考。

4. 文化认同要素:传承与创新

文化认同在构建共鸣机制中同样不可忽视。受众往往更容易理解和接受那些与自己文化背景相契合的传播内容。因此,传播者需要注重文化的传承和创新。以中国传统文化为例,近年来兴起的"国学热"就是文化认同的一种体现。通过弘扬传统文化中的优秀元素,如诗词、书法、茶艺等,不仅能够引发受众的文化共鸣,还能促进文化的传承和发展。创新也是文化认同的重要组成部分。将传统文化与现代元素相结合,打造出具有独特魅力的传播内容,能够吸引更多年轻受众的关注。例如,一些古风歌曲和动漫作品就成功地将传统文化元素与现代音乐、绘画技法相结合,赢得了广大年轻人的喜爱。

三、共鸣机制的现实挑战与思考

共鸣机制在数字传播中占据着举足轻重的地位,然而,其实践应用却面临诸多严峻挑战,要求传播者具备高度专业素养和敏锐的市场洞察力以确保其有效实施。

首先,精准洞察受众需求是一项复杂而艰巨的任务。受众需求与兴趣的多变性和难以捉摸性对传播者的洞察能力提出了极高要求。尽管市场调研能提供一定的数据支持,但真正的受众需求常隐藏于数据背后,需传播者深入挖掘与感知。此外,受众对于社会事件的深层原因探索欲望,亦要求传播者具备深刻的思考能力和敏锐的洞察力。因此,传播者必须持续提升专业素养,以更好地满足受众需求。

其次,如何在信息海洋中脱颖而出,是共鸣机制面临的另一难题。在信息爆炸的时代,受众注意力成为稀缺资源。为在海量信息中立足,传播者需提供有深度、有见解的内容,这既考验传播者的专业素养,又挑战其创新能力和市场敏感度。

最后,保持共鸣机制的持续性和稳定性同样重要。传播者与受众间建立的信任和忠诚度需长期维护和培育,这要求传播者持续关注受众需求,并在品牌建设、口碑传播及持续创新方面付出努力。如此,才能确保共鸣机制的活力和有效性得以长期维持。

第四章 数字传播模式:从传统到现代

在传播学中,传播模式是一个核心概念,指的是信息从发送者传递到接收者的标准化过程或方式。作为一个简化和抽象的理解框架,有助于我们分析和预测信息传播的效果。因此,了解数字传播模式对我们理解当代社会信息传播方式及其影响至关重要。

第一节 传统的传播模式

传播模式是一个理论模型,它描绘了信息传播的主要环节和流向。这种模型不仅可以展现信息的过程,还能揭示传播中的各种要素及其相互关系,为我们理解和分析复杂的传播现象提供了有力的工具。根据传播的特点和流向,传统的传播模式主要分为三种类型:线性传播模式、循环和互动传播模式、系统传播模式。

一、线性传播模式

线性传播模式,作为传播学中的基础理论,其核心理念在于信息从发送者直接、单向地流向接收者,中间不涉及反馈环节。这种模式对于理解某些特定的传播场景,如早期的广播、电视等,具有重要意义。

拉斯韦尔的5W模式为这一理论提供了经典的框架。他明确提出了传播过程中的五个基本要素:传播者、信息、媒介、受众以及传播效果。这一模式清晰地勾勒出了信息传播的直线流程,从信息的源头到最终的效果,每个环节都紧密相连,构成了一个完整的传播链。见图4-1。

图4-1 拉斯韦尔的5W模式

香农—韦弗模式则在线性传播的基础上引入了"噪声"的概念。他们认为,在信息从信息源经过发射器、信道到达接收器和信息接收者的过程中,会受到各种"噪声"的干扰,这些噪声可能来自信道的不完美、外界环境的干扰等多种因素。这一模式不仅考虑了信息传播的直接性,还注意到了传播过程中可能出现的干扰因素,使线性传播模式更为完善。见图 4-2。

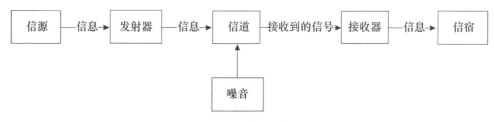

图 4-2　香农—韦弗模式

除了上述两种模式,还有其他一些有影响的线性传播模式,它们或许在某些细节上有所不同,但都遵循了信息传播的单向性原则。这些模式为我们理解和分析信息传播提供了多角度的视野。

然而,线性传播模式的局限性也很明显。它忽略了受众的反馈和互动,使得传播过程显得过于机械和单向。在现实生活中,受众并不是被动地接受信息,而是会根据自己的理解、经验和需求对信息进行解读和反馈。施拉姆曾指出,"事实上,认为传播过程从某一点开始而到某一点终止,这种想法易使人误解。传播过程实际上是永无止境的"[①]。因此,虽然线性传播模式在理论上具有一定的指导意义,但在实际应用中仍需结合其他更为复杂的传播理论来全面反映真实的传播过程。

二、循环和互动传播模式

循环和互动传播模式是对传统线性传播模式的一种重要补充和发展。在这种模式下,信息传播不再是简单地从发送者到接收者的单向流动,而是一个充满互动和反馈的动态过程。这恰恰反映了现代传播特别是网络时代传播的核心特点。

奥斯古德与施拉姆的循环模式为这一理论提供了深刻的见解。他们认为,在传播过程中,传播者和受众并不是孤立的,而是相互关联、相互影响的。双方都可以是信息的发送者和接收者,这种角色的互换性使得传播过程变得更加复杂和多

---

① [英]丹尼斯·麦奎尔、[瑞典]斯文·温德尔:《大众传播模式论》,祝建华译,上海译文出版社 2008 年版,第 21 页。

元。此外，他们引入了编码、释码、译码的概念，这三个环节紧密相连，构成了信息传播的核心流程。见图4-3。

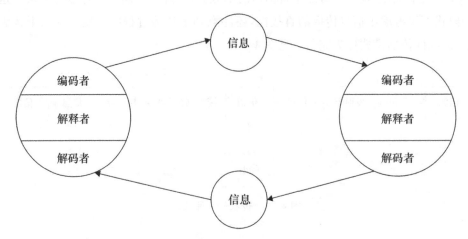

图4-3　奥斯古德与施拉姆的循环模式

德弗勒的互动过程模式则进一步强调了反馈机制在传播中的重要性。在他的理论中，传播不仅仅是一个信息的传递过程，更是一个不断调整和优化的过程。通过反馈，传播者可以及时了解受众的反应和需求，从而调整自己的传播策略和内容。同时，德弗勒也注意到了噪音对传播过程的影响，这些噪音可能来自传播环境的干扰，也可能来自受众自身的认知偏差，它们都会对信息的准确传递造成一定的影响。见图4-4。

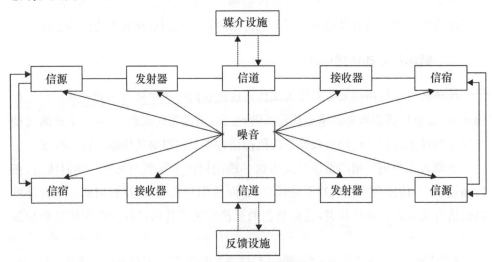

图4-4　德弗勒的互动过程模式

　　韦斯特利—麦克莱恩模式则更加全面地分析了传播过程中的各种角色。他们认为，信息传播是一个多方参与的过程，其中包括信息源、传播者、把关人、受众等多个角色。每个角色都有其独特的职责和功能，它们共同构成了一个完整的传播体系。见图 4-5。

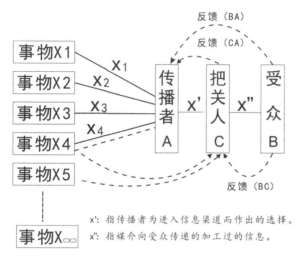

图 4-5　韦斯特利—麦克莱恩模式

　　总的来说，循环和互动传播模式为我们提供了一个更加全面和深入的视角来理解和分析传播现象。在网络时代，这种模式的价值更加凸显，它提醒我们重视受众的反馈和需求，不断优化传播策略和内容，以实现更加有效和精准的信息传递。

三、系统传播模式

　　系统传播模式在传播学理论中占据着重要的地位，它将传播视为一个由众多相互关联、相互影响的因素组成的复杂系统。这一模式不仅凸显了传播的复杂性和多元性，还为我们提供了一个更加全面、深入的视角来审视传播现象。

　　赖利夫妇提出的系统模式，强调了传播过程并非是孤立的，而是多个系统交织、相互影响的结果。他们认为，一个完整的传播过程不仅涉及传播系统本身，还与社会系统、受众系统等多个系统紧密相连。这些系统之间通过信息的交流与共享，共同塑造出最终的传播效果。例如，社会系统中的文化、经济、政治等因素会对传播内容、方式和效果产生深远影响；而受众系统中的个体差异、心理需求等则会影响信息的接收和解读方式。见图 4-6。

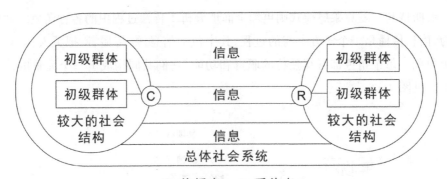

C=传播者　　R=受传者

图4-6　赖利夫妇的系统模式

马莱茨克的系统模式则从社会心理学的角度出发，深入探讨了影响大众传播效果的多种因素。他指出，传播者和受众都受到各种社会和心理因素的影响，这些因素包括但不限于个人的性格、态度、价值观，以及社会环境、群体压力等。这些因素相互作用，共同决定了信息的传播效果。例如，一个性格开朗、积极向上的传播者可能更容易赢得受众的信任和好感，从而提高传播效果；而一个充满负能量的传播者则可能引起受众的反感和抵触。见图4-7。

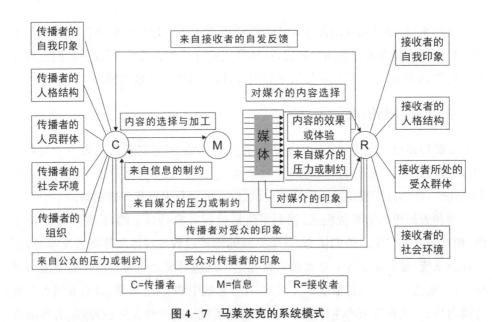

图4-7　马莱茨克的系统模式

邵培仁教授提出的传播整体互动模式，强调传播过程中各要素之间相互影响、相互制约的传播模式,不仅要"充分考虑本系统与外部世界的复杂联系",还要"重视传播过程中各种因素共同构成整体关系以及人类传播的全部现象"①。受众被历史性地置于需高度重视的地位。这种模式有助于我们更系统地理解传播现象,把握传播规律,提高传播效果。见图4-8。

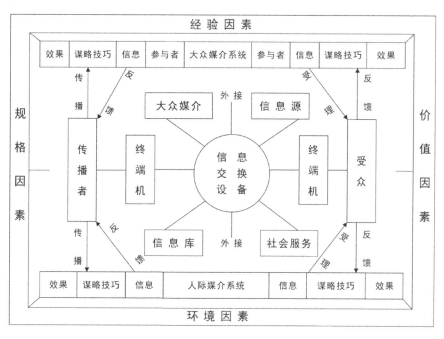

图4-8　邵培仁的传播整体互动模式

除了上述三种系统模式外,还有其他学者也提出了各自的系统传播理论。这些理论都试图从不同的角度揭示传播的复杂性和多元性,为我们理解和分析传播现象提供了丰富的视角和工具。

系统传播模式通过强调传播的复杂性和多元性,提醒我们在研究传播现象时要综合考虑各种相关因素及其相互关系。这不仅有助于我们更全面地理解传播的本质和规律,还能为我们提供更有效的传播策略和方法。

第二节　当代传播模式的新发展

从信息论、系统论、控制论的"老三论"到复杂系统理论、人工智能,揭示了传播

① 邵培仁:《传播学》,高等教育出版社2000年版,第53页。

理论变革存在理论交叉的可能性，但传播理论要素从一般模式向复杂系统理论模式转变还需要进行三次较关键的转变："传播流程各要素全面数据化、在线社交网络的涌现与演化、要素及要素之间的算法嵌入与耦合。"[①]有专家认为，随着ChatGPT人机交互系统的诞生，信息传播，尤其是人际交流的方式和其背后的逻辑关系，都将不可避免地经历转变。这一创新"绝不是机器对人类信息获取与分享方式的简单取代或模仿"，它预示着"传播模式和传播逻辑的根本性变革"[②]。这一变革不仅会深刻挑战传统人际传播中的主体、渠道及内容的固有模式和逻辑，更将引发一系列新的传播学议题，如人机交互的真实含义、驱动力，以及如何对其进行规范和控制等。

一、网络传播模式

随着信息技术的日新月异，网络传播模式已逐渐成为信息传播的主导力量。从提供的图形中，我们可以清晰地看到网络传播模式的多元化与复杂性，每一个节点都象征着信息传播的一个环节，而这些环节通过复杂的网络连接在一起，形成了一个庞大的信息传播网络。见图4-9。

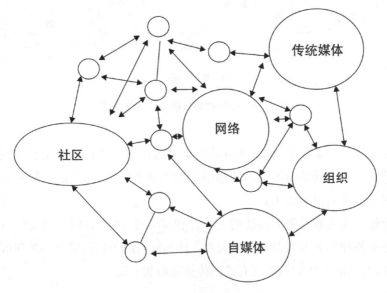

图4-9　网络传播模式

① 禹卫华：《从大众传播到社交媒体传播：经典传播理论模型的要素更新与边界拓展》，《中国出版》2023年第24期，第29页。
② 吴婧婧：《从"人际"到"人机"——ChatGPT对人类传播模式的影响》，《南京邮电大学学报（社会科学版）》2023年第6期，第65页。

1. 去中心化

去中心化的信息传播是网络传播模式的核心特点之一。传统的信息传播往往是线性的，有一个明确的传播中心，掌控着信息的流向和内容。但在网络传播模式中，这种中心化的格局被逐渐打破，每一个节点都有可能成为信息的发源地或接收地，没有明确的中心节点。任何一个个体或组织，只要拥有网络连接，都有可能成为信息的发布者和传播者。图中的多个相互连接的节点就象征着这种去中心化的结构，信息可以在任何一个节点产生并传播到网络的其他部分。自媒体就是一个典型的例子。许多个人通过开设微信公众号、博客等平台，成为独立的信息发布者。他们分享自己的观点、经验和知识，吸引了大量粉丝和关注者。这种去中心化的信息传播方式，使得这些自媒体人能够直接与受众进行沟通和交流。近年来社交媒体上的各种"网红"和"大V"也是去中心化传播的例证。他们通过自己的努力和创作，在社交媒体上积累了大量粉丝，成为具有一定影响力的信息传播者。去中心化的趋势极大地促进了信息的自由流通，使得信息传播更加多元化和民主化。这也意味着，普通民众的声音能够被更多人听到，不同的观点和意见能够在网络空间中得到充分的表达和交流。

2. 互动性增强

互动性增强的交流方式是网络传播模式的又一显著特点。网络传播不再是单向的，而是双向甚至多向的。图中的节点之间有着密集的连接线，代表着信息在各个环节之间可以自由地流动、交换和反馈，形成了高度的互动性。在传统的信息传播模式中，受众往往处于被动接受的状态，与信息发布者之间的互动非常有限。然而，在网络传播模式下，受众可以通过评论、点赞、分享等方式与信息发布者进行实时互动。这种双向甚至多向的交流方式不仅提升了受众的参与感和满足感，还使得传播更加精准和有效。通过互动，信息发布者可以及时了解受众的反馈和需求，从而调整传播策略和内容，实现更好的传播效果。以微博为例，用户不仅可以关注自己感兴趣的人或机构，还能通过评论、转发等方式与他们进行实时互动。这种互动性不仅让用户感受到了参与传播的乐趣，还为信息传播者提供了宝贵的反馈。比如，一条微博发布后，用户可以在评论区留下自己的看法和建议，传播者可以根据这些反馈调整后续的内容策划和传播策略。

3. 多元化的内容生产

多元化的内容生产是网络传播模式的第三个重要特点。每一个节点都有可能成为内容的生产者，这使得网络信息内容极为丰富和多元。与此同时，节点之间的复杂连接也代表了信息的多元化传播途径。在传统的信息传播模式中，内容生产主要由专业的媒体机构承担，内容类型和风格相对单一。但在网络传播模式下，内容生产不再局限于专业的媒体机构，而是扩展到了广大网民。如在 B 站等视频平台上，我们可以看到各种类型的视频内容，包括教育、娱乐、科技等，这些都是由普通用户创作并上传的。这些多元化的内容不仅丰富了网络信息，还为创作者提供了展示自己才华的平台。无论是文字、图片、视频还是音频，各种形式的内容都能在网络空间中找到自己的受众。这种多元化的内容生产为受众提供了更多的选择，满足了不同受众群体的需求。

网络传播模式三大特点共同推动了信息传播的革命性变革。这种新的传播模式不仅打破了传统媒体的中心化格局，还提升了受众的参与感和满足感，丰富了网络信息内容。在未来，随着技术的不断进步和受众需求的不断变化，网络传播模式将继续发挥其独特的优势，为信息传播带来更多的可能性和创新。同时，我们也需要警惕网络传播中可能出现的问题，如信息真实性、隐私保护等，以确保网络传播模式的健康、可持续发展。

二、社交媒体传播模式

社交媒体作为信息传播的重要渠道，在现代社会中扮演着举足轻重的角色。其独特的传播模式不仅改变了人们获取和交流信息的方式，也深刻影响了品牌、组织和个体的影响力塑造。社交媒体传播模式具有鲜明的三个特点：用户生成内容、病毒式传播效应和影响力塑造。见图 4 - 10。

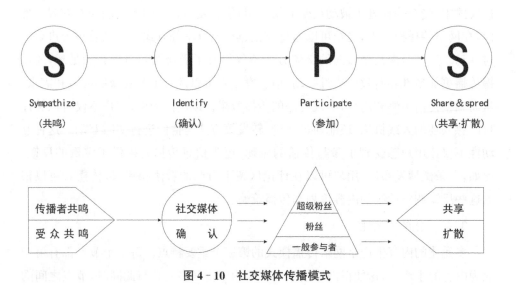

图 4 - 10　社交媒体传播模式

1. 用户生成内容

社交媒体传播模式的核心特点之一是用户生成内容（UGC）。在社交媒体平台上，每个用户都可以成为信息的生产者和传播者，这使得社交媒体内容变得极为丰富和多样。用户可以随时随地分享自己的生活、观点、经验等，通过文字、图片、视频等多种形式展现自我。这些原创内容不仅满足了个体的自我表达需求，也满足了其他用户的信息获取和娱乐需求。图中我们可以看到"同情""识别""参与"和"分享与传播"四个步骤构成的 SIPS 概念图。其中，"参与"环节就体现了用户生成内容的重要性。用户通过参与社交媒体活动，如评论、点赞、转发等，不仅表达了自己的态度和观点，也贡献了自己的内容。这些内容在社交媒体平台上不断累积和扩散，形成了庞大的信息海洋。

2. 病毒式传播效应

社交媒体传播模式的另一个显著特点是病毒式传播效应。在社交媒体平台上，信息的传播速度之快、范围之广令人咋舌。一条热门信息在短时间内就能被成千上万的用户分享和传播，迅速占领网络空间。这种病毒式传播效应使得社交媒体成为品牌推广、舆情监控、危机管理等方面的重要工具。图中的"分享与传播"步骤很好地反映了这一点。用户在社交媒体平台上共享和传播信息，使得这些信息在短时间内被更多人接触和了解。这种高效的传播方式使得信息能够在短时间内产生巨大的影响力，无论是正面的还是负面的。以抖音平台为例，一个有趣或富有创意的短视频，在得到用户的喜爱和转发后，往往能够在极短的时间内获得数百万甚至数千万的播放量，从而迅速走红网络，成为大众热议的话题。

3. 影响力塑造

社交媒体传播模式的第三大特点是影响力塑造。在社交媒体平台上，每个人都可以成为影响者，通过发布信息、表达观点、互动交流等方式塑造自己的形象和影响力。这种影响力不仅体现在个人层面，也体现在品牌和组织层面。通过精心策划的社交媒体活动和内容营销，品牌可以塑造积极、正面的形象，吸引潜在客户的关注和信任。组织也可以通过社交媒体平台加强与公众的沟通和互动，提升透明度和公信力。而个体则可以通过分享自己的专业知识、经验和见解，成为某个领域的意见领袖或专家。"同情""识别"和"参与"等步骤都是影响力塑造的关键环节。通过引起用户的共鸣和认同，激发他们的参与欲望和分享行为，社交媒体传播模式为个体、品牌和组织提供了塑造影响力的舞台。

社交媒体传播模式在现代社会中发挥着越来越重要的作用。无论是个人、品牌还是组织，都需要认真研究和掌握社交媒体传播模式的规律和方法，以更好地利用这一强大的信息传播工具。

三、人工智能传播模式

人工智能技术已深刻改变了信息传播的方式和效率。人工智能大模型和背后的思维通过赋予相关性以及合法性来生成知识,证明了一种观念的兴起:如果能够收集足够的数据并且拥有足够强大的计算能力,就可以"创造"知识①。大众媒体与社交媒体传播理论模式强调的是人与人之间的信息传播,在人工智能技术不断发展的情况下,机器作为基本变量参与传播流程,传播的基本态势包括两种:人与人的传播、人与机器的传播②。在智能化技术的视域中,传播模式展现出前所未有的新特点和新趋势。主要特点有三个:算法推荐与个性化传播、智能语音助手与信息传播、虚拟现实(VR)与增强现实(AR)的应用。见图4-11。

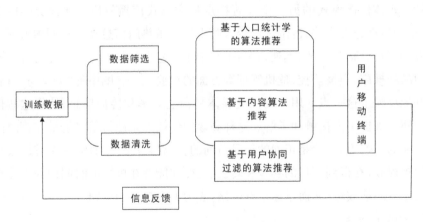

图4-11 人工智能传播模式

1. 算法推荐与个性化传播

正如图中所示,人工智能传播模式流程图起始于"基于人口统计学"的算法推荐。这一步骤表明,在人工智能技术的驱动下,信息传播已经能够基于受众的基本人口统计信息进行初步的推荐。这不仅提高了信息的传播效率,也使得信息更加贴近受众的实际需求。算法推荐系统日益成为信息传播的重要工具。这些系统能够深入分析用户的浏览历史、搜索记录、点赞和评论等数据,从而精准地把握用户的兴趣偏好和行为习惯。基于此,算法推荐系统能够为用户推送高度个性化的内

① 王俊美:《ChatGPT改变人类知识生产方式》,《中国社会科学报》2023年2月20日,第3版。
② 牟怡:《机器与传播》,上海交通大学出版社2022年版,第25页。

容，满足其独特的信息需求。这种智能化推荐机制不仅提升了信息传播的精准度，更使用户在海量信息中轻松找到自己感兴趣的内容。例如，在视频平台，用户不再需要手动搜索或浏览大量视频来找到自己喜欢的节目，算法推荐系统会直接根据其观看历史和偏好，推送符合口味的视频内容。这不仅节省了用户的时间成本，也大大提高了信息获取的效率和满意度。

2. 智能语音助手与信息传播

接下来的"数据筛选"和"训练数据"环节，反映了人工智能技术在处理大量信息时的优势。通过先进的数据筛选技术，系统能够迅速识别出有价值的信息，并将其纳入训练数据中。这些训练数据经过算法的处理和分析，能够进一步优化推荐系统，提高推荐的准确性。这种基于大数据的处理方式，使得信息传播不再受限于传统媒体的容量和时效性，实现了信息的实时更新和快速传播。

"基于内容的算法"和"基于用户协同过滤的算法推荐"环节相互衔接，共同构成了人工智能传播模式的核心。基于内容的算法能够根据信息本身的特征进行推荐，而基于用户协同过滤的算法则能够根据用户之间的相似性进行推荐。这两种算法的结合，使得推荐系统更加全面和准确，能够更好地满足用户的需求。

智能语音助手在信息传播中发挥着越来越重要的作用。在人工智能传播模式中，智能语音助手可以通过语音识别和合成技术，实现与用户的自然交互。用户可以通过语音指令获取所需信息，也可以通过语音助手进行信息的发布和传播。这种交互方式不仅提高了信息传播的便捷性，也使得信息传播更加生动有趣。Siri、小度等智能语音助手已成为人们获取信息的新渠道。用户只需通过简单的语音指令，就能获取新闻、天气、交通等实时信息，无需繁琐的手动操作。这种便捷的信息获取方式正在逐步改变人们的信息消费习惯。在驾车、烹饪等场景下，用户可以利用智能语音助手轻松获取所需信息，既安全又高效。

3. VR/AR 的应用

虚拟现实与增强现实的应用，为传播带来了全新的视觉体验。这些技术能够将虚拟的信息与真实世界相结合，创造出更加沉浸式的传播环境。通过 VR 和 AR 技术，用户可以身临其境地感受信息内容，从而更加深入地理解和接受信息。这种全新的信息传播方式，不仅提高了用户的参与度，也使得信息传播更加具有吸引力和影响力。

4. 人工智能传播模式的三大流派

目前，在智能化技术的视域中，传播模式展现出了许多前所未有的新特点和新趋势，涌现出了三大流派：流程主义、符号主义和行为主义。见图 4-12。

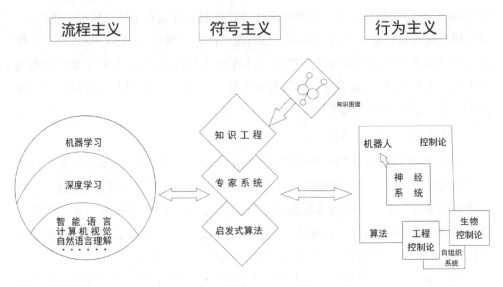

图 4-12　人工智能传播模式三大流派

流程主义强调数据流动的分析和建模。这一流派侧重于从数据中提取有价值的信息，通过构建模型来分析、预测和优化各种过程。在图中，流程主义的圆圈内有一个流程图，直观地展示了数据从输入到输出的处理过程。流程主义的应用广泛，不仅在信息传播中发挥着重要作用，还涉及了众多领域，如自然语言处理、计算机视觉等。

符号主义则强调知识表达和推理的能力。符号主义认为智能的核心在于对符号的处理和运算，通过符号运算可以模拟人类的思维过程。在图中，符号主义的圆圈内有计算机科学相关的图标，如编程语言、数据结构等，这些正是符号主义得以实现的基础。符号主义在人工智能领域有着重要的地位，尤其在知识工程、专家系统等方面具有广泛应用。

行为主义则主张通过与环境交互来学习并改进行为。这一流派强调智能的试错性，认为智能体通过与环境的交互，不断调整自身的行为，以适应环境并取得成功。图中行为主义的圆圈内有机器学习和自然语言处理的图标，这正是行为主义在人工智能领域中的重要体现。

值得注意的是，这三大流派并不是孤立的，它们之间存在着密切的关系。在图中，三个圆圈通过箭头相连，表示它们之间的交流与融合。随着人工智能技术的不断发展，这三大流派之间的界限也越来越模糊，它们正在不断地融合与互补，共同推动着人工智能领域的进步。

人工智能传播模式深刻改变了信息传播的方式和效率，正是人工智能技术在信息传播领域应用的生动体现。人工智能模式的三大流派——流程主义、符号主义和行为主义各有其特点和应用领域。而随着技术的不断进步和融合趋势的加强，它们将共同推动着人工智能技术的发展，为人类社会的进步做出更大的贡献。

第三节　数字与传统传播模式比较分析

一、数字传播的组成要素

数字传播的组成要素包括传播者、受众、媒介、传播内容及传播效果，这些要素相互交织、互为影响，共同构筑了数字传播的基础架构。

1. 传播者

传播者在数字传播中扮演着信息创造、整合与传递的关键角色。他们不仅是信息的源头，更是传播过程的推动者。在数字化的环境下，传播者可以是个体、组织或机构，利用社交媒体、博客、网站等数字平台发布信息。传播者的专业素养、创意构思及策划能力对信息的品质与传播力具有直接影响。以"今日头条"为例，他们通过精准的内容选择和独特的报道角度，成功吸引了大量用户的关注和讨论，展现了传播者在数字传播中的重要作用。传播者还需具备文化敏锐度与社会责任感，以确保所传播信息的公正性、真实性与客观性。

2. 受众

受众是信息的接收端，同时也是信息反馈的起点。在数字传播中，受众的角色已从被动的信息接收者转变为积极的参与者。他们可以通过各种互动方式，如点赞、评论与分享，来阐述自己的观点与态度，甚至能通过自媒体成为信息的二次传播者。因此，深入理解受众的需求、兴趣与行为模式，对于优化数字传播策略具有至关重要的作用。受众的多样性与个性化需求也是数字传播所面临的一大挑战。鉴于不同受众群体在信息需求与接收习惯上的差异，传播者需根据受众特性制定差异化的传播策略，以实现信息的精准投放与高效传递。

3. 媒介

麦克卢汉的理论将媒介喻为人类感官的延伸，强调媒介在拓展我们感知世界能力方面的重要性[①]。随着科技的飞速发展，数字媒介的形式日趋多样化，包括社交媒体、搜索引擎、新闻应用等。这些数字媒介不仅提供了便捷的信息获取途径，

---

① ［加］马歇尔·麦克卢汉：《理解媒介：论人的延伸》，何道宽译，译林出版社 2019 年版，第 20-35 页。

还运用算法与个性化推荐等技术，实现了信息的精准推送与个性化服务。然而，数字媒介的迅猛发展也带来了一系列问题，如信息过载与虚假信息的传播。因此，在选择数字媒介进行信息传播时，必须审慎选择媒介渠道，以确保信息的准确性与可信度。传播者还需关注数字媒介的发展趋势与受众需求的变化，及时调整传播策略，以适应不断变化的市场环境。

4. 传播内容

在数字传播中，内容的质量与创新性对于提升受众参与度与传播效果具有直接影响。优质的传播内容应具备独特性、趣味性与实用性，以引发受众的共鸣与兴趣。内容的结构、呈现方式与更新频率也是影响受众体验的关键因素。因此，传播者需注重内容的规划与制作，持续提升内容的质量与创新性，以更好地满足受众不断增长的信息需求。

5. 传播效果

传播效果涉及信息的覆盖率、受众的认知度、态度转变与行为转化等多个层面。为提升传播效果，传播者需密切关注受众的反馈与行为数据，及时调整传播策略与内容形式。与其他传播者、意见领袖或相关机构进行合作也是提升传播效果的有效途径之一。通过此类合作，可以扩大信息的传播范围与影响力，吸引更多潜在受众的关注与参与。

二、数字传播模式的兴起与变革

数字传播模式的兴起不仅对既有的传播范式产生了深远影响，更重要的是，它从根本上改变了我们获取信息、分享内容和沟通交流的方式。这一重大转变的推动力，源于互联网技术的广泛普及与深层次应用。它消解了时间和空间的界限，使得信息能够以前所未有的速度和范围进行传播。

经过对传统与现代不同传播模式的深入分析与对比，我们可以归纳出现代传播模式的主要特征：它以数字化、网络化和智能化为显著标志，展现出一个错综复杂且高效率的信息传播生态体系。见图 4-13。

首先，图中的大圆圈标识着"现实世界"，这是信息传播的起点和终点。现实世界的多样性为信息传播提供了丰富的内容和素材，同时，传播模式又影响着现实世界的认知和理解。两条线条分别指向"信息"和"知识"，展示了从现实世界出发的两种不同传播路径。

左侧的路径以"信息"为核心，通过"发送者"和"接收者"的箭头，形象地表示了信息的流动方向。这种传播模式强调信息的及时传递和准确性，通过数字化和网

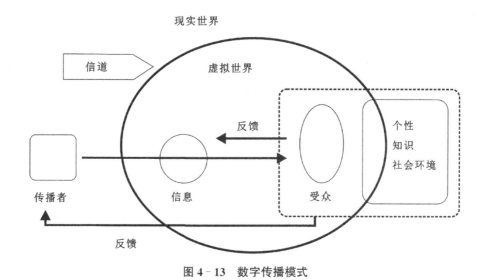

图 4 - 13 数字传播模式

络化的手段,实现了信息的快速传播和广泛覆盖。数字化技术使得信息可以以多种形式存在和传输,网络化技术则使得信息可以在全球范围内迅速传播,打破了地域限制。

右侧的路径则侧重于"知识"的生成和传播。在"社会环境"的影响下,知识通过不断的积累、提炼和升华,从信息中脱颖而出。知识传播不仅关乎信息的传递,更涉及价值观、文化观念和社会共识的传递。在现代传播模式中,智能化技术发挥着关键作用,通过对大数据的分析和挖掘,帮助人们更好地理解和利用知识。

图中的"反馈"小圆圈强调了信息传播过程中的互动性和动态性。无论是信息的传递还是知识的传播,都需要不断进行反馈和调整,以确保传播的准确性和有效性。反馈机制使得传播过程成为一个闭环,不断优化和提升传播效果。

数字传播模式的崛起改变了我们获取和分享信息的方式,并对现实认知产生深远影响。社交媒体使人们从信息接收者变为创造者和传播者,形成新传播生态。智能手机和移动互联网的普及提供了更多信息获取途径。这一变革提升了信息传播速度和广度,全球信息迅速触达受众。数字传播增强了受众参与度和互动性,通过社交媒体自由表达观点,交流思想。大数据和 AI 技术使数字传播实现个性化、定制化服务,精准满足受众需求,打破平台壁垒,实现无缝传播。

三、数字与传统传播模式的差异

1. 依赖渠道之别

传统传播模式主要依赖于特定的、专业化的传播渠道,例如广播电视和报纸杂志等,由专业化的媒介组织负责信息的产出与散播。此模式下的信息传播内容和形式均受到严格控制,信息传递方向较为单一,且难以即时反映受众的观点。相较之下,数字传播模式基于互联网技术,利用电脑、手机等数字设备可以进行信息的广泛、高效传播。数字传播不仅打破了时空限制,实现了信息的即时传递,还因其强大的交互性,使得受众更加积极地介入信息传播的过程中。

2. 表现形式之别

传统传播模式的表现形式相对刻板,例如电视主要以视频和音频形式呈现,报纸则主要通过文字和图片传递信息。尽管这些形式具有一定的经典性和表现力,但在信息爆炸的时代背景下,其单一性已难以满足受众的多元化需求。相反,数字传播模式提供了包括文字、图片、视频、音频等在内的多样化表现形式,这种多样化的表现形式不仅能够更加丰富地展示信息,还能使信息传播更为生动、有趣且易于理解。

3. 商业模式之别

传统传播模式主要依赖广告和订阅费用来维持运营,而这种模式在数字媒体时代正面临严峻挑战。数字传播模式的商业模式则显得更为灵活多样,不仅能满足用户的多元需求,同时也为数字媒体开辟了更多的商业机会。例如,许多网络媒体通过提供个性化的内容推荐和定制服务来吸引用户付费。随着电子商务的崛起,数字媒体还能通过链接电商平台实现流量变现,这些新兴的商业模式不仅为用户提供了更为便捷的服务,也为媒体带来了新的发展契机。

4. 受众参与度和反馈机制之别

传统传播模式下的受众参与度和反馈机制相对较弱,传播者难以即时了解受众的观点和需求,从而导致信息传播存在一定的盲目性和滞后性。但在数字传播模式下,受众的参与度和反馈机制得到了显著提升。通过互联网平台,受众能够便捷地发表自己的观点和意见,与传播者进行即时的互动。这种互动不仅提升了受众的参与度,还使传播者能够更为精准地了解受众的需求和反馈,从而优化信息传播的策略和内容。

四、传统与数字传播模式的共生

在各类模式的交汇点上,存在着一种深刻的共生关系。有专家指出,各传播模式之间都具有一些重叠性,呈现"你中有我,我中有你"的状况。将在线社交网络传播模式、平台算法传播模式完全分开的研究方式既不现实,也不符合理论发展的规律，在对比中找到共同点与差异点，才可更准确地把握理论变革的内在机理①。何况，传统和现代的划分仅仅是逻辑上的，这两者在实际应用中是紧密相连、互为补充的。传统传播模式凭借其深厚的历史积淀，为现代传播模式提供了丰富的理论基础和实践经验；而现代传播模式则凭借其先进的技术手段和创新的思维方式，为传统传播模式注入了新的活力和可能性。这两者并不是孤立存在，而是相互借鉴、相互融合，在不断地碰撞与交流中，共同推动着信息传播领域的创新与发展。

传统传播模式为数字传播模式提供了坚实的基础与灵感。历经岁月的沉淀，传统传播模式积累了丰富的经验和手法，这些在数字传播时代仍然具有重要的指导意义。以报纸的精湛排版和电视的镜头语言为例，它们的艺术性和实用性在数字媒体中得到了进一步的发扬。传统传播模式在品牌塑造和内容策划方面的深厚积累，也为数字媒体提供了宝贵的借鉴。

与此同时，数字传播模式为传统传播模式注入了前所未有的活力与创新元素。数字技术的运用打破了时间和空间的限制，使得信息传播更加迅速、广泛。更重要的是，数字媒体引入了丰富的互动形式和即时的反馈机制，为受众提供了更加便捷的参与渠道，从而极大地提升了传播的效率和受众的参与度。例如，传统广播通过网络直播与听众实时互动，既保留了广播的原有魅力，又吸引了更多年轻听众。

这种传统与现代传播模式的互动共生，不仅提升了传播效果，更改善了受众的信息消费体验。传统媒体在权威性和公信力方面具有天然优势，而数字媒体则在速度和互动性上更胜一筹。两者有机结合，形成了一种全面而立体的传播格局。在重大新闻事件的报道中，这种共生关系的优势尤为明显：传统媒体提供深入、权威的分析和解读，而数字媒体则能迅速传递第一手信息和实时反馈，满足了受众对于信息时效性和互动性的双重需求。

在数字媒体技术的推动下，传统与现代传播模式的融合正在成为一种不可逆转的趋势。这种融合不仅体现在传播手段的革新上，更深入传播理念和内容的创新层面。随着互联网、移动互联网等技术的引入，传统媒体实现了传播手段的升级，如网络直播、实时互动等形式的出现，极大地丰富了传播的内容和形式。同时，数字媒体也在不断探索与传统媒体的深度融合，通过合作与共享资源，共同打造出更加多元化的信息传播平台。

① 禹卫华：《从大众传播到社交媒体传播：经典传播理论模型的要素更新与边界拓展》，《中国出版》2023年第24期，第33页。

第四节 数字传播的运作机制

数字传播的运作机制，以先进的技术平台和用户的积极互动为基础，实现了信息的快速、精准传递，并塑造了特有的交流方式。本节我们将深入探讨数字传播的信息传递、受众反馈、效果评价与改进以及用户互动等运作机制，从而更全面地理解数字传播在现代社会中所起的关键作用。

一、信息传递机制

信息传递，从本质上而言，是信息由发送者向接收者流转的过程。然而，在数字传播环境下，这一过程已得到深度拓展与高效实现。

1. 信息传递的起点：编码

在数字传播中，信息传递的首要环节是对原始信息进行编码，即将其转化为计算机可识别的二进制代码。这一过程类似于语言间的翻译，旨在确保信息能够在计算机网络中顺畅传输。例如，将原始信息编码为二进制格式，类似于将中文信函翻译为英文，以便不同语言背景的人能够理解。这种编码过程确保了信息的通用性和可传递性。

2. 信息传递的通道：网络传输

网络传输在信息传递过程中发挥着至关重要的作用。经过精心编码的信息通过网络这一媒介，实现迅速且准确的传递。全球范围内的光纤网络和海底光缆构成了信息传递的骨架，为国际信息交流提供了坚实的支撑。例如，国际空间站与地面控制中心的实时通信，正是依托先进的卫星通信技术，实现了跨越天际的即时信息传递。这不仅彰显了数字传播技术的强大功能，更突破了地理距离的限制，使得信息传递变得前所未有的迅速与便捷。

3. 信息传递的终点：解码与接收

信息传递的最终环节是受众端的解码与接收。当信息以二进制代码的形式抵达受众时，需要通过解码操作将其还原为人类可理解的格式。解码作为编码的逆过程，巧妙地将二进制代码转换回文字、图片或视频等直观形式。受众在浏览新闻、观看视频时，正是依赖于这一复杂的解码机制。

数字技术对信息传递产生了深远的影响。它不仅显著提升了信息传递的效率和准确性，还极大地丰富了传递的内容和形式。更重要的是，数字技术推动了信息传递的全球化，打破了地域限制，实现了信息的跨国界、跨时区传播。以社交媒体为例，诸如微博、Facebook 等平台不仅支持用户实时发布和接收信息，还能根据用户的兴趣和偏好推送个性化内容。在公共卫生事件如新冠疫情期间，这些社交媒体平台成为人们获取疫情信息、分享防疫经验的重要渠道。

二、受众反馈机制

在数字传播领域，受众反馈机制的重要性日益凸显，其不仅深刻影响着传播效果的评估，还为内容的持续优化和服务质量的不断提升提供了宝贵的数据支撑。这一机制在信息传播过程中的地位，可谓举足轻重。

受众如今拥有了更加多元化的反馈渠道，能够便捷地表达自己的观点和意见。无论是通过社交媒体平台上的直接评论，还是利用其他互动工具，受众都可以根据自己的喜好选择最适合的方式进行信息反馈。这种即时的互动性不仅使得受众的反馈能够迅速被传播者所了解，更为传播策略的调整提供了实时的参考。

在数字传播坏境下，受众反馈的收集与处理也显得更为高效。借助各种先进的技术手段，传播者可以轻松地获取大量的受众反馈信息。这些信息的高实时性和准确性为传播策略的制定和调整提供了有力的数据支持。例如，利用大数据分析技术，传播者可以对用户的行为数据进行深入挖掘和分析，从而更加精准地理解用户的需求和偏好，进而优化内容和服务。

然而，我们也应看到受众反馈机制在数字传播中的双重性。一方面，它确实有助于传播者深入了解受众的需求与偏好，提供更为精准的内容服务；但另一方面，过度依赖受众反馈也可能导致内容的同质化和迎合性增强，从而损害内容的多样性和创新性。因此，在利用受众反馈机制的同时，传播者也应保持对内容的独立思考和判断。

三、效果评估与策略改良机制

效果评估与策略改良体系也十分关键。借助严谨的效果评估，我们能够洞察传播举措的真实成效，并精准地识别其短板与不足。而改良体系，则是立足于评判的反馈，对传播方案进行更为精细的调整，以期提升数字传播的效能。

1. 数字传播效果评估

数字传播的效果评估，是一个多元、全面的考量环节。它不仅仅聚焦于传播信息的触及面，更深入地探索受众的真实回应与行为模式。具体来说，它涵盖了以下几个层面：其一，是对媒体展现度的评估。我们借助量化分析新媒体平台上的展现次数与频率，从而客观地衡量广告或宣传信息的受瞩目程度。例如，社交媒体上的转发量与点评数等数据，为我们揭示了内容吸引力和影响力的直观指标。其二，是对受众参与度的考量。数字传播强调与受众的互动，因此，受众的点赞、评论和分享等互动行为，成为评估传播效果的重要参考。这些数据映射了受众对内容的兴趣和参与度，为调整传播策略提供了关键的依据。其三，是对信息传递效能的评估。通过问卷调查、数据分析等方法，我们深入剖析受众对传播内容的理解、记忆以及情感反馈。这既有助于评估信息的传递效果，又能为内容的优化提供有力的支撑。其四，则是对行为转变效果的评估。购买转化率、网站访问量等实际行为数据，是衡量数字传播效果最为直接的指标。这些数据直接反映了传播活动的商业价值，为评估和优化传播策略提供了坚实的数据基石。

2. 数字传播策略改良

依托于效果评估的反馈，我们可以从多个角度对数字传播策略进行改良，以提升其传播效能。具体的改良措施包括：首先，是内容的改良。根据受众的反馈和数据分析的结果，对传播内容进行精细化的调整。例如，增加受众感兴趣的主题或形式，强调内容的时效性和创新性，以更好地契合受众的需求。其次，是渠道的改良。通过对比分析不同渠道的传播效果，选择更适合目标受众的传播渠道，并加大投入。同时，积极探索新兴的渠道，以拓宽传播的广度和深度。再次，是受众定位的改良。利用大数据分析技术，深入了解目标受众的需求、偏好和行为习惯，实现精准的定位。通过制定有针对性的传播策略，提升传播的精准度和有效性。最后，是技术的改良。运用先进的技术手段对传播过程进行实时的监控和调整。例如，利用大数据分析实时追踪受众的反馈数据，以便及时调整传播的内容和方式。同时，借助人工智能等技术优化内容的推荐和个性化服务，提升受众的体验。

四、互动机制

1. 技术进步与互动的变迁

技术的不断革新，促使数字传播中的互动持续演变。举例而言，增强现实与虚拟现实的引入，赋予用户一种身临其境的互动体验。这种崭新的互动形式，不仅重塑了用户与信息的关联，更为用户带来了前所未有的感知冲击与认识体验。人工智能技术的运用，同样在重塑互动方式。智能推荐系统能够洞察用户的偏好与行为习惯，进而提供量身定制的内容推荐与互动方式。这种智能化的交互，不仅提升了信息传递的效率，更使得用户体验愈发个性化和精准。然而，技术的突飞猛进也带来了一些隐忧。譬如，对技术的过度依赖可能会导致人际关系的疏远，而智能推荐系统尽管提升了信息传递效率，却也可能诱发信息茧房效应，限制用户的信息视野。

2. 用户心态与互动的联系

用户的心态对互动产生着深远的影响。用户的认知偏差、情感倾向以及社交需求,均会对他们的互动行为与信息传播效果产生作用。因此,深入探究用户心态,对于完善数字传播的互动机制至关重要。用户的互动行为也会反作用于他们的心态。例如,通过积极参与互动,用户可以获得归属感、认同感以及成就感等积极的情感体验。这些正面的情感体验,会进一步激发用户的参与热情与创造力,形成良性的互动循环。但值得警惕的是,这种积极的心态也可能潜藏风险。当用户过度沉浸于虚拟的社交网络时,可能会忽略现实世界的人际关系。网络上的过度互动亦可能导致用户对网络认同的过度依赖,忽视自我价值的真实体现。

3. 文化演变与互动的交融

数字传播的互动,不仅关乎信息传递的效率与质量,更与社会文化紧密相连。一方面,社会文化价值观深刻影响着用户的互动行为与信息传播方式。例如,在不同的文化背景下,用户对于隐私、表达自由以及信息真实性等议题的观念和态度可能存在显著差异,这些差异将直接影响他们的互动行为与信息选择。另一方面,数字传播的互动也在塑造并反映着社会文化。例如,通过社交媒体等平台的交流与互动,用户可以分享并传播各自的文化观念与生活方式,从而推动社会文化的多样性与创新。数字平台上的热门议题与舆论风向,也常常映射了社会文化的热点与趋势。然而,这种相辅相成的关系亦可能引发冲突。例如,不同文化背景下的用户,在互动中可能会产生误解与冲突,而数字平台上的舆论风向,也可能对社会文化产生负面作用,如网络欺凌、虚假信息的扩散等。

第五章　数字传播前沿：颠覆性创新

我们是否正在目睹数字传播领域的一场颠覆性创新革命？这场革命是如何以前所未有的速度重塑我们的生活方式的？数字技术又是如何引领信息传播方式、内容形式以及行业融合发生根本性变革的？显然，数字技术正在以前所未有的方式改变着我们的信息传播和内容形式，并推动着各行业的深度融合。

第一节　数字传播创新与社会转型

数字时代的到来，正"深刻改变着公共空间的信息传播和人类社会的交往模式"。随着移动互联网的迅猛发展与广泛普及，"自媒体正在快速崛起，进而引发公共空间信息传播模式的革命性变迁"[①]，显著特征表现为信息传播速度的大幅提升、传播范围的急剧扩大以及影响力的显著增强。这一变革不仅局限于技术和工具的进步，更深层次地体现为传播理念、传播手段以及整个传播生态的全面重塑与革新。

一、数字传播技术的重大进展及其影响

1. 技术发展的显著动向

近年来，数字传播技术取得显著进展，以互联网、移动设备及大数据技术为核心，推动信息传播方式发生根本性变革。这些技术的快速发展不仅提升了信息传播效率，还大幅拓宽了信息的传播范围和深度，实现全球信息的即时共享。比如，量子通信技术就是数字传播技术领域的一大显著动向。量子通信基于量子力学原理，能够实现无法被窃听和破解的安全通信，被誉为"绝对安全"的通信方式。中国科学家在量子通信方面取得了重大突破，成功实现了千公里级的量子密钥分发，这意味着在相距千里的两个地点之间，可以安全地传输加密信息，而不用担心信息被

---

① 李晓光、石智雷、郭小弦：《传播焦虑还是提供支持？——虚拟空间社会网络的"双刃剑"效应》，《新闻与传播研究》2023 年第 6 期，第 50-51 页。

窃取或篡改。而且，量子通信还与大数据技术相结合，形成了一种全新的信息处理方式。通过利用量子计算的超强计算能力，可以实现对海量数据的快速分析和处理，为各个领域的研究和应用提供了前所未有的可能性。这种技术的融合，不仅大幅提升了信息传播的效率，还确保了信息传输的绝对安全性，是数字传播技术领域的一大重要突破。

2. 个人与社会行为模式的影响

数字传播技术的广泛应用已对个人生活习惯和行为模式产生深远影响。这些技术催化了社会生活数字化的加速，显著改变了娱乐、工作和学习方式。例如，人们能够随时随地获取高清影视、优质音乐和互动游戏等多样化娱乐内容。远程交流、在线教育、数字化教育及远程医疗等新型模式逐渐兴起，为工作和学习带来便捷与高效。值得注意的是，影响并不是只表现在正向。有学者经过实证研究得出结论："社会网络负向功效造成的福祉降低幅度，要远高于正向功效带来的福祉增加幅度"，例如，"传递负向功效造成的心理抑郁增量，是正向功效带来的心理抑郁减幅的十倍之余"①。公共空间的社会治理中，社会网络的负向功效造成的社会后果不容小觑，以社会信任为例，无论个体对政府的制度信任还是对社会大众的一般信任，信任的建立过程往往需要持久的努力，而信任破坏可能是一瞬之间的。这在当下虚拟空间中尤为突出，它通过传播谣言和焦虑恐慌，对政府信任或一般信任造成不可挽回的破坏。

3. 信息传播模式的翻新

信息传递模式正在历经一场深入的革新，这全得益于数字传播技术的长足进步。那种单向、线性的传播方式正逐步为双向、互动、即时的数字传播方式所取代。在这个变革的前沿，区块链技术正在信息传播中大放异彩。其去中心化的特性让信息传递变得更加透明与可靠，因为每一笔交易或信息的流转都会被永久地、不可更改地记录下来，这无疑极大地强化了信息的真实性和可追踪性。试想，通过区块链技术，我们能够全程追踪一则新闻或信息的传播轨迹，这不仅大幅提升了信息传递的速度和效率，还显著增强了信息的多元性和可信度。在这一新机制下，个体获得了更多成为信息创造者和传播者的机会，他们可以通过社交媒体等平台自由发表见解，这为信息传播研究开辟了新的视野。

4. 跨行业的交融与创新实践的兴起

随着数字传播技术的不断进步，行业间的交融趋势日益显现，这在新闻媒体领

---

① 李晓光、石智雷、郭小弦：《传播焦虑还是提供支持？——虚拟空间社会网络的"双刃剑"效应》，《新闻与传播研究》2023 年第 6 期，第 65 页。

域表现得尤为突出。数字传播技术为新闻媒体带来了前所未有的创新契机。例如，借助大数据分析，新闻媒体能够更精准地洞察观众的阅读偏好和兴趣点，从而提供更为精确的内容推荐。通过人工智能技术的应用，新闻媒体能够实现内容的自动化生成和个性化推荐，极大地提升了新闻制作的效率和精准度。虚拟现实和增强现实技术也被引入新闻报道中，为读者带来了更加身临其境的阅读体验。这些技术与新闻媒体行业的深度融合，不仅改变了传统新闻报道的模式，更为读者带来了更加多元、丰富的新闻消费体验。这种跨行业的交融与创新，预示着新闻媒体领域将迈向更加广阔的发展空间。

二、颠覆性创新的具体表现

"颠覆性创新"这一词汇，蕴含着对旧有范式的深刻挑战与全新构建。它不仅指代技术层面的进步，更意味着对传统业务模式、市场规律以及用户体验的全面革新。这种创新具有深远的影响力，它往往从边缘开始，逐步瓦解旧有的体系和规则，引领行业走向新的发展方向，最终重塑我们的生活方式和社会形态。

1. 技术层面

技术的颠覆性创新表现在多个方面。举例来说，5G 技术的引入大幅提升了信息传递的速度和效能，使得全球范围内的即时通信变得触手可及。再者，人工智能技术的迅猛发展和广泛应用，让信息传播更加智能与个性化，能够精准对接用户的兴趣和需求。VR 和 AR 技术也为用户带来了前所未有的沉浸式体验，进一步拓展了信息传播的边界。

2. 业务模式层面

业务模式的革新性变革是数字传播领域变革的重要驱动力。传统媒体的转型便是一个生动的案例，随着数字化媒体的崛起，传统媒体纷纷向数字化、移动化方向演进，以响应用户需求的转变。同时，商业模式的创新也层出不穷，诸如广告模式的重塑、付费模式的多元化等，都为数字传播行业带来了新的成长契机。

3. 用户体验层面

用户体验是数字传播领域革新性变革的直观体现。随着技术的不断进步和业务模式的创新，用户对信息传递的需求也在持续提升。数字传播平台通过提供更加个性化、便捷的服务来迎合用户的需求，诸如智能推荐、语音交互、多屏互动等功能都极大地丰富了用户体验。以一个忙碌的上班族为例，他每天需要快速掌握行业动态，但常常感到信息爆炸的压力。直到有一天，他发现了一个全新的平台，该平台通过智能推荐为他量身打造了个性化资讯服务，同时语音交互功能让他在驾驶过程中也能轻松获取信息。更令人惊喜的是,多屏互动功能还让他能够与家人在电视机前共享科技新知,这无疑极大地提升了他的信息获取体验。这些富有创意的功能,如智能推荐、语音交互等,显著优化了用户体验。

4. 社会层面

数字传播的革新性变革对社会也产生了深刻的影响。它不仅改变了人们获取信息的方式和消费习惯,还推动了社会的信息化、数字化发展。数字传播与其他行业的深度融合也催生了崭新的服务形态,为社会经济的进步注入了新的活力。数字传播还促进了文化的多元化和包容性,使得不同的文化和观点得以更广泛地传播和交流。

三、数字传播推动下的社会转型

1. 社会经济架构的重构及其广泛影响

数字社会的经济架构正在进行前所未有的调整。新兴的经济领域,例如电子商务、网络广告以及数字媒体,凭借创新的业务模式和领先的技术,正在迅速改变商业版图。这些领域的兴起,不仅为经济的高质增长带来了新的契机,更在深层次上重塑了人才结构,引领了社会发展的新方向。电子商务的蓬勃发展打破了传统的商业模式,通过互联网的力量实现了购物的无限可能,极大地提高了交易的便捷性。网络广告借助精确的目标定位和大数据分析,实现了广告的个性化展示,不仅提升了广告效果,还优化了营销成本。这一系列的变化,正在深刻地影响着我们的生活方式和社会形态,加速了信息的传播,为经济增长注入了新的活力。

2. 就业市场的深刻变革与未来发展方向

随着数字传播技术的广泛运用,就业市场正在经历前所未有的变革。新兴的职业,如数据分析师、网络内容创作者和数字营销专家等,正在迅速崛起。同时,传统的职业也面临着转型的压力。以新闻业为例,新闻记者需要不断学习和掌握新技术,以适应全新的传播环境和受众需求。关于"生成式 AI 技术可能对哪类人力资源产生影响"的问题,学术界普遍认为,未来高技术含量和高信息含量的工作将更多地由人工智能来承担。换句话说,生成式 AI 技术的潜在影响主要集中在知识阶层。一些研究者指出,像出租车司机、厨师等传统职业基本上不会受到生成式 AI 技术的影响。然而,客户服务专员、文案撰写人员、程序员、软件开发者、数据分析师、媒体工作者、内容创作者以及法律从业者等职业,由于工作性质涉及大量的信息处理与知识应用,因此可能面临被人工智能取代的风险。简而言之,生成式 AI 技术可能首先影响的是高技能工作岗位,而低技能工作在此轮人工智能的产业化浪潮中可能会暂时得以保留。值得注意的是，"一般来说，个体目的性行动的成功概率和社会网络成员提供的资源存在正向关联"①。过去的研究主要集中在劳动力市场方面社会网络的工具性效应，如求职、晋升、创业和融资等议题。然而，除了劳动力市场，社会网络的工具性功能在现实生活中无处不在，其影响力渗透到求学、恋爱、育儿、就医、公益等多个生活领域。这一系列的变革与趋势，不仅揭示了就业市场的发展方向，也为我们理解社会网络在个体行动中的重要性提供了新的视角。

3. 消费模式的全新变化与主要特征

消费模式也在经历深刻的变革。消费者可以更加便捷地获取信息、比较产品和进行网购等，使消费行为更加高效和个性化。消费者与品牌的互动方式也在发生变化。通过社交媒体等渠道，消费者可以及时反馈产品使用体验和建议，与品牌进行实时互动和沟通。这种双向互动的模式不仅增强了消费者的参与感和忠诚度，还推动了产品的创新和服务质量的提升。消费者更加关注个性化和定制化的产品和服务，根据自己的需求和喜好进行定制化购买，享受个性化的消费体验。这种消费模式的变革不仅满足了消费者的多样化需求，还为商家提供了更多的市场机会和创新的营销策略。

4. 全球化与本土化的深度融合与发展趋势

数字传播以其强大的穿透力打破了地域限制，促进了全球文化的交流与融合。它使得世界各地的文化习俗和风土人情等更加容易地传播到每个角落，增进了人们对多元文化的认识和了解。数字传播技术也使得本土化内容和服务能够更加精准地触达目标受众。借助大数据和精准定位技术，内容创作者和广告主可以根据不同地区和受众的需求进行定制化创作和投放，大大提高了信息的针对性和有效性。这种全球化与本土化的有机融合不仅极大地丰富了我们的文化生活，也为经济发展注入了新的活力和动力。

---

① Lin，N. Social Resources and Instrumental Action. in Marsden P. & Lin，N，eds. Social Structure and Network Analysis[M]. Beverly Hills：SAGE Publications，1982：131 - 145.

第二节　跨屏传播与叙事策略

一、跨屏传播的理论基础

1. 概念与范围

跨屏传播，顾名思义，是指信息或内容跨越不同的显示屏幕进行传播的过程。然而，在此背景下的"屏幕"已不仅限于传统的电视和电脑显示屏，它还包括了智能手机、平板电脑等各种现代显示设备。跨屏传播特指通过尖端数字技术，使得信息能在各类屏幕间顺畅流通与分享，进而显著提升信息传播的效率，并为用户提供前所未有的交互体验。其核心价值在于，它成功破解了传统媒体之间的界限，让用户能够随时随地接收并与信息互动，不仅满足了用户对信息获取的便捷性，更在信息的展现形式和交互体验上赋予了用户极大的多样性。

2. 历史演变

跨屏传播的历史可追溯至传统媒体时代，但其真正的快速发展却是在数字媒体时代到来后才得以实现。科技的飞速进步极大地改变了人们获取信息的方式。从早期的报纸、广播，到电视、电脑，再到今天的智能手机、平板电脑等便携设备，每次技术的革新都推动了跨屏传播模式的进步。在数字媒体时代的推动下，跨屏传播得以真正实现其深远意义，用户能够通过多种设备轻松获取和分享信息，而信息也能在不同的屏幕间自由流转，实现无缝对接。

3. 理论支撑

跨屏传播的实际应用，离不开深厚传播理论的支持。其中，媒介融合理论和跨媒体叙事理论是跨屏传播的核心理论基础。媒介融合理论强调的是不同媒介间的融合与互补，这在跨屏传播中体现得淋漓尽致。各种屏幕之间的连接与互通，正是媒介融合的具体实践。用户可以通过多种设备接收和发送信息，实现信息的跨屏流通，这不仅大幅提升了信息传播的效率，更为用户带来了丰富多彩的信息展现形式和交互体验。跨媒体叙事理论则关注如何运用不同媒介讲述一个引人入胜的完整故事。在跨屏传播的实践中，这种叙事方式得到了充分展现。信息或内容可以在不同的屏幕上以多种形式呈现，从而构建一个完整、连贯的叙事体系。这种叙事方式不仅大大增强了信息的吸引力和感染力，更为用户创造了一种沉浸式的阅读体验，仿佛置身于故事的世界之中。

二、跨屏传播的技术架构与实现

1. 技术构建

跨屏传播技术的构建是一个涉及硬件、软件及网络通信等多个层面的复合体系。这一体系将各类显示设备，如手机、平板、电视和电脑等，有机地结合在一起。这些设备不仅具备强大的处理能力和广阔的存储空间，而且能够确保信息的流畅、准确传输，从而为用户提供卓越的跨屏体验。软件层面则扮演着整个系统的"智慧核心"角色，它掌控着用户界面交互、数据管理以及信息展示等关键环节。这一层面要求拥有出色的数据处理能力和系统稳定性，以应对多变的信息传输需求。同时，它还提供了直观易用的操作界面，使用户能够轻松驾驭跨屏传播过程。网络通信则如同整个技术架构的"血脉"，它贯通各个硬件和软件，保障信息的顺畅流通。为了实现信息的无缝连接和实时通信，网络通信采纳了尖端的通信协议和技术手段。

2. 达成方式

跨屏传播的达成得益于屏幕映射、内容同步和设备互联等关键技术的综合运用。屏幕映射技术使得一个屏幕的内容能够完整地展现在另一个屏幕上，无论距离有多远，内容都能即时共享，这在会议演示和多媒体教学等场景中发挥着举足轻重的作用。内容同步技术则是保证信息在不同屏幕间实时更新的关键所在。借助云计算和大数据技术的支持，它能够实现信息的即时更新和同步传输，确保用户在任何设备上都能获取到最新的信息内容。设备互联技术作为跨屏传播的核心，通过各种通信协议和技术手段将不同设备紧密连接，形成一个高度互联互通的网络环境。在这个环境中，信息可以在设备间自由流转，实现真正的跨屏传播，这不仅提升了信息传播的效率和便捷性，还极大地丰富了用户的信息获取和交互体验。

3. 技术内涵与实现流程

跨屏传播的技术内涵主要基于网络通信和数据传输技术。简单来说，通过网络连接的不同设备可以实现相互通信和数据传输。在跨屏传播过程中，数据首先由发送设备处理并打包，然后通过网络传输到接收设备。接收设备在收到数据后，会进行相应的解包和处理操作，最终将信息呈现在屏幕上供用户查看和交互。实现跨屏传播需要经过一系列精细的步骤。首先，用户需要在发送设备和接收设备之间建立稳定的网络连接，这可以通过蓝牙、Wi-Fi 直连、NFC 等近场通信技术来实现。一旦连接建立成功，用户就可以选择要传输的内容并启动跨屏传播功能。发送设备会负责将内容数据进行处理和打包，以便适应网络传输。打包完成后，数据会通过网络发送到接收设备上。接收设备在接收到数据包后，会进行验证和解密，确保数据的完整和安全。最后一步就是接收设备将数据解析还原，并在屏幕上展示，供用户查看和交互。整个过程中，各种技术的协同工作使得跨屏传播功能得以实现，并且随着技术的不断进步，跨屏传播将会带来更加便捷、高效的使用体验。

三、跨屏传播的用户认知

跨屏传播在用户感知层面带来了显著的转变，主要体现在多屏交互的流畅性、体验沉浸感的增强，以及对个性化信息需求的精准匹配。一是多屏交互赋予了用户前所未有的操作流畅性。用户能够在不同设备间无缝转换，随时随地获取和分享信息。例如，用户可以在智能手机上快速浏览新闻动态，然后在平板电脑上深入阅读详细报道，或者在电视屏幕上观看相关的视频新闻。这种跨屏的连贯体验大幅提升了信息获取的效率和方便性。二是跨屏传播显著加深了用户的沉浸体验。通过多个屏幕的协同作用，用户能够更全面地理解信息内容，获得多维度、深层次的感官享受。在观看影视作品或玩互动游戏时，用户可以通过大屏幕电视享受高清画质，同时使用智能手机或平板电脑进行实时互动，从而获得更加身临其境的娱乐体验。三是跨屏传播精准满足了用户的个性化信息需求。每个用户都有独特的信息获取习惯和兴趣点，跨屏传播让用户能够根据自己的需求定制个性化的信息流。用户可以在不同屏幕上选择自己感兴趣的内容进行浏览，从而实现信息传播和接收的高度个性化。

跨屏传播不仅深刻影响了用户的信息接收方式，还在一定程度上改变了用户的认知过程。这主要体现在注意力分配的变化、信息处理方式的转变，以及记忆形成过程的调整等方面。首先，跨屏传播导致了用户注意力分配方式的明显变化。在面对多个屏幕呈现的信息时，用户需要同时关注和处理来自不同来源的信息流。这要求用户具备更加高效的注意力分配能力，以便在不同信息流之间快速切换和有效整合。这种注意力分配方式的变化可能对用户的信息处理能力和多任务处理能力产生深远影响。其次，跨屏传播对用户的信息处理方式产生了显著影响。由于信息来源的多样性和信息呈现方式的多元化，用户需要掌握有效的信息筛选、整合和理解技巧，以便从复杂多变的信息环境中提取有价值的信息。最后，跨屏传播在一定程度上重塑了用户的记忆形成过程。信息在不同屏幕之间的自由流动和共享使得用户需要频繁地回顾和整理来自不同屏幕的信息。这种回顾和整理过程有助于用户对信息的深入理解和长期记忆的形成，但也可能导致记忆的碎片化或信息来源的混淆。

四、跨屏传播的内容创新与叙事策略

1. 内容创新

跨屏传播为内容的革新开辟了新天地。多媒体内容的糅合成为其中的核心环节，借助文字、图像、视频等多样化内容形式的深度融合，跨屏传播塑造出更为多彩且全面的信息展现形态。此种糅合不仅提高了内容的可读性和吸引力，还进一步提升了信息传递的效率。互动式讲述是跨屏传播的又一亮点。传统的线性讲述模式在跨屏传播中被颠覆，代之以用户为核心的互动式讲述方式。用户可以经由不同的屏幕亲身参与故事的发展，与内容实时互动，从而收获更加深入的沉浸式体验。定制化内容也是跨屏传播推动内容革新的显著表现。得益于大数据和人工智能技术的支撑，跨屏传播能够根据用户的兴趣和行为模式，为其推送定制化的内容，满足用户的多元需求。

2. 叙事策略

故事情节的跨屏延展有助于故事在不同屏幕间顺畅过渡，持续吸引用户的关注。譬如，一个故事情节或许在电视屏幕上铺陈开来，而相关的背景细节或后续情节则可以通过手机或平板电脑加以补充和延展。角色设定的跨屏交互也是讲述技巧的重要组成部分。通过在不同屏幕上展现角色的多重面貌，引导用户更深入地洞察角色特性和故事情节。此种交互式的角色设定能够提升用户的投入感和参与度。

3. 引人入胜的故事

人们总是偏爱那些富有理想主义色彩的故事。好的故事承载着双重功能：它既能为已经作出或实施的决定与行动提供支撑（或使其神秘化），又能影响未来的决策与行动。古希腊哲学家亚里士多德将"故事"划分为起始、高潮和结尾三个阶段。从抽象的角度来看，故事的模式其实相对简单，例如某个（或某些）角色为了达成某个目标或遭遇某种情况；角色之间构建起某种关系。构成这一三幕式结构故事的基础单元是事件，通常也被称为"节奏点"。节奏点是证明因果关系的逻辑结构。节奏点通常不能孤立存在，因为单一的节奏点很难明确故事的结局。为了解疑释惑，常常需要一组节奏点的组合。因此，一系列节奏点的串联便构成了完整的故事。

跨屏叙事开始的时候，由一个节拍拉开序幕，主体处于一种较为稳定的静态，在一种原动力的推动下，这一静态出现变化，由接下来的节拍产生一个最重要的冲突问题，并由此引起一种紧张的氛围与状态，这种状态常常具有难以抗拒的诱惑，表明主体开始掌握受众的情绪。经过第一阶段，随之而来的节拍激化了前面已经产生的冲突问题，故事呈现出耐人寻味的、复杂的、多元的趋势，这是所有节拍中最

重要的高潮,所有对抗力量的冲突达到了最高点。故事由此从第二阶段进入第三阶段。主体在激化后复归为一种新语境下的平静。尽管也是一种平静状态,但与第一阶段的平静状态往往有着相反的方向(这很符合受众"看好戏"的心理),受众的紧张状态得到缓解与松弛,并对下一轮冲击产生期待。这也就进入了再循环的故事结构。见图 5-1。

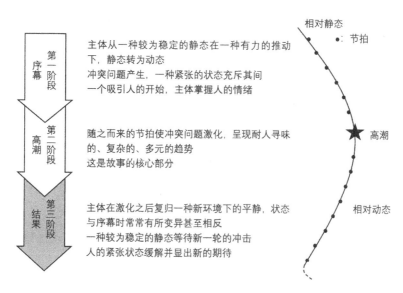

图 5-1　跨屏叙事与故事节奏

从这一段叙述可以发现,节拍与故事的最根本的差别在于紧张状态是否得到有效解决。节拍能产生紧张状态,但不能得到解决。而故事在最后时刻总是解决了这一紧张状态。而且,通过叙事,主体必须从一种状态转化为另一种状态。按照美学原则,这种状态转化更多地以极端化的戏剧方式实现。如由爱到恨,由悲而喜,有成却败等。主体的极端变化是引诱受众的最佳处方。情节发展的跨屏衔接也是叙事策略中的关键环节。它要求制作者精心设计情节的转折和高潮,使之在不同屏幕间巧妙衔接,从而引导用户一步步深入故事的核心。理想主义的故事,能激起人们的信仰,因为它们是一致的,因为它们听来像"我们向往的那种生活"。一如菲希尔(Walter Fisher)的表述:"任何故事,任何形式的修辞交流,不仅谈论世事,而且也暗含它的听众,即以非常特别的方法表达自己的人。"①

---

① ［美］华尔特·菲希尔:《叙事范式详论》,王顺珠译,见［美］大卫·宁等:《当代西方修辞学:批判模式与方法》,中国社会科学出版社 1998 年版,第 73 页。

第三节　区块链与传播融合

一、区块链的基本原理

区块链，这一诞生于 2008 年中本聪论文中的技术，随着比特币和创世区块的出现，从理论走向了实践。如今，它已受到全球金融机构和政府的广泛关注与支持，众多行业巨头也积极布局，结成各类区块链联盟，推动其在多个领域的应用，展示了其作为颠覆性创新技术的巨大潜力。在数字传播领域，区块链的核心原理——去中心化、分布式账本、共识机制及加密技术，同样展现出了非凡的前景。

1. 去中心化原理的崭新应用

在传统的传媒、新闻和文化产业中，内容的管理与分发常受制于中心化的机构或平台。然而，这种模式的脆弱性、审查风险及数据被篡改的可能性不言而喻。区块链的去中心化原理打破了这一束缚，它使得内容数据不再依赖单一的中央机构，而是广泛分布在网络中的各个节点上。在传媒领域，这意味着新闻报道、文化作品等内容可以摆脱对特定机构或平台的依赖，以更自由、更公正的方式传播。

2. 分布式账本原理的透明性保障

区块链作为一个分布式账本，其每个节点都保存有完整的账本副本。在新闻与传播领域，这一原理保证了每一份内容数据都会被网络中的所有节点共同记录和验证，从而实现了数据的公开、透明和不可篡改。例如，当新闻报道或文化作品被发布到区块链网络上时，其内容会被永久性地记录在分布式账本上，任何对内容的修改都会立刻被网络中的其他节点发现并拒绝，有力地维护了新闻或文化作品的真实性和完整性。

3. 共识机制原理的一致性保障

为了保持分布式账本的一致性，区块链网络需要借助共识算法来达成共识。在数字传播领域，这一机制能够确保网络中的节点对内容数据的有效性达成一致意见，有效防止恶意节点对数据进行篡改，为新闻或文艺作品的真实性和可信度提供了坚实保障。

4. 加密技术原理的安全性保障

区块链采用了多种加密技术来保护交易的安全和隐私，这些技术在新闻传播领域的数据保护中同样具有应用价值。哈希函数和公私钥加密技术可以确保内容数据在传输和存储过程中的安全性和完整性,有效防止数据被非法获取或篡改。这对于保护新闻报道的原始数据、文化作品的版权以及创作者的隐私具有不可或缺的重要意义。

二、区块链与数字传播的交融共进

1. 重塑数字传播新生态

随着区块链技术的持续进步,传统的数字传播模式正面临深刻的变革。过去,数字内容的创造、分发与消费主要依赖中心化的平台和机构,它们在内容传播中发挥着举足轻重的作用。然而,区块链的引入彻底改变了这一格局。其去中心化的特点极大地提升了内容创作者、发布者和消费者的权力和自主性,打造了一个更为公平、透明的数字交流环境。通过分布式账本和智能合约,区块链实现了信息传播的可追溯与自动化,不仅提升了传播效率和安全性,还降低了交易成本。这一变革对现有权力结构带来了挑战,传统中心化机构在信息传播中的控制力逐渐减弱,而个体和小型组织在数字传播中的话语权逐渐增强。

2. 构建数字身份与信誉新体系

在数字社会,信息的真实性和来源的可靠性至关重要。区块链技术为数字身份和信誉体系的构建提供了创新的解决方案。借助区块链的公开、透明和不可篡改特性,我们可以打造一个去中心化的信誉评价机制。这种机制有助于用户轻松辨识可靠的信息源和优质内容,从而降低信息欺诈和误导的风险。数字身份与区块链的结合还为用户提供了更为安全的身份验证方式,实现了去中心化的身份验证,更好地保护了用户的隐私和安全。

3. 规范数字版权贸易

数字版权管理和授权一直是数字传播领域的难题。区块链技术的引入为版权登记、追踪和维权提供了新的解决路径。通过智能合约,创作者能更加灵活地管理其作品的使用权,确保版权费用的合理分配。区块链的不可篡改性使版权信息得以永久保存,为创作者提供了更坚实的版权保护。区块链技术还能助力解决数字版权纠纷,其记录可作为有力证据,帮助创作者维护自身权益。同时,区块链技术通过哈希值以及时间戳对期刊作品中的内容进行标识、转化并存储,有效减少了学术不端行为[①]。

---

① 熊皓男:《版权链论纲:区块链对网络版权底层规则的重塑》,《科技与法律》2022 年第 1 期,第 36 - 44 页。

4. 推动数字广告与社交媒体的革新

数字广告业和社交媒体是数字传播的重要组成部分，但长期受到欺诈、不透明和效率低下等问题的困扰。区块链技术的引入有望重塑这些行业的生态。通过提供透明的交易记录和智能合约的执行，区块链可以减少广告欺诈，提高广告投放的效率和透明度，为广告主和发布者创造更大的价值。在社交媒体和内容分享平台中，区块链技术同样展现出巨大的潜力。通过区块链上的代币激励机制，平台可以鼓励用户贡献高质量的内容，并确保内容的创作者得到合理的回报。这种激励机制有助于提升平台的内容质量和用户活跃度，进一步推动数字传播生态的繁荣发展。

三、区块链的经济效能

1. 交易成本的大幅缩减

区块链技术的出现，在数字传播领域引发了深远的变革，其中，经济效能的显著提升尤为引人注目。在传统数字版权交易中，复杂的中介环节和合同执行流程常常导致高昂的交易成本。然而，区块链技术的运用使得这一切得以简化。以数字版权交易为例，借助区块链的智能合约功能，版权购买、许可等合同条款得以自动执行，从而省去了第三方中介的介入。这不仅降低了中介费用，还显著提升了交易效率。交易双方可在区块链平台上直接进行交易，且所有交易记录和版权信息均公开、透明、不可篡改，极大地增强了交易的安全性和可信度。在广告投放方面，区块链也展示了降低交易成本的巨大潜力。传统的广告投放流程涉及多方协调和沟通，既耗时又成本高昂。而区块链技术能够简化这一流程，通过智能合约自动执行相关条款，减少人为干预和纷争，进而降低交易成本。

2. 内容创作者经济的蓬勃发展

在以往的数字内容产业中，内容创作者往往难以获得与创作价值相符的经济回报。而区块链技术的引入，为内容创作者打造了一个去中心化的版权管理与追踪平台，确保他们能够获得更为公平的经济回报。借助区块链技术，内容创作者可以便捷地进行版权登记、追踪和维护。所有版权交易和费用分配均公开、透明且自动化，从而大幅减少了版权纠纷和盗版行为。智能合约能保障内容创作者在作品被使用时获得应有的版权费用，极大地提升了他们的创作热情和经济收益。区块链技术还推动了创意产业的持续发展，通过为内容创作者提供公平合理的经济回报，激发了更多人的创作激情和创新精神。我们还应"减少因区块链技术带来的信息垄断,促进信息的自由传播和文化的自由流动"①。

3. 引领数字行业的创新与升级

区块链技术在数字传播中的经济效能,不仅仅体现在降低交易成本和内容创作者经济的推动上。从长远角度来看,区块链技术有望引领整个数字传播行业的创新与升级。随着区块链技术的持续进步和广泛应用,我们可以预见到一个更为高效、透明和公平的数字传播生态系统的诞生。这将为广告主、内容创作者和消费者带来更为丰富的机会和选择,进一步推动数字传播行业的繁荣与发展。同时,区块链技术还有可能催生出全新的商业模式和商业机遇,为整个社会经济注入更多的活力与潜力。

第四节　元宇宙与社会文化影响

一、元宇宙的概念及其特点

"元宇宙"(metaverse)这一概念首次亮相于 1992 年的科幻小说《雪崩》中,该词由"元"(meta)与"宇宙"(universe)两个词汇巧妙结合,描绘了一个借助特殊眼镜便能轻松进入的虚拟空间。"元"一词源自哲学的形而上学(metaphysics),这一学科专注于探索宇宙万物的根源与本质,被亚里士多德尊称为"第一哲学"。结合"起源"与"首要"的意蕴,"meta"被赋予了深远的"元"之含义。同时,鉴于形而上学与物理学在哲学层面上的唯心与唯物之区别,"meta"也常被解读为"虚拟"。因此,元宇宙的初始概念与"虚拟世界"紧密相连。

"元宇宙"的提出,不仅代表了技术的飞跃,更体现了对未来社会模式的深思熟虑。它超越了简单的虚拟空间界定,成为一个虚实交融的全新疆域,预示着人类社会生活方式的根本性演变。在这一融合的环境中,物理与数字的边界逐渐消融,现实与虚拟的互动愈发频繁。元宇宙不仅融合了现有的虚拟环境和增强现实技术,更广泛涵盖了互联网领域,构建了一个前所未有的复杂网络世界。这不仅是科技进步的结晶,更彰显了人类对未来生活方式的设想与追求。

元宇宙的持续性构成其核心特征之一。它呈现为一个稳定、持久且持续在线的虚拟环境,为用户提供了一种可随时随地访问的数字世界,从而确保了用户在任何时间、任何地点都能获得一致的虚拟体验。

①　贾柠宁、石文川:《区块链技术在我国期刊出版应用中的法律监管研究》,《中国出版》2023 年第 17 期,第40 页。

元宇宙还具备可扩展性。随着技术的演进和用户需求的变化，元宇宙需能够适应不断扩展的用户群体和多元化的活动需求。这种可扩展性不仅体现在用户规模的增长上，还包括活动类型和复杂性的增加。无论是大型在线游戏、虚拟音乐会还是其他数字活动，元宇宙均能提供充足的资源和空间以支撑。

高度交互性成为元宇宙的另一显著特点。用户与显示内容的交互，主要指的是元宇宙设备通过采集、处理不同的用户指令，进而实现显示画面渲染和呈现的过程。这主要包括眼动、手动、运动和语音等交互方式。眼动交互依据眼睛注视的位置和时间来改变显示图像；手动交互则通过双手的位置、动作和姿势来调整界面；运动交互是通过身体的位置、动作来影响界面显示；而语音交互则是利用声音信号来改变人机界面的显示内容。这些交互方式共同提升了人机交互的灵活性和自然性，增强了用户的参与感和归属感，使元宇宙成为一个连接全球的社交平台。

元宇宙的自由创造性为用户提供了展现个性和创造力的舞台。在这个开放的环境中，用户可以依据个人喜好和想象力创造独特的虚拟物品、设计个性化场景或策划创新活动。其中，"虚拟数字人"成为最具代表性的概念。这些融合了多项先进技术的虚拟数字人，不仅具备了人类的外貌特征和表演能力，还拥有强大的交互能力。它们存在于虚拟世界中，并通过各种显示设备来展现其形态[1]。得益于计算机程序算法和大数据系统的支持，虚拟数字人可以在虚拟空间中自由行动。

借助先进的虚拟现实技术，元宇宙为用户提供了一种全新的沉浸式交互体验，仿佛置身于一个崭新的世界中，并与现实世界产生深刻的联系。现实世界的伦理观念会渗透到元宇宙中，同时元宇宙的伦理问题也会对现实世界产生影响。随着元宇宙与现实世界的深度融合，元宇宙中的经济、政治、文化活动对现实世界产生实质性影响，如虚拟货币交易对金融的影响、虚拟社交对人际关系的影响等。甚至元宇宙中的虚拟犯罪等问题也可能对现实世界的安全与稳定构成威胁。因此，随着元宇宙的发展，也带来了一系列新的问题和挑战，这需要技术、法律、道德和社会各方面的共同努力来应对。

二、元宇宙内的社交与信息流通新机制

1. 元宇宙中的自由交流与真实感的增进

元宇宙，这一新兴的虚拟三维空间，正日益吸引着众多用户的目光。依托于尖端的虚拟现实技术，这一环境赋予了用户前所未有的社交体验。在这里，每个人都

---

① 中国人工智能产业发展联盟总体组、中关村数智人工智能产业联盟数字人工作委员会：《2020年虚拟数字人发展白皮书》，http://www.ec100.cn/detail－－6583594.html。

可以根据自己的喜好和创造力,塑造出独一无二的虚拟形象。新闻演播室的设计巧妙运用了三维模型的特点,使用户能更直观地把握新闻动态。用户还能通过语音、肢体动作乃至面部表情等多种方式与他人沟通,极大地丰富了新闻传播的层次感和临场感。除了提供灵活的交流方式,元宇宙的新闻应用还带来了多样化的新闻获取途径。用户可以在这个虚拟世界中随意浏览各类资讯,参与新闻发布会,甚至与新闻记者进行面对面的对话。这种创新的新闻传播模式打破了传统媒介的束缚,让用户能更深入地挖掘新闻背后的深层含义,从而构建起更加紧密和真实的社交网络。

2. 元宇宙中的多元社交活动与场景

元宇宙不仅提供了高度自由的交流方式,更为用户呈现了多元化的社交场合与活动。在这个广袤的虚拟天地里,用户可以尽情参与各种娱乐活动,如音乐会、艺术展等。这些活动不仅让用户有机会展示自己的兴趣和才华,还促进了彼此间的经验分享和情感交流。例如,媒体打造的虚拟新闻展览区,就为用户呈现了一种全新的新闻浏览体验,带领他们回顾历史上的重大新闻事件和人物。通过这些丰富多彩的活动,元宇宙成为一个充满活力的社交平台,帮助用户拓展社交圈子,并一同探索这个充满无限可能的虚拟世界。

3. 元宇宙中的匿名交流、隐私保护与信息流通

在元宇宙的社交环境中,用户可以保持匿名状态进行自由沟通,这在一定程度上减轻了社交压力,让用户能更加自如地表达自己的想法和感受。同时,元宇宙还实施了严密的隐私保护措施,确保用户信息和对话内容的安全无虞。作为元宇宙的运营者,开发公司肩负着预防与管理的重任。在构建元宇宙框架时,公司可以利用技术优势将必要的伦理规范融入技术设计中,并借助 AI 技术对用户行为进行监控。例如,Meta 在 Horizon Venues 中推出的"个人边界"功能就是一种有效防止用户间不当互动的措施。此外,元宇宙中的社交互动还催生了一种全新的信息传播方式——口碑传播。当用户对某条新闻报道表示认同时,他们可以通过自己的虚拟形象将这条报道推荐给其他用户,从而引发更多人的关注和热议。这种口碑传播方式不仅提升了新闻传播的效率和精准度,还为媒体开辟了新的营销渠道。

三、元宇宙对文化的深远影响

随着科技的不断发展,元宇宙这一科幻概念已逐步融入我们的现实生活,对社会文化产生了深远的影响。

1. 重塑身份认同与跨文化对话的新空间

元宇宙，这个虚拟的"新世界"，居住着众多虚拟数字人。它们以人类形象出现，具备与人类相似的行为能力，并作为用户在数字世界的代表。用户借助技术界面和 AR－VR 设备，与这些虚拟数字人建立连接，指挥它们在元宇宙中与其他虚拟实体进行交互。尽管这些数字人拥有一定的自主性，但它们主要还是受用户控制。用户虽未亲身踏入元宇宙，却能通过虚拟数字人间接参与并影响其中的各种活动和事务①。元宇宙为用户提供了一个独特的身份展示平台。在这里，每个人都可以根据自己的喜好和创意，打造出独具个性的虚拟形象。这不仅是对个体身份的一次重新探索和塑造，更是对传统身份界限的一种颠覆。它打破了地理、种族、性别等现实因素的束缚，让人们能够以更加多元和自由的方式来展现真实的自我。同时，元宇宙的全球互联特性也促进了来自不同文化背景的用户之间的交流与合作。这种交流不仅仅是简单的社交互动，更深层次地体现了不同文化间的对话与理解，有助于推动全球范围内的文化融合与共同发展。

2. 艺术与娱乐的全新视界

元宇宙为艺术创作和娱乐体验提供了前所未有的可能性。在这个虚拟的空间里，艺术家们可以摆脱物理世界的限制，创作出更加丰富多样、互动性强的艺术作品。这些作品以全新的形态呈现在观众面前，为人们带来了更加沉浸式的艺术享受。同时，元宇宙也为娱乐活动提供了创新的平台。用户可以在这里参与各种虚拟活动，如线上聚会、虚拟音乐会等，极大地丰富了人们的娱乐生活并拓展了社交圈子。

3. 文化遗产保护与传承的新篇章

元宇宙在文化遗产的保护和传承方面展现出了巨大的潜力。借助先进的数字化技术，珍贵的文化遗产得以在元宇宙中以数字化的形式得到永久保存。通过虚拟现实技术，用户可以亲身感受传统文化的独特魅力。这种新型的文化传承方式不仅有助于保护那些濒临消失的文化遗产，还能激发年轻一代对传统文化的兴趣和热爱。

4. 文化驱动的新经济浪潮

元宇宙的发展推动了以文化为引擎的新经济。在这个虚拟空间，用户可以购买虚拟商品，构建庞大的虚拟经济。元宇宙为企业提供新营销平台，利用虚拟现实吸引消费者，提升品牌影响力。先进显示技术与元宇宙结合，催生了 VR 头盔、座

---

① 包国光、原黎黎：《元宇宙中的伦理关系和伦理问题探析》，《自然辩证法通讯》2024 年第 5 期，第 114 页。

舱模拟器等新应用。北京 CBD 数字会客厅实现线上办公与商务洽谈，推动数字化转型。元宇宙建造服务也带来新商机，如 Voxel Architects 等提供个性化建筑服务。哔哩哔哩通过二次元内容吸引用户，实现多元盈利。网易漫画与麦当劳合作，展现了二次元与实体的商业结合潜力。

第五节　人工智能与数字传播的交互演进

人工智能是如何与我们的数字传播方式紧密相连，又是如何在其中发挥至关重要的作用的？事实上，人工智能正在数字传播领域中扮演着日益重要的角色，它不仅重塑了我们获取和处理信息的方式，更为数字传播行业带来了前所未有的变革与可能性。

一、AI 在数字传播中的创新与影响

AI 以其强大的数据处理能力和学习能力，正在对数字传播领域产生深远影响。

1. 个性化内容的精准推送

AI 技术的引入使得内容推送更加精准和个性化。凭借先进的 AI 算法，我们能够深入挖掘和分析用户数据，从而实现个性化内容的精确推荐。该技术通过综合考量用户行为、兴趣偏好及历史数据等多个维度，构建出精细的用户画像，并根据这些画像为用户提供高度匹配的内容。例如，在社交媒体平台上，AI 算法可以根据用户的浏览历史、点赞和评论行为等数据，推送符合其兴趣的内容。

2. 自动化内容生产的创新性应用

AI 在内容生产方面的应用也展现出其独特的优势。传统的新闻写作、视频剪辑等工作，在 AI 技术的驱动下，已经实现了自动化。特别是以 ChatGPT 为代表的大型语言模型，它们能够模拟人类进行"对话"和"创作"，生成既满足人类需求又符合人们语言习惯和情感倾向的文本。这种生成式 AI 技术不仅提高了内容生产的效率，还为创作者提供了更多的创作手段和可能性。在新闻报道领域，AI 已经能够根据数据和统计信息自动生成新闻稿件，如体育赛事结果、金融市场分析等，其准确性和效率都达到了新的水平。

3. 实时数据分析与反馈

AI 技术使得实时数据分析与反馈成为可能。每当新的内容发布时，AI 都能迅速捕捉并分析用户的关键指标，如点击率、阅读时间、评论等，以评估内容的吸引

力和用户的喜好。这种快速反馈机制使内容创作者能够更深入地了解用户需求，并据此调整创作策略和方向。以 Netflix 为例，该公司运用 AI 进行实时数据分析与反馈，通过精准推荐和监测用户观看行为，不断优化内容策略。这不仅提升了用户体验，还提高了原创内容的制作水平和市场接受度，巩固了其在流媒体市场的领先地位。

二、数字传播对 AI 的推动作用

1. 数据资源的极大扩充

信息传播的高效和广泛，极大地丰富了数据资源，为 AI 技术的深入发展打下了坚实基础。通过数字媒体渠道，如社交网站、新闻媒体和电子商务平台，每天都会产生大量的用户行为数据。这些数据全面反映了用户的喜好、消费习惯等关键信息，对于优化 AI 算法和增强其学习能力具有不可替代的作用。利用这些宝贵的数据资源，AI 可以更准确地洞察用户需求，从而提高其预测和推荐的精确度。

2. 技术革新的实践场所

数字媒体平台不仅聚集了丰富的数据资源，更成为 AI 技术革新的实践场所。这些平台为 AI 技术的迅速更新和优化提供了理想的环境，使其能够紧密跟随市场需求的步伐。自然语言处理、图像识别和深度学习等尖端技术，在数字媒体的广阔舞台上得以充分展示。以自然语言处理为例，社交媒体上的大量文本数据为机器学习和自然语言处理技术的提升提供了丰富的语料库，从而显著提高了 AI 与自然语言交互的质量。

3. 用户反馈推动 AI 持续改进

用户的实时反馈成为推动 AI 技术持续改进的重要力量。用户在使用数字产品或服务时的直接感受，为 AI 技术的优化指明了方向。这些宝贵的用户反馈不仅反映了市场的需求和期望，更为 AI 的精准改进提供了有力支持。例如，在智能语音助手领域，用户的真实反馈帮助开发者准确了解功能的优劣，从而进行有针对性的改进。

4. 加速跨界融合与创新应用的发展

随着数字媒体平台的蓬勃发展，越来越多的行业开始与 AI 技术深度融合，催生出许多前所未有的应用场景。在医疗健康领域，基于数字媒体收集的大量患者数据为 AI 模型的训练提供了丰富的素材，从而实现了对疾病的精确预测和诊断。教育领域也是如此，AI 技术结合学生的学习数据和兴趣点，为他们量身定制个性化的学习计划。这些跨界融合和创新应用不仅大大提高了相关行业的运营效率和服务质量，更为 AI 技术开辟了新的发展空间。

三、AI 与数字传播融合的经济社会影响

1. 商业模式的创新与利润增长

AI 与数字媒体的紧密结合正在重塑商业模式，为盈利增长打开了新的大门。通过提升数字传播的效率，AI 技术不仅优化了业务流程，还催生了全新的盈利渠道。如今，个性化广告推送已成为业界的新宠，它运用 AI 深度挖掘用户数据，使得广告能更精准地触达目标受众，从而提升广告效果和收益。智能电商推荐系统也显著提升了销售能力和利润空间，通过精准分析用户的购物行为和喜好进行个性化推荐，不仅提升了用户的购物体验，也推动了销售的增长。基于 AI 的 VR 和 AR 技术创新应用，为用户提供了一种更加身临其境的体验，预示着行业未来的全新增长点。

2. 行业格局的深度调整

AI 的引入正在深刻改变数字传播行业的竞争格局。无论是传统媒体还是新媒体，都在这场技术变革中迎来了转型与升级的机遇和挑战。传统媒体需要积极拥抱新技术，以提高内容生产的效率和传播的效果，从而维持市场竞争力。对于新媒体来说，AI 技术则成为其迅速崛起的助推器，通过提供更为个性化和精准的内容服务来吸引用户和广告商。这种融合还推动了内容创作者、平台运营商和广告商之间的合作关系进行适应性调整，形成更为紧密的联结，共同推动数字传播行业的持续创新与发展。

3. 对社会文化的深远影响

AI 与数字传播的结合在更深层次上对社会文化产生了影响。人们的信息消费习惯因此发生了显著变化，个性化的信息获取方式提高了信息消费的效率，但同时也可能加剧信息茧房现象，限制了信息的多元化。人们的社交方式也随之改变，虚拟社交和线上互动成为主流趋势，对现实社交产生了一定程度的冲击，这需要我们保持审慎的态度。

4. 伦理与隐私问题的凸显

在用户数据的收集和使用过程中，数据安全和隐私保护问题备受公众关注。用户在使用数字服务时产生的个人信息，如浏览习惯、购物偏好等，虽然为企业带来了巨大的商业价值，但同时也伴随着数据泄露和隐私侵犯的潜在风险。更为棘

手的是，AI 在处理带有偏见的数据时可能会产生算法偏见，进一步放大了信息传播中的不公平性。因此，面对这些伦理与隐私挑战，需要行业、政府和社会各界携手合作，制定严格的数据保护政策，以确保 AI 技术在尊重个人隐私和伦理的框架内健康发展。

第六章 从算法到创造:AIGC 自适应进化

在人工智能、大数据、物联网、量子计算等科技新浪潮的推动下,人类社会正迈向一个高度智能化的数字文明时代。特别是生成式人工智能(Artificial Intelligence Generated Content,简称 AIGC)技术,作为一种可以自动生成内容的新型生产方式,其发展与应用的步伐正在按下"加速键"。AIGC 不仅是技术进步的象征,更以其独特的生成能力,打破传统创作与认知的界限,引领我们进入更宽广的知识领域。

第一节 AIGC:开启新世界

一、AIGC 的定义

AIGC 技术,凭借尖端的 AI 算法与模型,模拟了人类的创作流程,能够自动生成包括文本、图像、音频、视频等多种形态的内容。比尔·盖茨将人机交互方式的革新,如 ChatGPT 及其进阶版本 ChatGPT-4,以及正在研发中的 ChatGPT-5,比作一场与手机和互联网相当的技术革命。显然,这一技术革新将对我们的日常生活、人际沟通、人机对话、计算机相关职业、信息处理习惯、会议和公文写作方式,以及人文和社会研究方法等多个方面产生显著的影响①。尤其值得关注的是,它在重新塑造人与人之间的交流和互动模式上,有可能带来出乎我们预料的变革,从而引发深远的社会政治影响。

从定义上讲,AIGC 的精髓在于"人工智能"与"内容生成"的完美结合。这标志着机器不再局限于执行预设的程序,而是能够像人类创作者一样进行创作。通过深度学习和大数据分析技术的加持,AI 已经能够理解和模拟人类的创作风格和技巧,进而生成独具特色和吸引力的内容。这一技术的诞生,打破了传统内容创作

---

① 任剑涛:《知识与情感:ChatGPT 驱动的交往革命》,《广州大学学报(社会科学版)》2023 年第 4 期,第 12 页。

的框架，使内容生产变得更加高效、丰富和个性化。

然而，AIGC 的价值远超越技术层面的创新，它更预示着信息传播方式的深刻转变。在 AIGC 的助力下，内容的生成和传播速度实现了质的飞跃。以新闻报道为例，AI 能够快速处理海量数据，迅速生成精确、及时的新闻稿件，从而大幅提升了新闻报道的效率和品质。AIGC 还使得内容推荐更为精准，通过对用户兴趣和偏好的深入分析，AI 能够为用户提供量身定制的个性化内容推荐，满足用户多元化的需求。

AIGC 对内容质量的提升也起到了积极的推动作用。在传统的内容创作过程中，人为因素不可避免地会影响内容的质量。而 AIGC 通过机器学习和自然语言处理技术，能够自动检测和修改文本中的错误，从而提高内容的准确性和规范性。同时，AI 还能对图像和视频进行智能化的优化处理，极大地提升了视觉效果和用户体验。

值得一提的是，AIGC 还促进了内容创作者与受众之间的交流与互动。借助 AI 技术，内容创作者可以更加便捷地收集和分析用户的反馈数据，深入了解用户的需求和喜好，从而创作出更加贴近用户口味的内容。同时，用户也可以通过与 AI 的互动，更加积极地参与到内容创作和传播的过程中。

二、AIGC 描绘的世界

AIGC 可能造就一个怎样的世界？

乐观主义者深信，科技与创新是推动社会经济发展的核心动力。在人工智能领域，决策式人工智能如人脸识别、自动驾驶等已备受瞩目。然而，他们更看重生成式人工智能的突破性作用，认为其"在多样性、质量、效率三个方面推动了内容生产大踏步前进"[①]，将重塑人机交互的未来，掀起产业变革的新高潮。同时，数据作为新型经济产品，虽不能直接满足物质需求，但其价值在交易中得到实现，为企业带来丰厚利润，也为社会创造更多就业机会。这些利润可以进一步转化为物质财富，如粮食和衣物，满足人们的实际需求。因此，乐观主义者对 AIGC 的发展充满信心，相信它将为世界带来前所未有的发展机遇和广阔前景。他们期待 AIGC 继续引领科技创新，推动社会经济的持续繁荣。

不过，也有人对 AIGC 持保留态度，认为它带有数字技术固有的风险，甚至可能带来更为严重的危害。AIGC 的应用面临着文化、社会、伦理、法律等多重挑战。有专家指出，网络攻击和网络战使"数字连接关系"陷入破碎、不对等或不可预测的

---

① 丁磊：《生存式人工智能：AIGC 的逻辑与应用》，中信出版社 2023 年版，第 18 页。

状态，"数字技术在网络冲突中丧失中立性，变成实施数字暴力的工具"。数字技术被某些国家和数字实体利用，"成为维系数字霸权、话语霸权的筹码"①。事实上，AIGC 的潜在风险已经引起了广泛关注。2022 年 12 月，知名艺术作品平台 ArtStation 上的画师们发起了抵制 AIGC 生成图像的活动。2023 年 5 月，一张由 AI 生成的美国五角大楼爆炸图片在社交平台上迅速传播，引发了股市的剧烈波动。2024 年 2 月，OpenAI 推出了文生视频大模型 Sora，它已经能细腻地变换人物和动物的表情神态，足以以假乱真。显然，AIGC 已经不再局限于分析已有事物，而是开始创造意义，从感知领域向创造世界变迁。而且，在 AIGC 的作品认定过程中，面临的最大争议便是"独创性"的判断②。有专家认为，"在后真相时代，大型数据语料库中也充斥着人类交流语境中真理与意见的混淆"③。此外，大数据行业合法性危机的真正痛点之一是数据主体缺乏"个人数据退出机制"④。可以预想，人们将在真与假、对与错、爱与恨、虚拟和现实之间面临更多困难的抉择。

毋庸置疑，AIGC 作为一种前沿科技，正在以它独特的方式深刻改变着社会的面貌。从多个维度来看，AIGC 描绘出了一个崭新的世界蓝图，这一新世界主要体现在以下三个方面。

首先，AIGC 技术开启了一个创造力蓬勃发展的时代。通过其强大的内容生成能力，该技术突破了传统创作手法的限制，极大地激发了人类的创造潜能。在科学探索领域，AIGC 为研究者提供了新的实验设计和数据分析方法，推动了科学研究的深度和广度。在艺术领域，它赋予了艺术家更多的创作手段和灵感来源，使得艺术作品更加丰富多样，呈现出前所未有的创新性和表现力。这种创造力的迸发，不仅为人类文明注入了新的活力，也为我们带来了更多的创新成果和可能性。

其次，AIGC 技术正在构建一个高度互联、开放共享的社会环境。借助大数据、物联网等先进技术的支持，AIGC 实现了全球数据的整合与共享，打破了信息孤岛，促进了信息的自由流通和跨界合作。在这个数字化的世界里，每个人都能够轻松地成为信息的生产者、传播者和消费者，共同参与到数字生态系统的建设中来。这种开放性和共享性不仅加强了不同文化、思想和制度之间的交流与融合，也为人类文明的进步与发展提供了新的动力。

最后，AIGC 技术还引领我们进入了一个深度反思与自我认知的时代。随着

① 刘兴华：《数字全球化时代的技术中立：幻象与现实》，《探索与争鸣》2022 年第 12 期，第 41－42 页。
② 蔡琳、杨广军：《人工智能生成内容（AIGC）的作品认定困境与可版权性标准构建》，《出版发行研究》2024 年第 1 期，第 69 页。
③ 俞鼎、李正风：《生成式人工智能社会实验的伦理问题及治理》，《科学学研究》2024 年第 1 期，第 7 页。
④ 何渊等：《大数据战争：人工智能时代不能不说的故事》，北京大学出版社 2019 年版，第 59 页。

数字技术的飞速发展，我们面临着越来越多的伦理和法律挑战。数据隐私保护、算法公正性、人机界限等问题日益凸显，这需要我们运用哲学的深邃思考去审视和解决。在这个过程中，我们不仅能够更深入地了解技术的本质和影响，还能更全面地认识自己、理解世界并预测未来。这种深度的反思和自我认知将为我们奠定更加坚实的思想基础，推动人类社会向更加文明、进步的方向发展。

无论持哪种态度，我们都需要以开放的心态去拥抱这个崭新的时代，用理性的眼光去看待 AIGC。未来人类的命运，"不仅取决于人如何认识自身，也取决于人如何认识机器，以及人机关系"①。只有多方协同努力，AIGC 才能成为人类的有益"伙伴"，才能真正成为文明重要的组成部分。

三、AIGC 的内在价值

AIGC 起源于 20 世纪 50 年代，当时艾伦·图灵提出了著名的"图灵测试"，提出了判断机器是否具有"智能"的方法②。然而，受限于技术水平，尤其是算法瓶颈，AIGC 一度仅限于小范围实验。随着科技的进步，特别是 2010 年后生成算法、预训练模型和多模态技术的突破，AIGC 得以迅速发展。近年来，OpenAI 和百度等科技巨头相继推出了 ChatGPT、Sora 和文心一言等重量级项目，展现了 AIGC 在聊天机器人、文生视频等领域的强大实力。AIGC 的核心在于模拟人类大脑的函数运算方法，将其底层逻辑凝结成一种模型，以实现更高级别的智能应用。如今，AIGC 已成为引领人工智能发展的重要力量。

人们对在工作与生活中应用 AIGC 的担忧，大致来自三个方面。

其一，是由物质世界的生存问题引起的。这是最为关注的担忧之一。自古以来，生存问题一直是推动社会进步和经济发展的核心动力。技术进步和工业主义作为科学发展的产物，为人类带来了前所未有的生产力和生活便利。但是，随着数字技术的快速发展，一些传统行业正面临着巨大的冲击和挑战。高效率的人工智能工具逐渐替代人工，使得社会需求发生了深刻变化。这种变化不仅影响了就业结构，也对劳动力市场产生了深远影响。人们担心，随着 AIGC 的广泛应用，越来越多的工作岗位可能被机器取代，导致失业和社会不稳定。此外，AIGC 在战争、恐怖袭击等暴力行为中的滥用问题也引发了人们的焦虑。这种滥用可能对人类生命和财产造成巨大损失，甚至对全球安全构成严重威胁。

其二，是由人性的弱点或者不良的习惯引起的。在智能终端普及的今天，许多

---

① 彭兰：《AIGC 与智能时代的新生存特征》，《南京社会科学》2023 年第 5 期，第 110 页。

② Alan Turing. Computing Machinery and Intelligence[J]. Mind, 1950(10)：433-460.

人沉迷于手机、iPad 等设备，过度依赖算法推送的信息，形成了所谓的"信息茧房"。这种行为模式不仅可能导致健康问题的出现，如心血管疾病、肥胖症、糖尿病和抑郁症等，还可能影响生产效率和社会进步。有人将智能设备视为邪恶的"电子毒品"，但这种观点实际上是对自身人性弱点的逃避，而非正视问题的真实原因。这种逃避心理会限制个体的发展潜力。事实上，智能设备"没有道德主体所必需的自由意志，没有行动的意图"，故不能称为道德主体。作为"人类有意部署和创建的对象""能够带来道德的影响"，因此可以被称为"是一种道德客体"[①]。很明显，这些工具的使用方式和程度受到了人性弱点的影响。

其三，是由政治、科技、商业、网络等强大的外在力量引起的。这些外在力量深刻地塑造了现代社会的经济社会格局。从蒸汽机的改进到电力的广泛应用，再到原子能、电子计算机及空间技术的飞速发展，三次工业革命带来了全球经济的迅速增长和经济全球化的加速推进。然而，这些变革在带来繁荣与进步的同时，也引发了人们对结构和秩序失稳的忧虑。社会中的不确定性和风险不断增加，产业结构、就业市场、国际贸易、金融资本流动等多个层面都面临着挑战。这种失稳状态不仅可能影响个人和企业的生存和发展，也对整个社会的稳定和发展构成了威胁。得注意的是，上述三种担忧并非孤立存在，而是相互关联、彼此影响的。它们共同构成了当前经济社会的复杂挑战。

这些担忧主要源于一种过于功利化的思维模式。过于功利化的突出表现是，在观念上过分强调结果和利益最大化，而忽视了过程中的情感、道德、伦理和人文价值，行为上倾向于用物质利益来衡量个人成就、人际关系和社会政策，导致对AIGC 的看法变得短视、片面或者带有偏见。帕斯卡尔说，"偏见导致错误——最可哀的事情就是看到人人都只考虑手段而不顾目的"[②]。历史上，像法拉第、麦克韦尔、赫兹等科学家在探索无线电，以及爱因斯坦研究相对论时，他们的动力主要来源于对物理的浓厚兴趣，而非直接的经济效益或实用性。这种对纯粹知识的追求是推动科学进步的关键。然而，当社会过度聚焦于 AIGC 的商业化、生产效率和市场利润时，我们可能会忽略对纯粹知识的探索。这种功利化倾向可能会削弱学者和年轻人对知识的热爱，甚至阻碍科学的创新。就像艺术的过度商业化会破坏其原创性和冲动一样，知识的过度商业化也可能损害科学研究的创新性和深度。知识根本上是目的。纯科学的研究虽然短期内可能无法带来直接的经济回报，但它为应用科学提供了理论基础和创新动力。

---

① 王丙吉：《道德图灵测试能证明机器人具有道德吗》，《江苏理工学院学报》2023 年第 10 期，第 17－18 页。
② ［法］帕斯卡尔：《思想录》，何兆武译，商务印书馆 1985 年版，第 56 页。

要克服以上种种忧虑，需要我们深入洞察 AIGC 的内在价值，将其视作一种宝贵的知识，用科学的思维与习惯去剖析它所蕴含的机遇与挑战。唯有如此，它才有可能蜕变为一种引领人类前行的文明之光。知识的增长是美好事物的根源。AIGC 所引领的这一场革命，其实质便是知识革命。在这场革命中，人类不仅仅是见证者，更是参与者与塑造者。我们应当以开放的心态去拥抱这场革命，用理性的思维去审视其内在逻辑与规律。同时，我们也应该意识到，这场革命并非一蹴而就，它需要我们不断地学习、探索与实践。

AIGC 的内在价值，可以从四个维度进行理解。

1. 从技术维度上看，AIGC 的运作流程宛如一个优雅的"舞者"

算法默默地吸收着数据的营养，通过一系列复杂的计算，逐渐塑造出预训练模型的初步形态。而多模态技术，如同一位巧手的编织者，把图像、语音、视频、文字等多种元素，根据不同的模型规则，巧妙地融合在一起，生成全新的内容。这一过程不仅模拟了人类的创造过程，更是对智慧与创造力的全新诠释。它们共同建构了一个充满无限可能的新世界。这不仅是一种技术上的突破，更是对我们人类智慧和创造力的拓展。

2. 从社会维度看，AIGC 则如一个辛勤的"耕者"

它以其强大的计算能力和数据处理技术，将海量的信息迅速转化为有价值的知识，成为知识生产的得力助手，将人类从琐碎繁杂的工作中解脱出来，有更多时间去探索、创新。同时，AIGC 还拓宽了知识生产的领域。它打破了传统知识生产的局限，使我们能够跨越学科、领域的界限，进行更为广泛、深入的知识探索。无论是自然科学、社会科学还是人文艺术，它都能提供有力的支持和帮助。因此，AIGC 的到来不仅是一次技术革命，更是一次深刻的社会变革。

3. 从文化维度看，AIGC 是一个神秘的"使者"

它是人类文化进化的产物，悄然改变着我们的生活方式。传统的文化观念与道德规范在不断地被更新与重塑。它的应用落地也涉及跨文化传播的广阔领域。它如同一座桥梁，连接着不同地域、不同文化、不同信仰的人们，促进着文化的交流与融合。只有深入契合某个区域或群体的传统文化观念和道德规范，AIGC 才能在产业和市场实现更大程度的流通，成为推动文化发展的强大动力。

4. 从哲学维度也是最重要的维度看，AIGC 更是一个智慧的"长者"

说 AIGC 是"长者"，意思是说，它如同一位导师，引导我们探索未知领域，理解复杂世界。它更像是苏格拉底式的"助产士"，辅助我们更好地思考，激发求知欲和探索精神。说它有"智慧"，强调的是 AIGC 超越了单纯的技术层面，凭借强大的数据处理和学习能力，探寻着世界的本质与规律。它审视人类社会、自然世界乃至宇宙万物的现实与未来，揭示其中的奥秘，引领我们走向一个更为深刻、全面的认知之旅。

尽管 AIGC 拥有令人瞩目的内容生成能力，我们仍需辩证地看待它在创造中的角色。事实上，AIGC 无法完全替代人类在创造中的独特地位，这是我们始终需要清醒认识到的。爱因斯坦曾说："我们发展所有技术的主要奋斗目标就是关心人的本身。"①这句话提醒我们，技术的终极目标是服务于人类，而非替代人类。有证据表明，"人脑存在专门的心理官能或模块来负责社会认知"②。如思考"他是个什么样的人""他和我有什么特别的关系"等复杂问题，这是 AIGC 目前难以企及的领域。它所擅长的处理"这是何物""我在哪里"等问题的能力，与人脑的社会认知功能相比，显得颇为局限。人类在创造过程中，除了运用语言和逻辑，还需综合考虑文化、社会、伦理、历史、法律等多方面因素。这些因素蕴含深厚的人文情怀与古老智慧，是机器难以理解和模仿的。正如维特根斯坦提出的问题："如果一个人从未感受到过痛，那么他能够懂得'痛'这个词吗？"③人况且如此，遑论机器。伯特兰·罗素也指出："知觉，同感觉一样，也不是一种知识形式——除非当它包含期待时。"④而机器，无论其智能程度如何，都不可能对人生有所期待。它们缺乏主观意识和情感体验，这使得它们在理解和创造方面存在局限。此外，也有专家提醒，数据科学家应该"从传承了几百年的统计学思想中汲取养料和灵感，推陈出新，而不是忽略理论，完全以数据为导向"⑤。这表明，我们在利用技术的同时，必须尊重并借鉴人类智慧和经验。可见，AIGC 实际上是"人与机器间的优势互补"，人机协同技术的哲学实质是"基于人机协同的技术知识跨域融合"⑥，而且，"未来的知识生产将更多地依赖于 AI 的强大处理能力与人类思维的结合，人机协作将不再是一种选择，而是作为社会发展的常态化存在"⑦。人类提供整体的思路和方向，而 AIGC 负责具体的内容生成和优化工作。这种人机协同模式，有助于更好地发挥各自优

---

① [美]爱因斯坦：《爱因斯坦文集(第 3 卷)》，许良英等译，商务印书馆 1979 年版，第 73 页。
② Galen Bodenhausen & Andrew Todd. Social Cognition[J]. Wiley Interdisciplinary Reviews：Cognitive Science，2010(2)：160 - 171.
③ [奥]维特根斯坦：《哲学研究》，李步楼译，商务印书馆 1996 年版，第 162 页。
④ [英]伯特兰·罗素：《心的分析》，贾可春译，商务印书馆 2010 年版，第 135 页。
⑤ 李扬、李舰：《数据科学概论》，中国人民大学出版社 2021 年版，第 11 页。
⑥ 瞿浩翔、徐江、孙守迁：《智能制造人机协同技术哲学知识论研究》，《中国工程科学》2024 年 第 1 期，第 230 页。
⑦ 郑泉：《生成式人工智能的知识生产与传播范式变革及应对》，《自然辩证法研究》2024 年第 3 期，第 81 页。

势，推动创造力共同发展。

总体上，AIGC利用数据、算法及强大的学习能力，可以将现实世界"映射"到虚拟空间，并通过"仿真"在虚拟世界中再现这些元素，生成极为逼真的新场景。AIGC以其映射和仿真能力，不仅将现实世界的一切细节尽收眼底，更在虚拟空间里创造了一个可以与之互动的数字世界。这使得人类能通过数据来理解和改变物理世界，实现全新交互方式。技术维度是AIGC的核心，它保证了映射、仿真的实现以及高质量的交互，数字传播和反馈在这一过程中起着桥梁作用，连接真实与虚拟，展示了AIGC可达到应用能力的深度。社会维度体现出AIGC在社会中参与和构建的角色。文化维度展示了AIGC对人类文化范式的传承和创新，并在交互中生成新的文化内涵。哲学维度则体现了AIGC的存在与发展引发人们对技术、社会、文化及人类身份的深层次思考。技术、社会、文化和哲学四个维度相互交织、彼此影响，共同构成了AIGC丰富的内在价值体系，见图6-1。

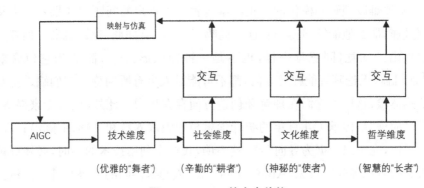

图6-1　AIGC的内在价值

第二节　人机交互

人机交互，即人与计算机之间通过各种输入输出设备进行信息交流和操作，它凭借语音、手势等先进技术，实现了更为直观便捷的沟通方式。这一技术与数字传播紧密相连，共同构成了现代信息传播的核心架构。

一、人机交互：认知与技术的深度融合

人机交互已经逐步渗透到我们生活的方方面面，其深度和广度均彰显了认知科学与计算机技术的紧密结合。人机交互技术的精确运用，推动了信息传播模式

的深层次变革，为用户带来了全新且多维度的交互体验。

人机交互技术已从基础的键盘鼠标输入，发展到触控、语音、手势及视线追踪等多元化的输入方式。这些技术的出现，极大地丰富了人机交互的应用场景，使得人与计算机之间的信息交流变得更为流畅自然。诸如智能手机、智能家居以及自动驾驶等现代科技成果，都离不开人机交互技术的深度支持。用户只需通过简单的触控、说出语音指令或做出手势操作，便能轻松驾驭这些设备，满足其多样化的需求。这种人机之间的无缝连接，不仅提升了我们的工作效率，更让科技深入人心，成为现代社会中不可或缺的一部分。

现代的人机交互系统已经能够精准地识别用户的语音、手势甚至是情绪状态，从而为用户提供更为贴心、个性化的服务。例如，智能音响系统便能根据用户的语音特点、语速以及语言环境等信息，准确判断其情感状态和需求，并作出相应的智能回应。这种人机之间的智能交互，不仅为用户带来了科技的便捷，更在无形中与其建立了一种深层次的情感连接。多模态交互已成为当前人机交互的主流趋势，它将多种输入方式有机融合，让用户可以根据自己的习惯和喜好选择最合适的交互方式。这种交互方式的多样性和灵活性，无疑为用户提供了更多的选择和创新体验。

人机交互技术的应用更是呈现出前所未有的广度和深度。智能的新闻推荐系统通过精确收集用户的阅读习惯和浏览历史，为用户推送高度个性化的新闻资讯。用户不仅可以通过传统的文本搜索方式获取新闻信息，更能通过语音交互、手势操作等更为自然的方式与系统进行深度互动，轻松获取自己感兴趣的新闻内容。同时，人机交互技术也为广告营销领域注入了新的活力。互动式广告通过融入人机交互元素，让广告内容更加生动有趣。用户可以通过触控、手势或语音等方式与广告内容进行深度互动，获得更加沉浸式的体验。这种新颖的广告形式不仅成功吸引了用户的注意力，更有效地提升了广告的转化率和传播效果。

作为人机交互的高级形式，虚拟现实和增强现实技术在数字传播中也展现出了广阔的应用前景。通过这些前沿技术，用户可以沉浸在虚拟环境中与虚拟对象进行深度互动，获得前所未有的感知体验。在教育、娱乐等领域，这种技术为用户提供了更加真实生动的学习和娱乐环境。同时，智能助手和智能家居系统也已成为人机交互技术的重要应用领域。智能助手能够准确理解用户的语音指令并执行各项任务，如播放音乐、查询天气等，为用户的日常生活带来了极大的便利。

二、AIGC 的独特优势

在数字传播的世界中，AIGC 展现了其多重且独特的优势，这些优势主要体现在以下五个方面。

1. 效率的大幅度增强

借助强大的计算能力和高度自动化的特性，AIGC 显著提升了内容生产的效率。在快速变化的数字传播环境下，AIGC 能迅速处理并分析大量的数据，即刻产出高质量的内容。以新闻报道为例，AIGC 能快速整合并发布新闻资讯，及时满足公众对实时信息的需求，从而极大地提升了信息传播的速度和广度。

2. 内容形式的丰富多样

AIGC 的创作能力不仅局限于文本，它还能创作出图像、视频、音频等多种形式的内容。这种跨媒体的创作能力，使得 AIGC 能够灵活适应各种数字传播场景，为用户提供丰富多彩的视听体验。在教育、娱乐、广告等领域，AIGC 通过创作出引人入胜的多媒体内容，大大增强了用户的参与感和满足感。

3. 个性化的推荐服务

利用深度学习和对用户行为的细致分析，AIGC 能深入洞察用户的兴趣和偏好，为用户提供个性化的内容推荐和服务。这种个性化的服务极大地提升了用户体验，加强了用户与内容之间的互动。例如，在线视频平台可以利用 AIGC，根据用户的观看历史，智能地推荐视频，从而提高用户的忠诚度和观看的满意度。

4. 创新的创作能力

通过模仿和学习人类的创作过程，AIGC 能够生成具有独特风格和深刻见解的原创内容。这种创新能力为数字传播注入了新的活力。在文学、艺术、科学等领域，AIGC 展示了强大的创新潜力和广阔的发展前景，成为推动文化创新和科学进步的重要推动力。

5. 生产成本的明显降低

与传统的人工创作和编辑方式相比，AIGC 显著降低了内容生产的成本。通过自动化、智能化的生产方式，减少了人力资源的投入和时间成本，提高了生产的效率和质量。这意味着更多的资源可以被分配到内容的推广和分发上，从而增加内容的曝光度和影响力，为数字传播带来更大的经济和社会效益。

三、AIGC如何推动内容创新

1. 提供灵感与创意的源泉

AIGC不仅通过深度学习处理大量数据和知识，生成富有创意的内容，而且为创作者提供了一个宝贵的灵感库。当创作者面临思维定式或创意枯竭时，AIGC可以作为一种强大的灵感触发器。比如，在广告设计领域，设计师可以借鉴AIGC生成的图像元素，以其作为创意构思的基石，进而创作出别出心裁且引人注目的广告作品。AIGC的创意输出能力，不仅限于图像和视觉元素，它还能提供文案和故事构思，全方位地助力创作者打破思维局限，探索新的艺术边界。

2. 拓展内容的形式与边界

保罗·莱文森曾总结互联网的两大媒介特性，它们分别与PGC和UGC两种内容类型相呼应。PGC可视作互联网"下载时代"的标志性"新内容"，而UGC则代表着"上传时代"的"新新内容"。PGC体现的是一种以阅读为主的单向文化，而UGC则彰显了读与写并重的互动文化。然而，常见的叙述往往将PGC与UGC之间的关系简化为一种线性的、按时间顺序的演进，即"从PGC演进到UGC"，这种叙述容易让人误认为UGC是PGC发展的必然下一阶段，或者两者是同一内容发展轨迹上的不同模式。但事实上，尽管PGC与UGC都是互联网进步的产物，它们却分别承载着不同的媒介发展线索和文化传承。现今互联网上的多样化内容模式，并非简单的技术迭代或进化，而更像是从各自不同的历史背景中衍生出来的并行发展路径。

3. 提高内容生产效率与质量

AIGC技术以其高效的计算能力，正在彻底改变内容生产的效率和质量。在新闻报道、学术论文等领域，AIGC可以快速生成初稿或摘要，极大地减轻了编辑和作者的工作负担。同时，由于其基于大数据进行学习，AIGC在语法和拼写方面表现出极高的准确性，有效地减少了错误。这种技术不仅提升了内容生产的效率，还确保了内容的高品质，为创作者赢得了更多的时间和资源去专注于内容的创新和提升。

4. 个性化内容的定制与生成

AIGC技术为每位用户带来了个性化内容的全新体验。在电商平台、社交媒体和在线娱乐等领域，AIGC通过分析用户的个人喜好和行为习惯，为用户量身定制内容。比如，电商平台可以利用AIGC精准地为用户推荐他们可能感兴趣的商品；社交媒体则可以通过 AIGC 生成符合用户兴趣的个性化资讯流。这种高度定制化的内容不仅提升了用户的满意度，还使得内容更加吸引人，增加了用户的互动和参与度。

5. 激发人机协作创新

当越来越多的机器行动者与人类发生传播，实现更广泛、更深入的人机互助和对等协作时，人机传播已在迈向以"共栖""协商""互塑"等为重要特征的系统性组织传播形态。在内容创作过程中，人类创作者以其独特的视角和情感为作品注入灵魂，而 AIGC 则提供数据和算法的支持，为作品增添更多的可能性和丰富性。这种人机协作模式不仅提高了创作效率，还激发了更多的创新思维。例如，在音乐创作领域，音乐家可以利用 AIGC 生成的和弦和旋律作为灵感起点，进而创作出独具特色的音乐作品。

四、人机交互面临的挑战与机遇

人机交互在现今阶段所面临的主要挑战有四个方面。首要挑战来自技术层面，尤其是技术瓶颈与误差率问题。尽管近年来人机交互技术取得了显著的进步，但在某些实际应用场景中，如嘈杂环境下的语音识别或用户手势的细微差别识别，仍存在识别率不稳定或误判的情况。这些问题不仅影响了用户的实际体验，还限制了技术的进一步普及和应用。为了突破这些技术瓶颈，研发团队需要不断投入研发资源，对算法进行优化，从而提高识别的准确性和稳定性。

第二个挑战则涉及用户隐私和数据安全。由于人机交互过程中会涉及大量的个人信息和用户行为数据，这就不可避免地引发了关于隐私和数据安全的担忧。在为用户提供便捷服务的同时，也必须高度重视信息泄露的潜在风险。因此，加强数据加密技术和隐私保护手段的研究变得尤为重要，这样才能确保用户数据的安全不被侵犯。

第三个是在创造有思想深度的内容的能力方面。探讨 AIGC（人工智能生成的内容）对内容制作者的潜在替代作用时，我们更应深入思考的问题在于，AIGC 所生成的内容在何种程度上真正"创造"了新知识，又在何种程度上仅仅是对现有语料的重新组合或"缝合"。在 AIGC 所展现的"能为"背后，我们又该如何看待其固有的"难为"之处。对于高度依赖大数据、语言模型和概率算法的 AIGC 技术而言，其显著优势在于能够显著降低内容生产过程中的人力成本。相较于人类作家，人工智能写作工具能在极短的时间内生成更多的内容。然而，正因为人工智能并非真正的思考者与创新者，其生成的内容往往缺乏完全的原创性。内容生成器实质上是在预设的参数范围内，对已有信息进行重新整合。因此，虽然其生成的内容可以通过抄袭检测，但其中并不包含原创性的研究、观点或数据①。在实际应用中，这意味着 AIGC 尚不具备分享独特观点或创造有思想深度的内容的能力。

最后一个挑战来自用户的使用习惯和接受度。任何新技术的推广都会面临用户，特别是年长或技术不熟练用户的抵触心理。如何设计出更加直观、易用的人机交互界面，降低用户的学习成本，提高用户的接受度，是当前亟待解决的问题。有专家指出，人们对内容的需求往往产生于空闲时间。尽管各种高效工具的推销者声称网络能够增加人们的空闲时间，但实际情况并非如此。网络和新媒体技术并没有为人们带来更多的空闲。传统上，内容的"消费"需要时间，而现在我们还需要考虑到个人用于"生产"内容的时间，这两者之间会相互挤占。因此，个人的时间和注意力变得尤为稀缺，而内容的供给却可能过剩②。为了更好地应对这一挑战，我们需要深入洞察用户需求，并持续优化交互设计，使人机交互技术更加贴近用户，从而赢得更广泛的应用和用户的认可。

然而，正是这些挑战为人机交互技术带来了巨大的发展机遇。首先，挑战推动了技术的不断创新。为了克服技术瓶颈，研发者和企业需要不断创新，这不仅提升了技术的性能和稳定性，还为人机交互技术开拓了更广阔的应用领域。例如，通过深度学习技术可以进一步提高识别的精准度，而云计算和大数据技术则能够实现更加精准的用户行为分析和内容推荐。其次，人机交互产生的大量用户数据正在推动商业模式的变革。企业可以通过分析这些数据，洞察新的商业机会和用户需求，从而推出更加符合市场需求的产品和服务。这些数据还可以用于技术的进一步优化，提升用户的实际体验。最后，这些挑战还促进了跨行业的融合与创新。人机交互技术在教育、医疗等领域的跨界应用，如结合虚拟现实技术打造沉浸式教育环境或辅助医疗诊断等，都为其开辟了新的发展空间，预示着更加广阔的市场前景。

简而言之，面对挑战的人机交互技术不仅迎来了技术创新的机会，还推动了商业模式与行业的跨界融合，展现出无限的发展潜力。

---

① 胡泳、刘纯懿：《UGC 未竟，AIGC 已来："内容"的重溯、重思与重构》，《当代传播》2023 年第 5 期，第 12 页。

② 胡泳、刘纯懿：《UGC 未竟，AIGC 已来："内容"的重溯、重思与重构》，《当代传播》2023 年第 5 期，第 6 页。

第三节 算法驱动:数字传播新引擎

AIGC算法融合人工智能与遗传计算,模拟自然进化寻找最优解。它的自适应性,能根据问题需求评估解决方案,并自动调整搜索路径。而且,其并行处理能力能高效运用计算资源,使它在处理复杂优化问题上表现出众,为各领域带来新的机会。

一、算法为王的时代已来

算法通过一系列复杂的数学和逻辑运算,能够在海量的信息中筛选出符合用户需求的内容,实现精准推送,从而提升数字传播的效率和效果。它不仅是信息传播的新引擎,更是连接内容与用户的桥梁。

1. 个性化内容推荐的革命

现代算法技术能够根据用户的历史行为数据、明确表达或隐含的兴趣偏好,以及实时的用户反馈,为用户推荐高度个性化的内容。以视频流媒体平台为例,算法能够深度分析用户的观看记录、点赞行为、评论内容等多元化数据,进而为用户推送符合其独特口味的影视作品。需要特别指出的是,人类在内容创造、策划和审美方面仍然具有独特的优势和作用。AIGC可以辅助人类进行内容推荐,但在创意、情感和深层次理解方面,人类的智慧仍然是不可或缺的。

2. 信息筛选与排序的高效性

面对海量且碎片化的信息,如何有效地筛选和排序成为一个重要问题。算法以其强大的数据处理能力,能够根据用户的个性化需求、关注焦点以及互动行为等多维度因素,对信息流进行智能排序。这种排序机制确保了用户能够优先接触到最重要、最相关的信息,从而大大提高了信息获取的效率和准确性。算法在这里扮演了信息筛选者和组织者的角色,使得用户在信息的海洋中能够迅速找到所需。

3. 广告精准投放的商业价值

广告作为数字传播的重要组成部分,其投放的精准性对于提升广告效果和用户体验至关重要。算法通过深度分析用户的地理位置、消费习惯、网络浏览历史等多元数据,为广告主构建了精准的用户画像,从而实现了广告的定向投放。这种投放方式不仅显著提高了广告的转化率和投资回报率,还降低了无效广告的投放,减少了用户的反感。以旅游广告为例,算法能够识别出经常浏览旅游信息的用户,并向其推送相关的旅游广告,这种精准匹配大大提升了广告的商业价值。

4. 流量分配与优化的智能性

流量的合理分配和优化是提升内容曝光率和用户体验的关键。算法能够根据内容的受欢迎程度、用户的实时反馈以及平台的整体运营策略,智能地分配流量资源。这种智能分配机制确保了高质量的内容能够获得更多的曝光机会,同时也为用户提供了更加多样化和高质量的内容选择。算法在这里充当了流量调度的角色,通过精确的数据分析和预测,将流量资源高效地分配到最需要的地方。

二、算法推荐系统的原理与实践

算法推荐系统是数字传播的核心组成部分,它通过复杂的数学和机器学习技术,智能地为每个用户提供个性化的内容推荐。

1. 基于内容的推荐

基于内容的推荐,通过分析用户历史行为和喜好以及内容属性,为用户提供高度个性化的推荐服务。这种方式能够精准匹配用户兴趣,丰富平台内容生态,进而极大提升用户体验和满意度,增强用户对平台的黏性。然而,它也高度依赖于数据的准确性,并可能因数据偏差导致推荐失误。由于主要基于用户历史兴趣,可能限制了推荐内容的新颖性,对于新用户或新内容也存在冷启动问题。同时,深度分析用户数据还涉及隐私和伦理的考量,必须在合规的框架内进行。

2. 协同过滤推荐

协同过滤推荐,这一方法的核心在于寻找与目标用户兴趣相似的"邻居",并依据这些"邻居"的喜好来提供推荐。这种方法巧妙地绕过了对内容属性的详细分析,转而聚焦于用户间的行为相似性,为推荐系统带来了全新的视角。它通过分析用户的评分、购买记录或浏览行为,精准地计算出用户间的相似度,构建出一个用户相似度矩阵,进而预测用户对未知内容的兴趣。然而,这种方法也存在局限性,特别是在面对新用户或新项目时会遭遇冷启动问题,因为协同过滤高度依赖于丰富的用户行为数据。而且,如果用户间的共同评分项目稀少,相似度的计算就可能失真,影响推荐的准确性。另外,它还可能受到流行项目的影响,从而忽略了长尾、小众但高质量的内容。因此,协同过滤虽然在用户兴趣相似性挖掘方面具有独特优势,但也需在数据丰富性、准确性及多样性上寻求平衡。

3. 混合推荐系统

混合推荐系统融合了基于内容的推荐与协同过滤推荐两种方法,旨在提升推荐的准确性和用户满意度。这种系统首先会利用基于内容的方法,深入分析内容的属性,为用户提供一个初步的、高度个性化的推荐列表。随后,通过协同过滤方法对这个列表进行精细化调整,确保推荐内容不仅贴合用户的独特兴趣,同时也反映了与其兴趣相似的其他用户的喜好。这种混合方式既兼顾了内容的特性,又考虑了用户群体间的相似性,为用户带来了更为精准、全面的推荐体验。然而,混合推荐系统也面临着技术复杂性和数据整合的挑战,需要平衡不同推荐方法之间的权重,并确保数据的准确性和一致性,以实现最佳的推荐效果。

4. 深度学习在推荐系统中的应用

深度学习在推荐系统中的应用正变得越来越广泛,特别是在处理文本、图像和视频等大量非结构化数据时展现出其独特优势。深度学习模型,如卷积神经网络(CNN)和循环神经网络(RNN),能够从这些复杂数据中提取出有意义的特征,进而用于预测用户行为、生成用户嵌入向量或构建更为精细的推荐网络。这些模型在大量数据的训练下不断优化,最终能够为用户提供极为精准的推荐服务。不过,深度学习模型的应用也面临着对数据量、计算资源和模型复杂性的高要求,需要在实践中不断平衡和优化,以实现最佳的推荐效果。

5. 实时性与冷启动问题

推荐系统在实践中需要面对实时性要求和冷启动问题等挑战。实时性要求系统对用户的新行为做出迅速响应,并能够即时提供推荐。然而,当新用户或新内容加入系统时,由于数据不足,系统会遭遇冷启动问题,导致难以给出准确推荐。为了解决这些问题,研究人员采取了多种策略,如利用用户的注册信息初始化推荐模型,或采用探索—利用策略来平衡新旧内容的推荐比例。这些策略旨在确保推荐系统能够在满足实时性要求的同时,有效应对冷启动问题,从而为用户提供更加准确、及时的推荐服务。

三、算法优化的路径

1. 精确构建用户画像

通过深入分析用户在网络上的各种行为数据,如浏览记录、搜索历史和购买行为,算法能够精确地构建用户画像。这些细致入微的画像不仅涵盖用户的基本信息,还包括他们的兴趣、消费习惯和社交联系等多个方面。凭借这些精准的用户画像,数字传播能更准确地把握受众的喜好和需求,从而实现更精准的内容投放。例如,音乐流媒体服务可以根据用户的听歌历史和偏好,为他们定制个性化的音乐播放列表,这不仅增强了用户体验,还提高了用户的使用频率和忠诚度。

2. 根据用户需求精准匹配

基于这些精准的用户画像，算法能够进一步提供个性化的内容推荐，不再是盲目地广泛推送，而是根据每个用户的独特需求进行精准匹配。这种方法不仅提升了内容的点击和转化率，还让用户感到更加贴心。以新闻推送为例，算法可以根据用户的阅读偏好，推送更符合他们价值观的新闻报道，从而增强信息的共鸣和认同，提高传播效果。

3. 优化调整内容展示方式

深入的用户行为分析让算法能够准确识别用户喜欢的内容类型和呈现方式。根据这些数据，内容传播者可以精细调整内容的视觉设计，如布局、配色和字体，同时优化内容的文本结构，以更好地符合用户的阅读和审美习惯。例如，在社交媒体上，算法可以帮助内容创作者识别出更吸引人的内容形式，如短视频或图文结合，并指导他们制作出更符合用户口味的内容。然而，必须指出的是，尽管 AIGC 技术的核心在于模仿人类及其所处的现实世界，即"虚拟中的虚拟"，并在新领域的图像创新中依旧秉持以人为本的理念，但艺术创作者仍需保持其独特的创造灵感和作品中的灵韵，避免过度依赖 AIGC 技术而导致作品趋同。

4. 实时监测与反馈

通过收集用户对推荐内容的互动数据，如点击率、观看时长、点赞和评论，算法能够评估当前推荐策略的有效性。一旦发现某些内容表现不佳，算法可以迅速调整推荐策略，尝试推送其他可能更受欢迎的内容或方式。这种实时监测和反馈机制使得数字传播更加灵活有效，帮助传播者及时发现问题并改进，从而持续提升传播效果和用户满意度。当然，算法的应用也伴随着诸多挑战和伦理问题，这需要我们进行深入探讨和研究，以推动算法技术的健康发展，并思考如何建立算法与人类的和谐共生关系。关于伦理道德的详细讨论，我们将在第八章展开。

第四节　一个关键理论：AIGC 的自适应进化

AIGC 的自适应进化理论（Adaptive Evolutionary Theory for AIGC，简称为 AET）是一个引人入胜且不断发展的概念，它涵盖了人工智能与遗传计算的深度融合。这一理论模拟自然界进化过程的智能计算方法。它结合遗传算法和人工智能技术，通过模拟"选择、交叉、变异"等遗传操作，以及利用机器学习、神经网络等技术进行智能分析和决策，来搜索问题的最优解。这种理论具有自适应性，能够根据问题的具体要求评估解的优劣，自动调整搜索方向，从而实现对复杂问题的有效求解。

一、AET 的基本原理

AET 的核心原理在于模拟自然界的进化过程。通过遗传算法，它能够在复杂的问题空间中搜索最优解。遗传算法借鉴了生物学中的遗传机制，如自然选择、遗传、变异等，通过不断迭代来优化问题的解决方案。在每一次迭代中，算法会评估当前解群的适应性，并选择适应性强的个体进行交叉（杂交）和变异操作，以产生新的解群。这一过程不断重复，直至找到满足问题要求的最优解或近似最优解。

AIGC 自适应进化的核心机制在于其模拟了自然界中生物的进化过程，通过遗传算法实现问题的优化求解。这种进化不是盲目的，而是基于对环境变化的感知和对问题特性的理解。在 AIGC 中，这种感知和理解是通过适应度函数来实现的。适应度函数用于评估每个解的优劣，指导进化的方向。随着进化的推进，适应度高的解会被保留并用于产生下一代解，从而实现自适应进化。

AIGC 的自适应进化特性体现在其能够根据环境的变化和问题的需求，自动调整搜索策略和优化方向。在进化过程中，AIGC 不仅依赖于初始设定的算法参数，还能根据实际情况进行自我调整。例如，当面临一个新的、未知的问题时，AIGC 能够通过分析问题的特性，自动选择合适的遗传操作和优化策略。这种自适应能力使得 AIGC 在处理复杂、多变的问题时具有更高的效率和灵活性。

二、AET 的实现过程

AIGC 的自适应进化（AET）实现过程是一个模拟自然界生物进化机制的优化算法。它通过模拟自然选择和遗传机制，逐步进化出适应度更高的解，从而解决各种复杂优化问题。AIGC 自适应进化可分为以下五个阶段，见图 6-2。

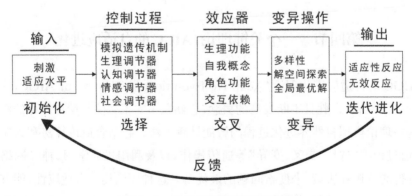

图 6-2　AIGC 的自适应进化理论

我们可以发现，这个模型是对自然生物进化过程的深入模拟，以此寻找解决问题和优化系统表现的全新路径。各个组件和步骤相互协作，共同推动系统向着更高的适应度迈进。

起始于"输入"阶段，系统接收到外部环境的信息和刺激。在这一阶段，模拟遗传机制发挥了至关重要的作用。通过模拟自然界中的遗传操作，系统得以对输入的信息进行高效处理，并初步形成适应环境变化的策略。生理调节器则负责根据环境反馈调整系统的生理功能，确保系统能够迅速而准确地响应外部变化。

随后，系统进入"适应性反应"阶段。在这一阶段，系统通过刺激和解空间探索来评估当前策略的适应水平。认知调节器、情感调节器和社会调节器在这一过程中发挥了关键作用。它们分别负责处理认知信息、情感反应和社会互动，帮助系统更全面地理解环境，并作出更加精准的决策。

在"初始化"阶段，系统开始执行其任务。此时，系统已经具备了一定的适应性和策略基础，可以开始寻找全局最优解。迭代进化机制确保了系统能够持续学习和改进，通过不断尝试新的策略和调整参数，系统逐渐逼近问题的最优解。

在迭代进化的过程中，选择（或交叉）操作扮演了核心角色。这一操作模仿了自然界的选择机制，通过对已有策略的评估和组合，系统得以发现更优秀的策略，并淘汰不适应环境的策略。这种机制确保了系统能够不断进化，适应不断变化的环境。

变异操作也为系统带来了更多的可能性。通过引入新的元素和变化，变异操作帮助系统跳出局部最优解的陷阱，寻找更广阔解空间中的更优解。这种随机性和创新性的结合，使得系统能够持续创新，应对日益复杂的问题。

在模型的最后阶段，"反馈"机制确保了系统的持续优化。通过对系统性能的评估和调整，反馈机制帮助系统识别存在的问题和不足，并及时进行调整和优化。这种持续改进的能力使得系统能够保持竞争优势，适应不断变化的挑战。

总的来说，AIGC的自适应进化模型是一个复杂而高效的进化算法。它模拟了自然界的进化过程，通过遗传机制、调节器、选择操作、变异操作和反馈机制等多个组件的协同作用，产生高度的自适应性和智能性，处理各种复杂问题，为实际应用提供了强大的工具和方法。

三、AET 的 SWOT 分析

SWOT 分析，作为一种经典的战略规划方法，旨在剖析一个组织或项目的内部优势、劣势以及外部环境中的机会与威胁，为战略决策提供依据。在 AIGC 自适应进化理论的语境下，SWOT 分析同样展现出了其实用价值。通过对 AIGC 的深入

SWOT 分析，我们能够更加明晰这一理论在当前及未来优化算法领域的位置与发展方向。

1. 优势（Strengths）

AIGC 算法最显著的优势在于其全局搜索能力。不同于一些局部搜索算法，AIGC 能够在整个解空间中自由探索，不局限于初始点的选择。这种能力使得 AIGC 在寻找最优解时，能够有效避免陷入局部最优的困境，从而更有可能找到全局最优解。AIGC 还具备出色的自适应性。通过适应度函数的持续评估与反馈，算法能够自动调整搜索策略，以适应不同问题的需求。这种灵活性不仅提升了搜索效率，也降低了对操作者的技能要求。AIGC 的天然并行性也是其不可忽视的优势。在云计算和分布式计算的支持下，AIGC 能够充分利用计算资源，实现高效的并行处理，特别是在处理大规模问题时表现尤为突出。

2. 劣势（Weaknesses）

AIGC 也存在一些明显的劣势。首先，它对参数的敏感性较高。算法的性能在很大程度上受到诸如种群大小、交叉率、变异率等参数设置的影响。这些参数的选择缺乏统一的标准，往往依赖于操作者的经验和试错，这无疑增加了操作难度和性能的不稳定性。其次，对于复杂问题，AIGC 可能需要消耗大量的计算资源和时间。这在资源有限的环境下可能成为一个限制因素。再者，算法的收敛速度也是一个需要关注的问题。在某些情况下，AIGC 可能会过早地收敛到次优解，而非全局最优解，这需要通过增加算法的多样性和避免早熟收敛的策略来改进。

3. 机会（Opportunities）

尽管存在劣势，AIGC 仍面临着许多发展机遇。首先，与其他优化算法的结合为 AIGC 提供了更广阔的发展空间。通过融合不同算法的优势，可以形成更加强大的混合算法，提升搜索效率和准确性。其次，大数据和云计算技术的快速发展为 AIGC 处理更大规模的数据集提供了可能。利用云计算资源进行高效的并行计算，将进一步拓展 AIGC 的应用领域。最后，随着研究的深入和技术的进步，AIGC 算法本身也在不断优化和改进。新的操作算子和改进的适应度函数有望进一步提升 AIGC 的性能和效率。

4. 威胁（Threats）

当然，AIGC 也面临着一些外部威胁。首先，随着问题复杂性的增加，AIGC 可能难以应对某些高度复杂的问题。这可能需要更复杂的算法或其他技术的辅助来解决。其次，新技术和新算法的不断涌现对 AIGC 构成了竞争威胁。为了保持竞争力，AIGC 需要持续关注新技术的发展并进行必要的改进。最后，隐私和安全问题也是不可忽视的威胁。在处理敏感数据时，AIGC 必须严格遵守数据保护法规，确保数据的隐私和安全。任何数据泄露或滥用都可能对 AIGC 的声誉和应用造成严重的负面影响。

AIGC 的自适应进化理论在多个领域都有广泛应用，展现出强大的寻优能力和适应性。随着 AI 技术的不断进步，AIGC 理论有望继续完善，并在更多领域发挥重要作用，推动社会的发展。同时，也需要关注其面临的挑战和威胁，以确保其持续、健康的发展。

第七章　创新与扩散:数字传播的策略

在数字化高速发展的今天,我们如何通过持续的创新,使内容在海量信息中独树一帜,成功吸引受众的注意力? 又该如何有效利用前沿技术,确保这些创新内容能够迅速且精准地触达目标群体,实现信息的最大价值传播?

第一节　数字传播策略概念与发展

一、"策略"概念的演变

"策略"这一概念的演变,深刻反映了人类文明的进步与发展,同时也揭示了东西方文化的交融与传承。从古代的兵法、谋略到现代社会的决策规划,策略始终扮演着至关重要的角色。

在中国古代,策略与兵法、谋略紧密相连。诸如《孙子兵法》等经典著作,不仅为古代战争提供了战略指导,更体现了深厚的策略思想。这些策略并非仅仅局限于战场上的排兵布阵,而是涉及政治、经济、文化等多个方面。它们以智慧和谋略为核心,旨在通过最小的代价赢得最大的胜利。

与此同时,在古希腊,"strategy"一词最初专指军事战略。然而,随着历史的推移,这一词汇的内涵逐渐扩展,不再局限于军事领域。古希腊哲学家和战略家们开始将策略思想应用于更广泛的社会生活,如政治斗争、经济发展等。这种策略思维的转变,标志着人类对于策略认识的深化和拓展。

进入现代社会,"策略"已成为一个世界性的通用概念,被广泛应用于商业、政治、文化等多个领域。在商业市场中,策略是传播者竞争定位的关键。传播者需要根据市场环境、竞争对手以及自身实力,制定出切实可行的市场策略、产品策略、营销策略等,以实现市场份额的扩大和盈利能力的提升。在政治领域,策略同样发挥着举足轻重的作用。政治家们需要运用策略来争取选民支持、推动政策实施以及处理国际关系等。而在文化领域,策略则有助于推动文化交流与传播,提升国家文化软实力。

值得一提的是，现代社会中的策略思维不仅是对东西方古老智慧的传承与发展，更是对它们的融合与创新。随着全球化的深入推进，东西方文化之间的交流日益频繁，策略思维也在这个过程中得到了新的升华。现代策略不仅注重实效性、灵活性和创新性，还强调以人为本、和谐共赢的理念。这些新的策略思维，既是对东西方古老智慧的延续，也是对人类文明发展的新贡献。

二、策略在数字传播中的重要性

在数字传播迅速发展的时代背景下，策略的运用显得愈发重要。数字传播因其高效快速的特点，在信息传递与品牌推广中具有举足轻重的地位。然而，在信息量庞大且内容碎片化的环境下，如何巧妙运用策略成为一项不可忽视的挑战。

1. 为数字传播提供明确指引

在纷繁复杂的数字传播世界中，一个明确的策略就像是一盏指路灯，为整个传播活动指明清晰的方向。在新闻报道领域，策略的制定尤为重要，它能够确保报道的焦点集中、视角独特，从而在浩如烟海的信息中脱颖而出。例如，当重大事件发生时，新闻机构需要迅速制定出报道策略，明确是从社会、政治还是人文角度进行深入报道，这不仅关系到新闻的传播效果，更对机构的品牌形象和影响力产生深远影响。

2. 实现资源的高效配置与利用

数字传播涉及多种资源，如图文、影音等。如何充分利用这些资源，达到最佳的传播效果，是每一位传播者都需要深入思考的问题。在文化娱乐行业中，资源的投入尤为巨大。通过精心策划的策略，宣传团队能够更精准地将资源聚焦于最吸引观众的元素上，如电影的视觉效果、演员阵容或引人入胜的故事情节等，从而实现资源的高效利用，确保投资回报的最大化。

3. 灵活应对多变的市场环境

数字传播领域的技术和平台不断更新换代，从微博到短视频，再到直播等，每一次技术的变革都为传播带来了新的发展机遇。娱乐行业对市场变化极为敏感，新的传播平台往往能为艺人或作品带来更多的曝光机会。那些能够迅速调整策略、紧跟市场节奏的团队，通常能够获得更多的关注和话题度。以抖音为例，该平台通过推出短视频挑战、直播互动等功能，成功吸引了大量年轻用户。通过紧跟潮流，不断优化和创新，抖音不仅增加了用户黏性，还为艺人和作品提供了更多传播机会。

4. 大幅提升传播效果

在数字传播中，仅凭内容本身的吸引力是远远不够的。精妙的策略能够使内容更加贴近受众，增加受众的喜爱度。以某热门综艺节目为例，其成功的背后除了节目内容的新颖有趣之外，还得益于精准有效的传播策略。通过深入了解目标受众的喜好和需求，制定符合其口味的宣传策略，从而确保节目在各大社交媒体平台上持续引发关注和热议。

三、数字传播策略的关键要素

1. 清晰的目标设定

设定清晰、具体且可量化的目标是构建数字传播策略的首要步骤。这些目标为整个传播活动提供了方向指引，同时也是评估最终成效的基准。它们与传播者的整体营销计划相辅相成，保障所有传播行为均服务于传播者的长远发展和核心价值观。无论是为了提升品牌知名度、推动产品销售，还是增强用户忠诚度，明确的目标都如同夜航的灯塔，为传播者照亮前行的道路，助其评估进度并适时调整策略方向。但在设定目标时，也需展现前瞻性，避免过于短视，以确保策略的创新空间与灵活性。

2. 深入的受众洞察

对目标受众进行全面而深入的了解是数字传播中不可或缺的一环。除了收集受众的基础信息，如年龄段、性别分布、地域特征等，更重要的是深入挖掘他们的消费习惯、兴趣所在以及偏好的信息接收方式。这种深度的受众分析有助于更准确地把握市场动态，创作出更符合受众需求的内容，选择合适的传播途径，并构建更具针对性的营销策略。通过洞悉受众，可以更好地回应他们的期待，从而稳固品牌忠诚度。

3. 优质的内容创作

内容是连接品牌与受众的重要桥梁。高质量、富有趣味性和创意的内容是吸引并维持受众兴趣的关键所在。内容创作不仅涉及对文字、图片、视频等多媒体元素的巧妙运用，更包括如何以创新且吸引人的方式传达品牌的理念和价值。通过叙述品牌故事、展现产品的独特卖点或分享有价值的信息，传播者能够与受众建立起深厚的情感纽带。不断对内容进行优化和更新也是保持其吸引力的关键所在。但在追求内容的吸引力和创新性时，也需确保信息的真实性和品牌的长期形象。

4. 精准的传播渠道选择

在数字传播策略中，选择合适的传播渠道至关重要。不同的渠道具有不同的受众覆盖范围和特点，因此需要根据目标受众的媒体接触习惯、渠道的传播效能以及营销预算等多个因素进行综合考量。精准的渠道选择可以确保信息更加有效地触达目标受众，并与他们建立起紧密的互动关系。随着数字媒体技术的持续进步，还需时刻关注市场动态，及时调整渠道策略以适应不断变化的市场环境。

5. 持续的数据监控与分析

在制定和执行数字传播策略的过程中，数据分析扮演着举足轻重的角色。通过实时监控和分析用户行为数据、传播效果数据等关键指标，传播者可以及时了解受众的反馈和市场需求的变化，从而对策略进行相应的调整和优化。这种基于数据的决策方式不仅提高了传播的精准性和效果，还有助于降低不必要的营销成本。然而，在依赖数据的同时也不能忽视受众的感性和情感需求。因此，在利用数据进行决策时还需结合市场趋势、受众心理等多个维度进行综合考量。

这些核心要素相互交织、互为支撑，共同构成了数字传播策略的基础框架。在制定和执行策略时允分考虑这些要素有助于保障策略的有效性和针对性从而推动品牌的长期发展和市场竞争力的提升。

第二节　内容策略

一、内容的优质化

内容策略在提升信息传播效率和观众互动度方面扮演着举足轻重的角色。精心制作高质量内容不仅是内容策略的首要任务，更是提升数字传播效果、扩大品牌影响力的关键所在。

1. 高标准与专业性：构建观众信任的桥梁

内容的好坏对数字传播的成败具有决定性影响。出色的内容不仅要求信息准确无误、内容详实，更需触动观众内心，引起他们的情感共鸣。为实现这一目标，传播者必须深入洞察目标观众的兴趣、需求和日常习惯，从而创作出既专业又贴近生活的精彩内容。以健康传播为例，传播者应提供准确无误的健康知识和实用养生建议，以此赢得观众的信任和依赖。内容的专业性对于塑造品牌权威、提升品牌可信度也至关重要。传播者需专注于特定领域或主题，提供深刻的见解和独特的分析，展示在该领域的专业素养。

2. 多样性与创新性：为观众带来丰富的多元体验

数字内容的表现形式正变得日益多样化。除了传统的文字和图片，图表、视频、音频等多种媒体形态的内容也备受欢迎。这些多样化的形式不仅提升了受众的阅读体验，还能更有效地传递信息。例如，通过数据可视化技术，复杂的数据可以转化为直观易懂的图表，帮助受众更轻松地理解和接受信息。内容的创新性是吸引受众的关键因素。在信息爆炸的时代，只有独特且新颖的内容才能脱颖而出。因此，传播者应积极探索不同的内容创作方法和展现形式，如互动式内容、虚拟现实体验等，为受众带来前所未有的感官享受。

3. 持续更新与不断完善：保持品牌的生命力和吸引力

随着时代的发展和受众需求的变化，数字传播的内容策略也需不断调整和优化。这要求传播者始终保持敏锐的市场洞察力，关注行业动态和受众反馈，及时调整内容选题、制作方式和发布渠道等。例如，在社交媒体平台上，可以根据受众的实时反馈和互动情况灵活调整发布内容和频率，以保持与受众的紧密互动。同时，内容的持续更新也是保持品牌活力和吸引力的关键所在。传播者应定期推出新的内容主题和系列，持续激发受众的兴趣和关注度。通过定期发布行业报告、专题研究等内容，为受众提供持续的价值和信息更新，确保品牌在激烈的市场竞争中保持领先地位。

二、内容的个性化定制

内容的个性化定制已成为数字传播领域的重要趋势，其基础是对用户数据的深入挖掘与分析，旨在为用户提供更加贴合其兴趣和需求的内容，从而优化用户体验并提升用户黏性与活跃度。

1. 数据驱动的用户洞察

个性化定制的核心在于利用数据驱动的精准洞察来深入理解用户。这涉及全面收集并分析用户的在线行为数据，如浏览记录、搜索历史和购买信息等。例如，若用户频繁访问科技类内容，系统便可判定其对科技有浓厚兴趣。今日头条便是一个典型案例，它重视每个用户的独特性，将用户视为独立的个体而非笼统的群体，通过深入分析用户数据，为新闻资讯的分发提供更精确的方向。更进一步地，该平台运用先进的算法推荐模型，为每个用户提供定制化的信息推送服务，实现了信息与用户个性的高度匹配[①]。然而，需注意的是，用户的兴趣可能会随时间和情境变化，因此，过度依赖历史数据可能导致对用户当前兴趣的误解。

2. 先进技术赋能

得益于机器学习和深度学习等尖端技术，我们现在能够从浩如烟海的数据中

---

① 冀榕：《聚合类移动新闻客户端的内容运营策略》，《新闻世界》2020 年第 1 期，第 52 页。

提炼出用户的真实兴趣。这些技术不仅能处理巨量数据，还能精准预测用户的偏好和需求，从而实现个性化内容的精确推送。然而，技术亦有其局限，如算法的偏差可能导致推送内容与用户的实际需求南辕北辙，从而影响用户体验。因此，不断优化算法和提升技术水平是提升个性化定制效果的关键所在。

3. 提升用户体验

在个性化定制的世界里，用户体验是重中之重。推送的内容不仅要准确无误，更要保证品质与相关性。为了提升用户的满意度，我们必须避免推送劣质或不相关的内容。用户的即时反馈是我们优化推荐算法的重要参考。然而，推荐系统需要时间来学习和适应用户的行为和偏好，因此，在初期，推荐的内容可能不够精准。这就要求我们保持与用户的紧密沟通，及时收集反馈并调整推送策略。

4. 捕捉用户长期兴趣

用户的兴趣和偏好是在不断变化的，为了精准捕捉并响应用户的这种变化，我们需要深入探索并把握用户的长期兴趣发展。传统的推荐系统往往只关注用户近期的行为与喜好，却忽视了用户兴趣的长期发展。为了突破这一局限，我们可以引入注意力机制和序列建模来优化推荐算法。注意力机制使算法能够有针对性地关注用户的历史行为，学习并理解用户在不同时间段的兴趣变化。结合序列建模能更有效地利用用户行为数据中的时间顺序信息，从而更精确地捕捉并反映长期依赖关系，进而提升推荐算法对用户兴趣发展的预测准确性。通过这些策略的应用，我们能够为用户提供更加个性化且符合其长期兴趣的内容推荐。

三、内容的故事化与情感连接

内容的故事化以及建立情感连接已经成为提升传播效果的关键策略和趋势，这有助于更有效地吸引和触动目标受众。

1. 故事化

故事，作为一种古老且深入人心的文化传承方式，通过其特有的叙事手法和吸引人的情节，一直对人类情感产生显著影响。在数字传播环境下，故事化的内容同样显示出强大的吸引力。通过巧妙编织的故事情节和角色塑造，传播者能够将抽象的信息或数据转换成生动有趣的叙述，迅速聚焦受众的注意力。这种转变不仅提高了内容的可读性和吸引力，更在受众的记忆中留下了难以忘却的印象。

2. 情感连接

与内容故事化相辅相成的，是与受众建立起真挚的情感联系。在数字传播中，情感连接显得尤为重要。当受众在情感层面与内容产生共振时，信息的传递会更为深刻和长久。这种连接不仅能提升受众对内容的关注度，更能刺激他们的分享意愿，从而进一步拓展内容的传播广度和深度。通过讲述引人入胜的故事，品牌或产品能够与受众形成强烈的情感纽带，进而巩固品牌形象，提升市场认可度。

3. 构建品牌故事

在数字传播领域，结合品牌或产品的特性，创造独特且吸引人的品牌故事，是一种行之有效的传播方式。品牌故事有助于受众更好地理解并记住品牌，同时还能为品牌增添额外的价值。一个优秀的品牌故事能够让受众对品牌产生深厚的信赖和喜爱，这种信赖和喜爱将转化为对品牌的忠诚度和市场竞争力。通过精心策划的品牌故事，传播者能够在竞争激烈的市场中脱颖而出，赢得受众的偏爱。

4. 策略的关键点

在实施故事化传播策略时，传播者需掌握几个核心要素。首先，故事的真实性是赢得受众信任的基础，因此应避免过度夸张或虚构内容。其次，故事应与品牌或产品的特性紧密结合，以凸显品牌的独特卖点和市场定位。最后，故事的叙述方式应具备吸引力，能够迅速抓住受众的注意力并引导他们深入探索内容。掌握这些关键点将有助于传播者更有效地实施故事化传播策略，从而提升数字传播的效果和影响力。

四、用户的参与和互动

用户的参与和互动在数字传播策略中具有举足轻重的地位。它不仅加深了用户对内容的投入感和归属感，还加强了传播者与受众之间的联系，从而推动了内容传播的深度和广度。

1. UGC 的重要性

鼓励用户生成内容（UGC）已成为当前数字传播的一个显著趋势。通过邀请用户积极分享个人经验、独特观点和创新想法，可以极大地丰富平台的内容多样性，并增强用户的自我价值实现感和影响力。这种策略使用户从单纯的内容接收者转变为内容的创造者和推广者，从而显著提高了用户的活跃度和黏性。以社交媒体为例，用户在这些平台上自由发布原创内容，通过多种形式与其他用户交流和分享，形成了一个庞大的内容生态网络。

2. 吸引用户参与的多样化互动

除了用户生成内容外，数字传播还采用多种互动方式来吸引用户参与。问答、投票、评论等多样化的互动形式为读者提供了更深入参与内容讨论和分享的机会。这些互动方式不仅增加了内容的趣味性，还帮助传播者更准确地了解受众的需求和反馈。例如，在评论区中，传播者可以及时了解用户对内容的看法和建议，以便根据这些反馈优化后续的内容创作。

3. 及时反馈的必要性

用户的声音可以迅速传播，因此及时关注和回应用户反馈显得尤为重要。用户的反馈是改进内容和服务质量的关键依据。当用户意识到自己的反馈得到了关注和回应时，他们更有可能持续参与互动，与传播者建立长期的信任和联系。这种信任关系的建立对于培养用户忠诚度和促进内容的持续传播具有积极意义。同时，用户参与和互动的策略还有助于形成内容传播的良性循环，提高内容的曝光度和影响力，激发用户的创作热情和参与意愿。

第三节　渠道策略

一、社交媒体传播策略

在数字时代，社交媒体以其强大的用户吸引力和互动性，成为传播信息、塑造品牌的关键渠道。微信、微博、抖音等平台聚集了庞大的用户群体，为传播者提供了与受众直接沟通的桥梁。

1. 深入了解目标受众

制定社交媒体策略的首要步骤是深刻剖析目标受众。传播者需细致研究受众的年龄层、性别比例、所在地区以及他们的兴趣和爱好。例如，若目标群体以年轻一代为主，那么抖音和微博这类在年轻人中流行的平台将是首选；若针对专业人士，则应考虑利用 LinkedIn 等职场社交平台。

2. 精选社交媒体渠道

不同的社交媒体有着不同的特色和受众基础。传播者应根据自己的品牌属性和宣传目的，精心挑选合适的平台。如微信公众号适合深度内容的发布，便于与粉丝建立持久的互动；而抖音等短视频应用则更适合快速展示品牌和产品亮点。

3. 内容创意与传播机制

在社交媒体上，高质量的内容是赢得关注的核心。传播者需结合品牌故事和产品特性，创作出既有趣味性又具教育意义的内容。内容的更新应保持时效性和连贯性，以维持用户的持续兴趣。优化传播机制也至关重要，可以通过线上活动、话题挑战、网红合作等方式，提升内容的传播广度和深度。

4. 品牌社群互动

社交媒体的魅力在于其互动性。传播者应积极响应用户反馈，塑造积极的品牌形象。通过组织互动游戏、投票等活动，鼓励用户参与到品牌的推广中，从而加深对品牌的认可和喜爱。同时，建立并维护品牌社群，通过定期活动和优质内容分享，保持社群的活跃和凝聚力。

5. 实时评估与策略调整

对社交媒体效果的数据监控和分析是不可或缺的。传播者需关注粉丝增长、互动情况等指标，以评估传播成效。以京东为例，该平台密切关注其社交媒体账号的粉丝增长、互动情况等关键指标，以实时评估其传播效果。通过深入的用户画像和行为分析，京东能够更准确地把握用户需求，从而为其营销策略的调整提供有力的数据支持。正是这种基于数据的持续策略优化，使京东能够找到适合自己的传播路径，有效提升了品牌影响力。

二、移动优先策略

移动互联网的迅猛发展使得移动设备成为信息获取主渠道。智能手机普及，用户行为日益趋向移动化，实时、便捷获取信息成新常态。为满足用户需求，数字传播须以移动优先。实施移动优先策略，传播者要重点做到如下几点。

1. 简洁明了的内容设计

由于移动设备的屏幕尺寸有限，用户在移动设备上浏览信息时，往往更注重信息的简洁明了。因此，在内容设计上，应遵循"简洁、直观、易懂"的原则，避免过多的文字和复杂的布局。同时，利用图表、图片等视觉元素，提高信息的可读性和易理解性。

2. 适配的内容格式

为了适应移动设备的屏幕尺寸和触摸操作，数字传播内容应采用适合移动设备的格式，如短视频、图文结合等。这些格式不仅便于用户在移动设备上浏览，还能提高用户的阅读兴趣和参与度。

3. 响应式设计

这是一种使网站能够自动适应不同屏幕尺寸和设备类型的设计方法。通过响应式设计，数字传播内容可以在各种移动设备上呈现最佳的视觉效果和用户体验。

这不仅可以提高用户的满意度,还有助于提升网站的品牌形象和知名度。

4. 加速移动页面加载速度

移动设备的网络环境往往不如桌面设备稳定,因此,优化移动页面的加载速度至关重要。通过压缩图片、减少 HTTP 请求、使用 CDN 等技术手段,可以有效提高移动页面的加载速度,从而提升用户体验和留存率。

5. 简单易用的界面设计

移动设备的界面设计应遵循简单易用的原则,确保用户可以轻松找到所需信息。比如微信,其界面设计简洁明了,功能分区清晰,使用户能够迅速找到所需功能并进行操作。直观的底部导航和明确的操作提示,大大降低了用户的学习成本,使得无论是年轻人还是老年人都能轻松上手。

6. 个性化推荐与互动功能

利用大数据和人工智能技术,为用户提供个性化的内容推荐和互动功能。这不仅可以提高用户的满意度和忠诚度,还有助于收集用户反馈和数据,进一步优化数字传播策略。

三、电子邮件策略

电子邮件,作为一种历史悠久的数字传播方式,依然在当下的营销传播中占有举足轻重的地位。其全球覆盖、低成本和精准营销的特点使其成为传播者与受众之间沟通的桥梁。

1. 精确的目标受众定位

在电子邮件策略中,精确的目标受众定位是成功的关键。与其他营销策略不同,电子邮件策略更强调对受众的深入了解。为实现这一点,传播者需详尽地分析和挖掘数据,以勾勒出受众的精确画像,这包括受众的年龄、性别、职业和个人兴趣等。只有确保邮件内容精准匹配核心受众,才能有效提高邮件的阅读率和用户互动。值得一提的是,利用图神经网络技术,尤其是多层图卷积操作,我们可以更深入地洞察用户与商品间的复杂关联,从而提供更具针对性和个性化的服务。以亚马逊为例,这家全球电商巨头就通过精准分析用户的购物和浏览数据,定期推送个性化的商品推荐和优惠邮件,显著提升了用户点击和购买转化率。这就是精确目标受众定位在电子邮件营销中的巨大作用。

2. 吸引人的内容创意与优化

一封成功的电子邮件,其内容必须引人入胜,设计也需别出心裁。传播者不仅要确保信息的简洁明了，还要追求内容的吸引力和共鸣感。邮件的排版、配色、图片选择等细节都需经过精心策划，以呈现出最佳的用户体验。为了适应各种设备，邮件的响应式设计也是不可或缺的，确保用户无论在何种屏幕尺寸下都能流畅地阅读邮件。

3. 恰当的发送频率与时机

在电子邮件营销中，发送的频率和时机同样至关重要。频繁的邮件轰炸可能会让用户感到厌烦，而发送间隔过长则可能导致用户遗忘。因此，传播者需要根据用户的反馈和数据分析，找到那个最佳的发送频率。同时，还要选择合适的发送时机，比如在用户最活跃的时间段推送邮件，以提高邮件的曝光率和阅读率。

在实施电子邮件渠道策略时，还需特别注意两个方面：一是充分利用数据驱动的个性化营销，通过深度分析用户数据，为每个用户量身打造独特的邮件内容；二是精心管理并优化邮件列表，确保信息的精准送达和有效互动。例如，可以根据用户的兴趣和行为对邮件列表进行细分，定期清理无效用户，以及为长时间未互动的用户设计特别的再激活邮件系列。这些措施都有助于提高用户的参与度和满意度，从而推动电子邮件营销的成功。

四、视频平台策略

视频平台策略的布局需综合考虑内容、用户、技术和商业模式等多个维度。通过不断优化和创新，视频平台将能够提升自身竞争力，为用户提供更加优质、丰富的视频体验。

1. 内容创意与多元化

视频平台应重视内容的原创性和多元化，通过引进高品质原创内容、打造独家剧集，以及扶持优秀独立创作者，不断扩充和丰富平台的内容库。要对内容进行精准定位，深入挖掘细分市场，以满足用户多样化的观看需求，从而提升用户黏性及活跃度。

2. 用户互动与社区营造

为提高用户参与度和体验感，视频平台需引入弹幕评论、社交分享及粉丝互动等多元化功能。这些不仅能增添视频观看的趣味性，还能促进用户间的交流，营造活跃的社区氛围，进而提升用户的归属感和忠诚度。以爱奇艺为例，该平台就成功地通过引入互动剧情、弹幕评论和社交分享等功能，显著提升了用户体验。在爱奇艺上，观众可以边看视频边发弹幕，实时与其他用户互动，同时还可以在热门剧集中选择剧情走向，这种创新的观看方式吸引了大量用户积极参与。通过这些功能，爱奇艺成功地营造了一个活跃的社区，使用户对平台产生了强烈的归属感和忠诚度。

3. 技术赋能与算法推荐

借助人工智能、大数据等前沿技术，视频平台可以不断优化内容推荐算法，实现更为精准的个性化推送。通过匹配用户的兴趣和偏好，提升内容的曝光率和观看率。运用 AI 技术辅助内容创作和后期处理，可以进一步提高视频质量和用户的观看体验。比如，腾讯视频通过 AI 分析，为喜欢科幻片的用户推送了《流浪地球》等相关影片，满足了用户的个性化需求。

4. 商业模式创新与多元化盈利

视频平台应通过多元化的商业模式实现盈利，如推出会员制度、增加广告收入及开展电商合作等。会员制度可以提供无广告、高清画质等增值服务，吸引用户付费；而精准的广告投放策略则能提高广告效果，增加广告收入；与电商平台的合作还能为用户提供便捷的购物渠道，实现内容到消费的完整闭环。

五、内容聚合平台策略

内容聚合平台推广是一种"基于受众主动搜索、个性订阅等操作，对全平台新闻信息展开精准推送的产品形式"①，能够将来自不同来源的内容整合到一个平台上，为用户提供一站式的内容消费体验。这也是一种非常有效的推广方式。如 Reddit、今日头条、知乎等，汇集了海量的用户和丰富的内容，形成了一个个活跃的社区。

内容聚合平台策略构建的要点是：

1. 明确定位

内容聚合平台的首要任务是明确其服务的目标受众。传播者应通过深入细致的市场研究和数据分析，全面了解受众的信息需求、消费习惯和兴趣偏好。这不仅包括受众的年龄、性别、地域等基本信息，还涉及他们对内容的类型、风格和质量的期望。通过对受众的深入了解，平台可以精准地定位自己所聚合的内容，确保每一篇文章、每一个视频或图片都与受众的需求高度契合。在确定内容定位时，传播者还需考虑平台的核心竞争力和差异化优势。这有助于平台在激烈的市场竞争中脱颖而出，吸引并留住目标受众。

---

① 徐北春：《聚合新闻客户端传播的五大变革——以"一点资讯"和"今日头条"为例》，《传媒》2017 年第 3 期，第 47 页。

2. 优化机制

内容聚合平台的竞争力在很大程度上取决于其强大的内容整合能力和精准的推荐机制。为了实现这一目标,传播者需要运用先进的算法技术,如协同过滤、基于内容的推荐等,根据用户的历史行为和兴趣偏好,智能地推送相关内容。这些算法可以分析用户的浏览记录、点赞、评论等数据,从而为用户提供更加个性化的内容推荐。除了算法优化外,传播者还应注重提升用户体验。例如,可以优化平台的界面设计,使其更加简洁易用;提高内容加载速度,减少用户等待时间;以及定期更新内容库,确保用户能够持续获取新鲜、有趣的信息。

3. 强化互动

为了增强用户黏性,内容聚合平台需要注重用户互动和社区氛围的营造。传播者可以通过设置评论区、点赞、踩、举报等功能,鼓励用户积极参与讨论、分享观点。这不仅可以激发用户的参与热情,还能帮助平台更好地了解用户需求,进一步优化内容推荐机制。传播者还可以定期举办线上活动或话题讨论,邀请用户参与互动。例如,可以发起话题投票、问答互动或线上直播等活动,让用户更加深入地参与到平台的内容生态中。这些活动不仅可以提升用户的活跃度和忠诚度,还能为平台带来更多的流量和关注度。

4. 内容保护

内容聚合平台在推动原创内容生产的同时,也要致力于保护内容的品质,避免低俗化和侵权风险。为了实现这一目标,传播者需要建立一套完善的内容审核机制,确保平台上发布的内容符合相关法律法规和道德标准。鼓励原创内容创作,并为优秀的创作者提供更多的展示机会和资源支持。与内容提供者签署版权协议也是保护内容品质的重要举措。通过明确双方的权益和责任划分,可以避免版权纠纷和侵权行为的发生。采用数字水印、版权追踪等技术手段可以进一步保护原创内容的合法权益不受侵犯。这些举措不仅有助于维护平台的公信力和品牌形象,还能为创作者提供一个公平、健康的创作环境。

六、线下活动与数字渠道结合策略

线下活动与数字渠道的结合,不仅将传统的线下活动与现代数字化手段相融合,还实现了优势互补,从而为传播者带来了更大的市场影响力和更广泛的潜在客户群体。

线下活动与数字渠道的互补优势表现在多个层面。线下活动为消费者提供了一个真实可感的体验环境,使他们能够直观地感受产品或服务。然而,线下活动的覆盖范围有限,难以触及更广泛的受众。此时,数字渠道便发挥了巨大的作用。通过社交媒体、搜索引擎、电子邮件等数字化手段,传播者可以将线下活动的信息传播到全球各地,吸引更多的潜在参与者。数字渠道还为无法亲临现场的受众提供了参与的机会,如通过直播观看活动、在线互动等。数字渠道在数据收集与分析方面也具有独特优势,它有助于传播者更深入地了解用户需求,为线下活动的优化提供数据支持。

在互联网时代,IP 成为产业发展的关键。以"村超"IP 为例,其成功源于对本土文化的深入挖掘,特别是贵州的足球氛围与特色民族文化。榕江县拥有 16 个少数民族、29 个中国传统村落、25 个民族民间节日、11 项国家级非物质文化遗产等丰富独特的文化旅游资源,都为"村超"IP 的打造增添了独特魅力[1]。除了体育赛事,自然风景、非遗、特色农产品等元素也都是 IP 的重要组成部分,共同构成了打开乡村文化振兴之门的钥匙。在实施线下活动与数字渠道结合策略时,传播者须精心策划。活动前的社交媒体预热至关重要,通过发布引人入胜的内容,引发用户关注。与 KOL 或网红合作能有效扩大影响力。活动现场,直播和社交媒体分享能增强活动曝光度。活动后,感谢信和活动回顾能提升客户忠诚度。数据分析则提供改进方向。

要确保这一策略的成功实施,传播者需要关注几个关键点:一是对目标受众的深入分析。了解他们的需求和偏好,才能设计出更符合他们期望的活动内容和形式。二是跨渠道的协同作战。线下活动与数字渠道在内容、时间和形式上必须保持高度一致,以形成强大的营销合力。这就要求传播者在策划活动时,要充分考虑各个渠道的特点和受众需求,确保信息的准确传递和有效互动。三是数据驱动的决策过程。传播者应充分利用数据分析工具来实时监测活动效果,并根据数据反馈及时调整策略以达到最佳营销效果。这种数据驱动的方法不仅能够帮助传播者更精确地评估营销活动的效果,还能够为未来的营销策略提供有力的数据支持。

七、直播策略

直播,作为一种新兴的媒介形式,以其真实、互动的特性,在现代传播中占据了重要地位。"时效性"是新闻价值的要素之一,所以在视频化传播时代直播成为常态[2]。Mob 研究院发布的《2023 年短视频行业研究报告》显示,短视频在网络视听行业市场规模中占比 40.3%,达 2 928.3 亿;用户规模达 10.12 亿,占整体网民规模

① 王海燕、王晓蒙:《贵州"村超"出圈的传播策略及启示》,《新闻世界》2024 年第 4 期,第 21 页。
② 陈国权:《视频号里的媒体传播新模式》,《中国记者》2024 年第 2 期,第 71 页。

的 94.8%①。研究显示，近四分之一网民因短视频与互联网结缘，远超游戏、直播等应用；短视频人均单日使用时长近 3 个小时，且呈 5 年持续增长态势。一个成功的直播策略，需要综合考虑多个方面，包括内容策划、互动机制、技术支持以及效果评估等。视频号里的直播，就在大家每天使用时长最多的微信里，而且，视频号能够在微信内转发传播，传播速度更快。

内容是直播的核心，因此，内容的策划与定位至关重要。要明确直播的主题和目标受众。针对不同类型的受众，如年轻人、中老年人或特定兴趣群体，需要设计不同的内容主题，以符合他们的兴趣和需求。例如，针对年轻人的直播可以聚焦于时尚、娱乐、科技等热门话题，而针对中老年人的直播则可以关注健康、养生、旅游等内容。内容的实时性和互动性也是吸引观众的关键。直播内容应该紧跟时事热点，及时反映社会动态，同时设置互动环节，如问答、投票等，让观众能够参与其中，提升他们的参与感和黏性。内容的创新性和多样性也不容忽视。除了传统的访谈、讲解形式外，还可以尝试游戏互动、才艺展示等多元化内容，以满足观众的不同需求。

直播的魅力源于实时互动。因此，构建一个完善的互动体系在直播策略中显得尤为关键。在直播中，主播与粉丝的互动、观众之间的相互交流，都是提升直播活跃气氛和吸引力的核心要素。为了实现这一点，我们可以借助弹幕、评论区以及点赞功能，来加强观众与直播内容的实时互动。

当高质量的内容与主播鲜明的个人形象完美融合时，便有可能培养出极具影响力的"网红主播"。直播的演变，从初级的商品推广，到以精彩内容为主导，再到内容与主播个性紧密结合，这一转变正是迎合了现代消费者对精神层面更高追求的趋势。通过对主播及其直播间的个性化塑造，可以进一步增强粉丝的黏性。

当然，技术的支持在直播中也是至关重要的。稳定的直播信号、高清的画面质量和顺畅的音质，这些都是为观众提供良好观看体验的基础。利用最新的直播技术，例如虚拟现实和增强现实，可以为观众带来更加身临其境的观看感受。

直播结束后，对其效果进行评估也是不可或缺的环节。收集观众反馈、分析直播数据，能帮助我们了解直播的亮点与不足，为后续的直播提供改进方向。通过观众的观看时长、互动次数等数据，我们可以衡量直播内容的吸引力和观众的投入程度。根据这些评估结果，对直播策略进行灵活调整，包括直播时间、互动设计以及整体流程的优化等。经过不断的尝试和改进，我们定能打造出更加符合观众喜好

---

① Mob 研究院：《2023 年短视频行业研究报告》，https://baijiahao.baidu.com/s？id＝1770833938983681583&wfr＝spider&for＝pc。

的直播内容。

八、合作伙伴关系建设策略

在信息爆炸的时代，单打独斗已不再适应复杂多变的市场环境。为了更好地进行信息传播，构建稳固的合作伙伴关系显得尤为重要。选择合适的合作伙伴，就如同找到了一把能够共同开启成功之门的钥匙。

那么，如何选择这把"钥匙"呢？首先，传播者需要精准地识别出那些与其传播理念和目标高度契合的机构或个人。这种契合不仅仅体现在业务上的互补，更在于双方价值观和愿景的一致性。例如，腾讯与故宫博物院的合作就是一个典型的案例。腾讯作为国内领先的互联网公司，拥有强大的技术实力和广泛的用户基础；而故宫博物院则承载着丰富的历史文化资源。双方共同推出的"腾讯微视·故宫历史影像"项目，不仅让更多人领略到了故宫的瑰宝，也实现了文化的数字化传承。

建立了合作关系之后，如何维护和深化这种关系呢？这就需要双方共同搭建一个共赢的合作框架。在这个框架内，传播者和合作伙伴应明确各自的优势和资源，以及期望通过合作达到的目标。双方应本着平等互利的原则，共同投入、共同分享，实现资源的最大化利用。以迪士尼与皮克斯动画的合作为例，迪士尼强大的全球分发渠道和品牌推广能力与皮克斯卓越的动画制作技术相结合，共同打造了一系列经典动画电影，实现了双赢。

当然，任何合作都不可能一帆风顺。在合作过程中，难免会遇到各种问题和挑战。这时，有效的沟通就显得尤为重要。传播者需要定期与合作伙伴进行沟通交流，及时了解对方的想法和需求，共同解决问题。同时，双方还应建立起一套协同工作的机制，确保在数字传播活动中能够步调一致，共同应对各种挑战。华为与中国移动在5G技术研发和应用方面的合作就是一个很好的例证。双方不仅在技术层面进行了深入交流，还在多个领域实现了资源共享和优势互补，共同推动了5G技术的发展和应用。

最后，随着数字技术的不断进步和受众需求的变化，传播者与合作伙伴之间的合作也应不断拓展和深化。除了传统的传播内容合作外，双方还可以在数据分析、受众研究、内容创新等方面展开更深入的合作。这将有助于传播者更准确地把握市场动态和受众需求，从而提升传播效果，实现更大的商业价值。

第四节　数据优化策略

在数字时代，数据被视为珍贵的"新时代石油"。数据不仅成为生产要素，更能与传统要素如土地、资本结合,产生强大的协同效应。嵌入式软件与传感器将生产资料转化为数据,借助算力和算法,充分展现了数据的巨大价值。数据深入组织内部,通过大数据分析实现供需动态平衡,算法模型则能优化生产要素配置[①]。数据的快速流动降低了信息不对称,提高了资源配置效率,其非竞用性减少了交易费用,同时数据的自由流动也打破了空间限制,构建了以消费者需求为核心的高效价值网络。

一、数据的收集与整合

1. 明确数据收集的目标与范围

在进行数据收集之前,我们首先要明确目标。是为了评估营销效果,还是为了了解用户行为?明确目标后,进一步确定所需数据的范围,如用户点击率、浏览时长等,这将为后续的收集工作指明方向。

2. 选择恰当的数据源与方法

数据源的选择直接关系到数据的准确性和全面性。我们可以利用网站分析工具来追踪用户行为,或者通过社交媒体监控工具来了解品牌声誉。此外,用户调查问卷和第三方数据平台也是重要的数据来源。在选择收集方法时,要确保其科学性和适用性。

3. 构建高效的数据整合系统

数据整合是确保数据质量的关键步骤。我们需要建立一套完善的数据整合流程,包括数据清洗、整合和标准化等环节。这一过程中,要剔除重复、错误的数据,将不同来源的数据进行统一整合,并确保数据格式和标准的规范性。

4. 保障数据存储的安全性与合规性

在数据存储环节,我们必须确保数据的安全性和可访问性。采用先进的数据加密技术和访问控制机制是必要的。同时,随着数据保护法规的日益严格,我们需要确保数据的收集、存储和处理都符合相关法律法规的规定。

5. 持续优化与更新数据策略

市场环境和用户需求的变化要求我们不断优化数据收集策略。通过定期评估和调整数据源、关键指标以及数据整合流程等,我们可以保持数据收集策略与业务目标的紧密对接。同时,关注新技术和新方法的发展,以持续提升数据质量和处理

---

① 戚聿东、徐凯歌:《智能制造的本质》,《北京师范大学学报(社会科学版)》2022年第3期,第98页。

效率。

二、数据处理与分析策略

在数字传播领域,数据处理与分析是筛选有价值数据并转化为策略指导的关键环节。为确保分析的准确性,必须遵循专业且客观的处理与分析流程。

1. 数据的清洗与预处理

数据清洗与预处理是数据处理的基础环节,对于确保数据质量和后续分析的准确性有着举足轻重的作用。在这一阶段,我们需认真检查数据,剔除不完整或重复的记录,以保证数据的纯净性。对于缺失的数据,要科学地使用统计方法进行填补,如采用均值或中位数,以维持数据的完整性。依托数据验证技术和业务知识,及时发现并纠正数据中的输入错误或异常值,从而确保数据的真实性和可靠性。这一环节虽然繁琐但却必不可少,它为后续的数据分析奠定了坚实的基础。

2. 应用统计方法与机器学习算法挖掘数据价值

数据挖掘是从海量数据中提炼有价值信息的过程。数据经过清洗和预处理后,形成的高质量数据集为深入挖掘隐藏信息和模式奠定了基础。描述性统计有助于全面把握数据的整体特征,推论性统计则能基于样本数据推断总体特征。此外,机器学习算法在处理复杂数据关系和非线性模式时表现卓越,例如,聚类算法可发现数据中的分组情况,分类和回归算法能预测变量之间的关系,降维算法则有助于理解数据的主要成分。

3. 数据的可视化呈现

数据可视化是一种强大的工具,它能将复杂的数据处理和分析结果以直观方式展示[1]。在选择数据可视化方式时,需根据数据类型选用合适的图表。例如,柱状图能清晰展示分类数据,而折线图则能生动表现时间序列数据的变化。此外,增加交互功能可帮助用户更深入地挖掘和理解数据。将数据以故事化的方式呈现,则有助于受众更好地理解和记忆关键信息,把握数据见解和行业趋势。举例来说,Tableau 这一知名品牌就专注于数据可视化,其直观易用的界面可将数据轻松转化为交互式图表,广泛应用于金融、医疗、零售等行业。用户可利用其丰富的交互功能,如筛选、放大缩小等,更深入地挖掘数据价值。它还支持数据的故事化呈现,帮助用户创建连贯的故事线,深入了解数据背后的洞察,无论是对于专业人士还是普通受众,都提供了更为直观、深入的数据理解和分析方式。

---

[1]　王晓静、陈玉英:《基于数据挖掘的网络信息可视化模型研究》,《互联网周刊》2024 年第 7 期,第 58 页。

三、数据驱动的优化措施

1. 利用数据分析精化传播策略

利用数据分析可以精准地优化传播策略。深入剖析用户数据，传播者能够更准确地锁定目标受众，并洞察他们的兴趣和需求。例如，某电商平台通过详细分析用户数据，发现 30～40 岁的都市白领女性是某一类商品的主要购买者。基于此，他们重新调整了营销策略，专注于向这一特定群体推广，从而实现了销售额的显著增长。用户的浏览和购买历史，以及在社交媒体上的互动，都为制定有效的传播策略提供了关键数据。通过监测用户对内容的反馈，如页面阅读时长、点赞和分享频率，平台可以清晰地掌握用户对哪些内容更感兴趣，进而对内容进行有针对性的优化。

2. 设定并追踪关键绩效指标（KPIs）

在数字传播的广袤领域里，设定并精确追踪关键绩效指标（KPIs）犹如手握指南针，引领着传播者朝着目标稳步前行。这些 KPIs，如点击率、转化率以及用户留存率，不仅是衡量是否朝着目标前进的重要标尺，更是洞察市场动态、把握用户心理的得力助手。通过定期追踪和分析这些指标的变化，可以量化评估各项优化措施的实际效果，及时发现问题并调整策略，确保数字传播之旅始终行驶在正确的航道上。

3. 实施数据驱动的 A/B 测试

实施数据驱动的 A/B 测试，则如同在航行中灵活调整风帆，以寻求最佳的前进方向。无论是页面设计的调整，还是内容布局的优化，A/B 测试都提供了一种科学、量化的方法，来对比不同策略或设计的实际效果。通过收集并分析测试数据，能够更加明智地做出决策，确定哪种策略更能吸引用户的眼球，提高转化率，从而让数字传播更具针对性和实效性。

第五节　搜索引擎优化（SEO）策略

在当今网络环境中，搜索引擎优化（SEO）对增加网站流量和品牌传播至关重要。通过 SEO 策略，可有效提升网站搜索排名，吸引潜在客户。近年来，谷歌搜索引擎的呈现方式发生显著变化，从提供蓝色链接转为直接展示答案或选项，以满足用户对时间效率的需求。这标志着谷歌向信息"聚合器"转型①。因此，依赖 SEO 的传播者需调整策略，适应新环境。

一、关键词优化

关键词优化是连接用户搜索意图与网站内容的桥梁，对于提升网站在搜索引擎结果页（SERP）的排名至关重要。用户通过搜索引擎输入词汇或短语来寻找信息，因此，网站运营者需确保网站内容与用户搜索意图高度匹配。

1. 深入了解用户需求与搜索习惯

要进行有效的关键词优化，传播者需深入了解用户的需求和搜索习惯。通过站在用户角度思考，并利用关键词研究工具，可以发掘出与品牌、产品或服务紧密相关且搜索频率较高的词汇。比如，一家在线书店通过关键词优化成功吸引了中国传统文化爱好者。聚焦古籍、字画、茶艺和中医等领域，精选内容并利用搜索引擎提升曝光。此举不仅可以提高访问量，还能强化品牌文化影响力，让更多人感受到中华传统文化的魅力。

2. 关键词布局与内容质量

关键词的合理布局是优化的关键环节。在网站的各个元素中巧妙融入关键词，能提高搜索引擎对网站主题的识别度。以一个新闻门户网站为例，他们精心策划关键词布局，将"实时新闻""深度观察"等词汇自然地融入报道中，既确保了新闻的时效性，又为读者提供了深入的观点分析。然而，过度使用关键词可能被视为作弊，因此需注重内容的原创性和质量，以吸引用户关注并提高网站的权威性。

3. 持续优化与调整

关键词优化是一个持续的过程。在短期内，由于用户搜索行为轨迹的数据不足，搜索引擎会根据消费决策的无偏性来提供最优的搜索结果排序。然而，从长期的角度来看，搜索引擎平台可"积淀用户的实际关键词检索数据信息，并通过对比用户点击、消费行为数据信息，实时考察用户点击、消费行为的多样性，从而调整排列均衡"②。传播者需定期审视网站的搜索数据、用户反馈及竞争态势，以便根据这些信息适时调整关键词策略。

4. 应对搜索引擎算法的变化

搜索引擎算法的不断变化要求传播者保持警觉，及时调整优化策略。通过对

---

① 张庭：《谷歌升级搜索策略 依赖 SEO 的聚合类网站得变招了》，《计算机与网络》2018 年第 13 期，第 42 页。

② 蔡祖国、梁颖、李世杰、范莉莉：《搜索引擎平台优化策略影响用户福利的机理研究》，《产经评论》2003 年第 2 期，第 24 页。

比分析用户点击和消费行为数据，搜索引擎会调整搜索结果的排序。因此，传播者需密切关注这些变化，以确保网站在搜索引擎中的优势地位。

二、内外链建设

在搜索引擎优化（SEO）的实践中，内外链建设占据着举足轻重的地位。它对网站的权威性和排名有着直接影响。

内部链接作为网站的"导航系统"，在 SEO 中扮演着关键角色。它们不仅引导搜索引擎爬虫更全面地索引网站内容，提高网站在搜索结果中的可见性，而且还能帮助用户轻松找到所需信息，优化用户体验。例如，在健康饮食相关的文章中，巧妙地插入指向瘦身食谱、营养学知识等内部页面的链接，可以引导用户深入探索网站的其他内容，增加用户的停留时间和网站的访问深度。

外部链接则如同网站在互联网中的"推荐信"，对于提升网站的权威性和排名至关重要。当其他权威网站链接到本网站时，这既是对网站内容和质量的一种认可，也能提升搜索引擎对网站的信任度。为了获取这些外部链接，传播者可以主动与其他相关领域的权威网站建立合作关系，进行链接交换，或者通过发布高质量、有价值的内容来吸引外部链接。

在进行内外链建设时，传播者需要注意链接文本（锚文本）的选择，最好包含与链接页面主题相关的关键词，以帮助搜索引擎更好地理解链接页面的内容。同时，要避免过度优化，如堆砌关键词或链接到垃圾网站，以免遭受搜索引擎的惩罚。为了优化内外链建设，传播者可以定期检查链接的质量和有效性，确保链接的自然性和相关性。此外，还可以利用一些专业的 SEO 工具来分析和优化网站的内外链结构，从而提升网站的排名和权威性。

三、优化用户体验

搜索引擎之间的比拼，不仅仅是技术层面的竞赛，更是用户体验的较量。当用户发现某个搜索引擎能够提供流畅、直观的搜索体验时，他们自然会愿意在这个平台上停留更长时间，深入探索更多内容。这种黏性不仅提升了搜索引擎的知名度，还通过用户的持续使用，使搜索引擎更加精准地理解用户需求，进一步优化搜索结果。

1. 提升用户满意度

一个搜索引擎如果能够让用户快速找到所需信息，且在使用过程中感到便捷和愉悦，那么用户的满意度自然会提升。这种正面的用户体验将直接降低跳出率，即用户在使用后不会迅速离开平台。满意的用户更可能再次访问该搜索引擎，甚至将其推荐给亲友，从而扩大搜索引擎的影响力。

2. 优化视觉体验

在视觉体验方面，搜索引擎需要注重页面版式、颜色搭配和字体选择等细节。一个美观且易于阅读的页面能够吸引用户的眼球，增加他们的停留时间。为了确保用户在不同设备上都能获得良好的体验，搜索引擎还需要对不同设备的显示效果进行优化，特别是针对移动端用户的特殊需求进行调整。

3. 完善逻辑规则

逻辑规则是运行搜索引擎思维的指导方法，用以指导搜索引擎为用户提供服务，是用户打开搜索引擎便能快速获取所需信息的重要途径。逻辑规则体验包括"功能界面、召回结果和意图识别"[1]。借助先进的检索技术和意图识别功能，准确捕捉并解析用户需求。通过关键词纠错、同义词改写和切词等技术手段，实时分析用户搜索意图，为用户提供更精准的搜索结果。

4. 简化与创新功能界面

为了提升用户体验，搜索引擎的功能界面需要简洁易用。无论是快速检索还是高级检索，都应该方便用户快速上手。同时，界面功能的创新也是关键。例如，通过引入个性化推荐服务，根据用户的历史搜索记录和偏好提供定制化的推荐内容，可以进一步提升用户体验的满意度。

四、定期更新和内容优化

定期为网站注入新鲜内容是至关重要的。这不仅有助于保持网站的活跃度，还能持续吸引用户的关注。以新闻网站为例，每日更新国内外新闻报道，能确保用户获取到最新的信息，从而增加网站的访问量和用户黏性。这种策略不仅有助于提升网站在搜索引擎中的排名，还能带来更多的流量。

1. 对现有内容的深度优化

除了更新内容外，对现有内容进行优化也是提升网站可见性和用户体验的重要手段。通过精确运用 SEO 技术，我们可以显著提升搜索效果，增加网站的曝光率。这包括选择简洁明了、与内容相关的文件和目录名称，以便用户理解和搜索引擎索引。审慎使用图片和视频，必要时添加文本描述，以提高内容的可理解性和搜索引擎可见性。对于数字阅读平台来说，优化可能还包括更新书籍描述、增加书评

---

① 刘敏：《基于用户体验的品牌搜索引擎服务评价及优化》，《图书馆学研究》2020 年第 19 期，第 45 页。

或推荐以及改进网站导航等，从而提升易用性和市场竞争力。

2. 利用多媒体元素丰富内容表达

为了进一步提升内容的吸引力和信息量，我们可以引入多种媒体元素。例如，某地博物馆的"古代文明展"，除了传统的文字说明，还添加了高清图片让观众欣赏文物的细节，引入虚拟现实视频让观众身临其境地体验古代生活，以及互动触摸屏提供丰富的文物信息和历史故事。这些多媒体元素丰富了展览内容，吸引了更多观众，并增强了他们对古代文明的兴趣。

3. 强化用户互动体验

高质量的内容与出色的社交体验相结合，能显著增强用户的互动意愿[1]。在内容更新和优化的过程中，与用户的互动是不可或缺的一环。高质量的内容与出色的社交体验相结合，能显著增强用户的互动意愿。借助人工智能技术，我们可以更有效地处理用户信息，提供更加个性化的服务和体验。通过数字平台分享、聚焦主题讨论、利用数据分析完善服务以及融入吸引人的元素等措施，可以进一步提升用户的忠诚度和互动意愿，推动数字传播的深化发展。

五、元数据优化

元数据已经成为优化网站内容和提升搜索引擎可见性的关键。虽然元数据在用户直接浏览页面时并不显现，但它对于搜索引擎和用户而言都具有重要意义。

1. 元数据与搜索引擎的紧密关系

当搜索引擎爬虫在网络上抓取和分析网页时，元数据就像网页的身份证，为搜索引擎提供了关于网页主题的详细信息。通过精心设计的元数据，如标题和描述标签，可以帮助搜索引擎更精确地识别网页的核心内容，进而提高在搜索结果中的排名。反之，如果元数据设计不当，可能会导致搜索引擎误解网页内容，甚至让目标受众错过该网页。需要指出的是，在数据爬取中，网站常采用反爬虫措施来阻止非法访问。爬虫设计者则运用"反反爬策略"如伪装 User-Agent 或 IP 代理以应对。有人认为此举具有技术侵入性，可能威胁计算机系统与数据安全，应视为犯罪。然而，"反反爬"技术并无实质侵入性，且抓取公开信息不一定侵犯法益[2]。因此，明确数据安全法益本质，以合理规制爬取公开信息的行为，确保数据保护的同

---

① 刘磊、邓稳根、李诗雨：《基于 SOR 模型的国际博主短视频对用户互动意愿的影响研究》，《现代视听》2023 年第 11 期，第 49 - 50 页。

② 苏桑妮：《爬取公开信息行为入罪的逻辑解构与标准重构——从"反反爬行为"的性质切入》，《浙江社会科学》2024 年第 4 期，第 56 页。

时不阻碍数据自由流动。

2. 元数据直接影响用户点击率

用户在搜索引擎中搜索特定内容时，首先接触的是一系列带有标题和简短描述的搜索结果。一个吸引人且精准的标题和描述往往能促使用户点击你的网页链接。因此，从这个角度看，优化元数据实际上是在为你的网站或内容制作一张"引人入胜"的名片，以吸引更多的潜在用户。

3. 图片元数据的优化同样重要

图片已成为信息传递的重要渠道。但搜索引擎无法像人一样直观地理解图片内容，这时图片元数据就显得尤为重要。比如 alt 标签，它为搜索引擎提供了图片的文字描述，帮助搜索引擎对图片进行分类和推荐。更重要的是，在网络问题或其他原因导致图片无法显示的情况下，这些文字描述能为用户提供替代的信息，确保用户体验不受影响。

下 编

第八章　责任与规范:数字传播伦理与法规

数字传播的速度和范围前所未有地扩大,这既带来了便捷,也引发了新的挑战。数字传播伦理与法治问题日益凸显。因为在通常情况下,直接行为是可见的和具名的,而"计算机调节的行为通常比日常行为具有更大程度的匿名性和道德距离",这增加了"行为不当的诱惑"①。如何在享受数字传播带来的红利的同时坚守责任和规范,成为我们必须面对的重要议题。

第一节　数字传播中的潜在威胁

法国社会学家皮埃尔·布尔迪厄对电视这一广受欢迎的大众媒介的深刻批判,至今仍然振聋发聩:"在(20世纪)60年代,当电视作为一种新现象问世时,电视关注的是文化品位,追求有文化意义的产品并培养公众的文化趣味;可是到了90年代,电视极尽媚俗之能事来迎合公众,从脱口秀到生活纪实片再到各赤裸裸的节目,最终不过是满足人们的偷窥癖和暴露癖。"②对于当下的新媒体来说,这一现象同样屡见不鲜。正如布尔迪厄一针见血地指出:所有这一切,都是受收视率(只不过换成了点击率和流量)所驱使,而盲目追求收视率,恰恰是商业逻辑下不可避免的产物。这不仅会影响数字传播的健康发展,也对社会秩序和公众利益构成潜在威胁。

一、信息真实性的挑战

真实性是首要挑战。由于网络的匿名性和开放性,虚假信息层出不穷,这不仅误导了公众认知,还可能引发不必要的社会恐慌。真实是新闻的生命,也是数字传播必须坚守的底线。但是,虚假宣传已然演变为一个日益严重的问题。"二战"结

---

① Mul J. Moral Machines: ICTs as Mediators of Human Agency [J]. Society for Philosophy and Technology Quarterly Electronic Journal, 2010(3):226 - 236.

② [法]皮埃尔·布尔迪厄:《关于电视》,许钧译,辽宁教育出版社2000年版,第9页。

束至今,技术与媒体的演进、经济与社会的不确定性、后现代主义的全面兴起,让"真相"的概念本身变得更加可疑,相信"真相"必然存在的认知和情感结构也遭遇挑战①。

随着传播渠道的多样化,虚假新闻的生产愈发容易,而其可信度却在特定的社会语境下异常升高。这种现象对信息真实性构成了严重冲击,使得受众对信息来源的信任度大幅降低。虚假信息的泛滥不仅消解了媒介的公信力,更是对媒体职业道德的挑战。在虚假信息的包围下,受众对信息真实性的判断能力受到极大考验,许多人开始质疑传统媒体的权威地位。虚假信息还导致了受众关注点的转变。在信息爆炸的时代,追求眼球效应成为不少媒体的生存法则,而这往往以牺牲新闻真实性为代价。这一现象与数字时代用户作为"新闻代理人"的身份认同也密切相关。什么样的新闻更容易被用户转发呢? 在偶然遇到新闻并决定分享到个人社交网络的过程中,人们会积极地将内容传播出去,从而成为信息的传播源。然而,这一行为往往会给分享者带来一定的心理压力。原因在于,当用户在分享新闻时,他们实际上为假定的受众承担了编辑或守门人的职责,为了维护个人的形象和声誉,用户会产生一种作为网络内容传播者的责任感②。受众更容易在海量信息包围的环境中产生信息焦虑,于是便会"忽略新闻事实关注所谓的热点和传播效应最佳的新闻",以此弱化自身在数字社会中"脱离大众"的恐慌③。而且,互联网加剧了谣言的扩散,海量信息与复杂谣言交织,增加了治理难度。网络谣言,特别是政治类,难以辨别且蛊惑性强,可能引发严重社会问题。网络的开放性和匿名性减轻了不当言论的责任担忧,使得传播当时难辨真伪的信息成为普遍现象。④ 人们接触海量信息后,往往来不及分辨就接纳并传播,加剧了谣言的扩散。

AIGC 技术在内容生产中的广泛应用也对信息真实性产生了深远影响。从信息采集、内容生产到产品分发,AIGC 都扮演着重要角色。然而,这一技术也带来了新的挑战。在内容制作环节,AIGC 虽然能提高信息整合效率,但也可能因数据源的问题或技术限制生成不准确的内容。作为审查工具,AIGC 的事实审核功能依赖于可靠、专业的训练集,并且受到新闻从业者专业素养和模型训练标签的影响。在内容分发环节,AIGC 虽然能实现精准推送,但也可能导致信息的偏差性传

① 胡泳:《后真相与政治的未来》,《新闻与传播研究》2017 年第 4 期,第 5 页。
② Sundar,S. S. The MAIN Model:A Heuristic Approach to Understanding Technology Effects on Credibility[M]. in Metzger, M.,& Flanagin, A., eds., Digital Media, Youth, and Credibility. Cambridge:MIT Press,2008:73 - 100.
③ 孙祺:《拟像社会视域下新闻真实性再探讨》,《传媒》2024 年第 4 期,第 94 页。
④ 李丹阳:《网络言论无道德底线的危害、诱因与矫治》,《网络安全技术与应用》2023 年第 12 期,第 159 页。

播①。我们也不难发现，无论是在网络广告中，还是在社交媒体的各种推广里，夸大其词、名不符实的信息比比皆是。为了追求更高的点击率和销售量，一些广告商不惜违背真实性原则，过度美化甚至虚构产品的功能和效果。他们可能会制造虚假的用户评价，或者利用水军刷好评，以此来吸引更多的消费者。这种做法不仅误导了广大消费者，使他们基于错误的信息做出购买决策，更是对市场公平竞争原则的严重破坏。如果任由此风继续蔓延，长此以往，消费者对数字媒体的信任度必将大幅下降，整个行业的可持续发展也将受到极大威胁。

为提高信息真实性，我们需要在三个方向努力：首先，提供专业、可靠的数据源是至关重要的。数据是构成信息的基本元素，只有确保数据的真实性，才能保证信息的准确性。我们应该建立起严格的数据审核机制，确保所提供的数据源是专业、可信的。我们还需要努力提升算法的透明度，让用户了解信息的来源和处理过程，从而增强信息的可信度。其次，建立统一的人机交互规范标准也是必不可少的。随着人工智能技术的广泛应用，机器在内容生产和传播过程中扮演着越来越重要的角色。然而，机器的介入也增加了信息失真的风险。为了保障信息的真实性和隐私性，我们需要建立起一套统一的人机规范设计标准，明确机器在内容生产中的角色和职责，防止机器误导用户或泄露用户隐私。最后，全面提升数字素养也是关键所在。传播者和公众都需要具备较高的数字素养，才能更好地应对虚假信息的挑战。传播者需要保持独立思考，不盲从、不跟风，坚持真实、客观、公正的报道原则。而公众也需要提高自身的信息辨别能力，学会从多个角度审视信息，避免被虚假信息所误导。

二、隐私权保护的困境

隐私权，最初被定义为"不被干扰的权利"，这一观念源于 1890 年的美国，后逐渐在全球得到认同。在我国，隐私权最初在司法解释中作为名誉权的一部分被提及，直至 2005 年才在法律中明确为一项独立权利。隐私权包括防御和公开两方面，即保护个人隐私不被侵扰，同时个人也有权选择是否公开隐私及范围。

在这个信息时代，个人数据的收集、处理和传播速度达到了惊人的程度。我们的网络行为、购物习惯、社交活动等各方面的信息都在被不断地分析和利用。这种深度的数据挖掘不仅让我们的隐私暴露无遗，更可能带来诸多安全风险。网络技术的滥用使得隐私泄露事件频频发生，一旦泄露，其传播速度和影响范围都是传统时代难以想象的。

---

① 田丽、陈馨婕：《AIGC 对新闻真实性的影响成因及路径分析》，《青年记者》2024 年第 2 期，第 81－83 页。

2021 年 1 月 1 日,《中华人民共和国民法典》(以下简称《民法典》)的正式实施标志着我国在隐私权保护方面迈出了重要一步,因为该法律明确规定了隐私权的相关内容。然而,就实际操作层面而言,《民法典》中关于隐私权的规定仍显得较为笼统,需要更具体的细化和阐释。与此同时,数字时代的快速发展已经对隐私权产生了深远影响,传统的隐私权界限逐渐模糊,新的隐私权侵权形态不断涌现。面对这些新兴问题,以往的理论体系显得捉襟见肘,难以有效解决当前隐私权面临的挑战。因此,我们迫切需要对现有的隐私权保护规定进行更深入的细化和完善,以适应数字时代的需求①。同时,数字时代公民隐私权的范围和界限变得日益模糊,救济机制的缺失、行业自律的不足以及公民隐私权保护意识的薄弱,都进一步加剧了隐私权保护的难度。

有学者指出,隐私权保护与个人信息保护的关系复杂且常被混淆。两者虽有交叉,但法律制度和保护目的有所不同。隐私权主要关注个人生活的私密性和安宁,保护个人不愿为他人知晓的私密信息。而个人信息保护则聚焦于信息处理关系,特别是计算机和数据库技术对个人信息的系统性、永久性和大规模处理。随着计算机技术的兴起,个人信息保护立法逐渐成形,美国和欧洲都制定了相关法律来保护个人信息。尽管隐私权保护与个人信息保护在法律制度、适用前提、保护对象及权利性质上有所不同,但在某些情境下可能交叉运用。我们需要从制度角度出发,将《民法典》中的个人信息相关条款与《个人信息保护法》看作一个整体制度模块,并结合具体治理目标来灵活选择和搭配制度工具②。未来我们还需要加快研究人格权、合同、侵权等法律制度在个人信息保护领域的应用,以实现个人信息的高效和规范治理。

可见,为了应对这些挑战,我们必须从多个层面出发,共同构建一个完善的隐私权保护体系。首先,推进隐私权的专门立法工作刻不容缓,我们需要明确隐私权的范围和保护标准,为隐私权提供强有力的法律保障。其次,司法实践中应严格界定隐私权的私密性,结合具体案例和场景进行细致入微的判断。完善隐私权被侵害后的法律救济途径也是关键一环,包括合理分配举证责任、引入惩罚性赔偿机制等。提高行业自律性和公民隐私权保护意识也是必不可少的措施。保护隐私权是一项长期而艰巨的任务,需要政府、企业和个人共同努力。只有这样,我们的隐私权才能得到真正的尊重和保护。

---

① 庞茜:《数字时代隐私权的保护现状及路径研究》,《法制博览》2023 年第 35 期,第 41 - 42 页。
② 丁晓东:《隐私权保护与个人信息保护关系的法理——兼论〈民法典〉与〈个人信息保护法〉的适用》,《法商研究》2023 年第 6 期,第 63 - 67 页。

三、知识产权的侵权风险

在数字媒体时代，用户享受到了前所未有的信息获取与分享便利，然而这种便利也伴随着知识产权的侵权风险。一些人利用数字技术的漏洞，未经原创者许可就肆意拷贝、散播甚至出售他人的创意作品，企图通过此非法手段谋取利益。这种明目张胆的侵权行为，无疑是对原创者辛苦创作和智力成果的不尊重。此种行为不仅严重损害了创作者的法定权益，也扰乱了市场秩序，破坏了公平竞争的环境。若对盗版和侵权行为视而不见，将使得真正的创作者遭受巨大的经济损失和精神打击。更为严重的是，这种侵权行为会削弱社会的创新意识和创造力，阻碍文化和科技的进步。例如，福州大千传媒因非法传播北京三面向版权代理公司的文章而被告上法庭，最终被判赔偿。这个案例不仅凸显了传媒行业知识产权保护的重要性，也警示所有企业必须严格遵守知识产权法律法规，尊重他人的知识产权，以免陷入侵权纠纷和法律风险。

在实践中，对知识产权间接侵权责任的认定，主要集中在传统的网络服务平台运营活动，并经过长期的法律实践与探索，已经形成了相对完善的"通知—必要措施"规则。根据这一规则，网络服务平台在接收到被侵权通知后，需立即采取移除信息等合理措施以防止侵权行为继续。如果网络服务平台未尽到其作为"善良管理人"的义务，就必须为直接侵权行为承担间接责任[①]。但是，云计算平台因为法律定义和技术特性的限制，并不能直接应用这一规则进行知识产权间接侵权责任的判断。有专家认为，云计算平台以复合技术架构和综合运营模式，提供多元、系统的云服务。在知识产权间接侵权判定过程中却产生了现行"通知—必要措施"规则滞后于技术、产业发展的法律难题，不仅云计算平台不完全属于适用"通知—必要措施"规则的适格主体，该规则所要求的"必要措施"也无法在云计算场景下有效实施[②]。司法机关对规则进行扩大解释，虽解决了法律纠纷，但也引发理论争议。为真正解决问题，我们需从知识产权法的创新本质出发，结合司法实践，阐释"通知"与"必要措施"在云计算中的含义，并设计专门的运转程序，以科学合理的创新制度，建立适应云计算新业态的知识产权间接侵权责任认定机制，促进云计算技术与产业的法律保障。

当前，AI 换脸技术在短视频领域的应用日益普遍，呈现两种主要模式：一是基于现有视频进行换脸，如电影、电视剧片段等，以达到娱乐或营利目的；二是无原视

---

① 吴汉东：《论网络服务提供者的著作权侵权责任》，《中国法学》2011 年第 2 期，第 40 页。
② 彭学龙、刘鑫：《云计算平台知识产权间接侵权责任认定研究》，《数字法治》2024 年第 1 期，第 52 页。

频基础，用户或机构自主生成内容并进行换脸。这种技术使得短视频创作更丰富多元，但也引发了著作权和私权保护的复杂问题。为平衡创作自由与权益保护，我们要构建集备案、安全评估和技术检测于一体的应用管理模式，从源头规范 AI 换脸技术的使用。实施全链条的标识和监管制度，对使用 AI 换脸技术的短视频进行显著标识，以确保内容可追溯和可管理。此外，加强对平台的规范，明确其在短视频生态中的双重角色，既要防范平台成为侵权者，也要促使其积极履行治理责任①。通过这些措施，我们可以在保护个人权益的同时，促进短视频领域的创新和健康发展。我们亟须完善相关法规和技术手段，以适应科技进步带来的新挑战。

四、网络欺凌的隐性伤害

网络欺凌是"以互联网为媒介，对于任一对象，发起的即刻或蓄意的，旨在获得自我效用或实际利益的，并最终对这一对象造成了精神、生理、物理伤害或损失的行为"②。网络欺凌已成为校园欺凌的重要形式之一，由于其隐蔽性和传播迅速等特点，与传统欺凌相比，对青少年的危害可能更加严重③。弗洛姆的自由孤独理论认为，在追求自由的过程中，个体可能会陷入深刻的孤独与无力感，这种情况在网络环境中尤为显著。网络欺凌往往源于那些在现实世界中感到被忽视或边缘化的人，他们试图通过欺凌行为在网络世界中找到存在感和认同。然而，这种虚幻的认同感和存在感并不能真正填补他们内心的孤独和无力。相反，这种行为加剧了欺凌者和被欺凌者之间的隔阂，进一步加深了孤独感。对欺凌者来说，"当现实中的欺凌方式无法满足欺凌者需求时，他们就会选择在网络平台宣泄来获得代偿性满足和精神抚慰"④。被欺凌者不仅会受到身体上的伤害，更会在心灵上承受巨大的压力和困扰，甚至可能对网络及现实的人际关系产生恐惧和不信任。

但实际上，网络欺凌是一种复杂的社会现象，背后有其深刻的心理和社会原因。在网络上，由于身份的隐匿性，一些人会无所顾忌地对他人进行言语或心理上的攻击。他们可能因为立场、观点的不同，就恶语相向，甚至进行人身攻击。这种网络欺凌行为对受害者造成了难以估量的心理伤害。许多人因此陷入深深的痛苦和困扰，生活和工作受到严重影响。更为严重的是，网络欺凌有时还会导致更极端

① 张惠彬、侯仰瑶：《从技术到法律：AI 换脸短视频的侵权风险与规范治理》，《北京科技大学学报（社会科学版）》2024 年第 1 期，第 130－132 页。

② 丁钟鹏：《以弗洛姆心理学理论解析网络欺凌现象》，《黑龙江社会科学》2022 年第 5 期，第 63－64 页。

③ Van Geel M，Vedder P，Tanilon J. Bullying and Weapon Carrying：a Meta-analysis［J］. JAMA Pediatrics，2014(8)：714－720.

④ 孙雨、孟维杰：《社会文化理论视域下大学生网络欺凌的难题与破解》，《苏州大学学报（教育科学版）》2022 年第 3 期，第 92 页。

的社会问题。例如,一些青少年在遭受网络上的恶意攻击后,由于无法承受这种压力,最终选择自杀。这样的悲剧充分暴露了网络暴力的严重后果,也警示我们必须对网络欺凌和暴力行为说"不"。我们也应重视个体在现实中的社交需求,加强人与人之间的真实联系,以减少孤独感和无力感。需加强对网络的监管,确保其安全与和谐。通过教育和引导,使个体认识到网络欺凌的危害,并培养他们正确的价值观和道德观。

五、低质信息的泛滥问题

伴随着信息的产生与传播速度迅猛增长,随之而来的,是信息泛滥与低质量内容的问题。众多自媒体为了迅速吸引眼球、追求高点击率和关注度,常常采用夸大其词、断章取义的手法,甚至不惜制造并传播谣言、虚假信息。他们利用公众的猎奇心理和对信息的渴求,故意引导舆论,制造热点。这种行为对公众造成了极大的误导,使人们难以分辨信息的真伪。"虚假和冗余信息过多,带来的是信息泛滥,信息超载和信息浪费"①。而且,数字媒体技术的快速发展,催生了平台界面各种技术特征的遍布,"人们极易被技术本身及其提供的大量内容所淹没",深陷在"难以消化的信息过剩和信息过载的环境中"②。

在形形色色的信息、短视频的长期影响下,"人们内心自觉或不自觉地滋生出焦虑感和虚无感,并在人生观念、道德认知等方面产生很多困惑,对于人生的追求、活着的意义、道德价值等问题找不到明确的答案,出现了智能时代的价值迷失"③。"超短的碎片化信息消费机制给人一种意犹未尽的感觉",促成用户在集中时间段的持续信息消费,极易使其陷入"一直刷一直爽"的状态中④。我们认为,"数字后遗症"是数字化时代因过度使用数字设备而引发的一系列问题,包括身体健康受损如颈椎疼痛、眼睛疲劳,心理健康问题如焦虑、失眠,以及学习和工作效率下降、社交关系受影响等。这些问题严重影响了人们的生活质量。更为严重的是,有些内容还有可能引发社会的恐慌和不安定因素,对社会秩序产生不良影响。

六、算法决策的偏见与黑箱

算法,日益成为我们生活中的重要决策工具,但其并非完美无缺。数据收集与

---

① 邵培仁:《传播学》,高等教育出版社 2000 年版,第 115 页。
② 杨洸、佘佳玲:《社交媒体中的新闻偶遇:平台启发式线索对用户新闻参与的影响》,《新闻与传播研究》2023 年第 3 期,第 124 页。
③ 冯永刚、臧琰琰:《人工智能时代的道德迷思与解蔽》,《江苏社会科学》2024 年第 1 期,第 78 页。
④ 洪杰文、陈嵘伟:《社交媒体中的新闻偶遇:平台启发式线索对用户新闻参与的影响》,《新闻与传播研究》2022 年第 8 期,第 51 页。

模型训练中的偏见、决策过程的不透明性等问题逐渐凸显,给社会带来了新的挑战。

首先,算法偏见是个不容忽视的问题。有学者认为,人工智能支持下的算法更是会强化或制造偏见。"在后真相时代,大型数据语料库中也充斥着人类交流语境中真理与意见的混淆",这也会"加剧偏见风险集成"①。由于训练数据中可能存在的偏见或歧视,算法在学习这些数据时会继承这些偏见,从而在后续推荐或决策中产生不公平的结果。在算法推荐的影响下,无论是单独的用户还是小型群体,都容易陷入由算法所构筑的"信息回音壁"中,进而加剧了社交圈层的固化和群体的极端化倾向。随着群体内部差异的加深,人们越来越被标签化,导致思想观念产生分歧。这种现实社会中的阶层、族群和群体的差异,在网络空间中被放大为"数字鸿沟",这对形成统一的共同体意识构成了障碍②。再如,招聘算法可能因历史数据中的性别偏见而筛选掉部分女性求职者,这不仅违反了公平原则,还可能加剧社会不平等。

其次,算法的透明度和可解释性也是一大难题。现代算法,尤其是深度学习模型,决策过程往往黑箱操作,用户难以理解其决策逻辑,这自然会引发信任危机。"黑箱"原是一种隐喻,指的是那些不为人知且不能打开、不能从外部直接观察其内部状态的系统③。"算法黑箱"意为算法的不公开、不透明。为了解决这一问题,研究人员正在探索可解释的机器学习模型,以提供详细的决策说明,增强用户对算法的信任和理解。再者,当算法出现问题时,如何确定责任归属也是一个棘手的问题。数据质量、算法设计缺陷、人为操作失误等都可能是问题的根源,而责任划分涉及多个参与方,使得追责变得复杂。因此,建立完善的法律责任体系和追责机制至关重要。

最后,我们还需要警惕算法对人的异化与操纵风险。随着人们对算法的依赖加深,自主思考和判断能力可能会逐渐减弱。更糟糕的是,如果有机构或个人利用算法操纵公众舆论或引导消费,其潜在危害不容小觑。

可见,数字传播在带来便捷的同时,也伴随着诸多问题。我们必须正视上述问题,加强监管和自律,共同营造一个健康、有序的数字传播环境。同时,公众也应提高媒介素养和批判性思维,以辨别真伪信息、维护个人隐私和知识产权等方面的权益。

---

① 俞鼎、李正风:《生成式人工智能社会实验的伦理问题及治理》,《科学学研究》2024 年第 1 期,第 7 页。
② 郭永辉、宋磊:《挑战与引领:算法推荐场域新闻主流话语数字传播的风险治理》,《未来传播》2024 年第 2 期,第 23 页。
③ 张淑玲:《破解黑箱:智媒时代的算法权力规制与透明实现机制》,《中国出版》2018 年第 7 期,第 50 页。

第二节　伦理学的解释与实践路径

数字传播作为现代社会信息交流的重要方式，其伦理问题不仅关乎个体权利，还影响整个社会的道德风貌。伦理问题是一个极为复杂的问题，涉及人的本能、欲望、激情和冲动、复杂意志、行为动机、社会结构等许多方面。

一、伦理学的解释

1. 人与动物的区别：理智与本能的冲突

人性，即人的本质属性，决定了人的道德行为选择、价值取向以及对待他人和世界的态度。因此，对人性的深入理解是构建伦理道德理论体系的基础。人与动物的最大差异，在于人类独具理智，而动物多受本能驱使。在数字传播领域，此差异被进一步放大。动物的信息传递主要依赖本能，而人类在信息传播时会动用理智进行筛选与判断。但人类的理智并不总能压制本能，好奇心、窥探欲等本能时常引导我们做出有违伦理的决策，例如侵犯他人隐私。在数字世界中，人们经常会在理智与本能间摇摆。本能驱使我们追求新奇，理智则要求我们审慎对待每一条信息。当面对吸引眼球的新闻，我们可能急于分享，但理智会提醒我们先确认信息的真实性。激情和冲动往往促使我们快速传播信息，但这有时会导致虚假消息的扩散，对社会产生不良影响。

尽管激情和冲动是人类情感的正常反应，但在数字传播中，我们需要学会自我控制。与动物不同，人类行为并非全由冲动驱使，更多时候，我们会基于理性来决策。例如，面对新闻，我们可能会先思考、再分享，这体现了人类的复杂意志。为了在数字传播中寻求理智与本能的平衡，我们需要不断提高媒介素养，学会在信息的海洋中辨别真伪，克制冲动，并始终做出符合伦理道德的选择。这样，我们才能在数字世界中更好地展现人类独有的理智与判断力。

2. 人的社会性与个体性

人既是社会性的存在，也是个体性的存在。"个性"是自由自觉的、类的存在物所具有的特征。具有"个性"的个人能够以自己独特的方式与通行的伦理规范建立起自觉的关联。因此，伦理规范与道德规则便呈现出多样化的发展趋势①。在数字传播中，这种双重性导致了复杂的伦理问题。一方面，人们需要通过网络社交来

① 王益仁：《个体性与社会性：现代社会伦理建构的双重向度》，《苏州大学学报（哲学社会科学版）》2020 年第 6 期，第 12 页。

满足其社会性需求,与他人交流和分享信息;另一方面,个人在数字传播中也追求个体性的表达和满足,如发布个人动态、分享生活点滴等。人们的社会性体现在对公共利益的关注和维护上,而个体性则体现在对个人表达和自由的追求上。这两者之间的张力,要求我们在行使表达自由的同时,也要承担起相应的社会责任。因为,如果过于强调伦理观念和道德规范的多元化和个体化,也有可能走向另一个极端,即"它们漠视道德的历史连续性和继承性,片面强调道德的创造性和更新性,使道德理论孤立化、主观化和相对化。……使它自身陷入重重矛盾之中"①。例如,在社交媒体上发布信息时,我们应该考虑到信息对社会的影响,避免发布可能引发恐慌或误导公众的内容。然而,当个体性的表达与社会性规范发生冲突时,就需要运用伦理道德来进行调和。例如,在社交媒体上公开发泄情绪或攻击他人,虽然是个体性的表达,但却可能违反社会性的道德规范。

3. 好的目的与坏的目的以及合法手段与非法手段

在数字传播中,目的与手段的道德性紧密相连。一个好的目的如果通过不道德的手段实现,那么其结果的正当性也会受到质疑。相反,一个道德的手段即使未能达到预期的目的,也能体现出行为主体的道德品格。例如,为了提升公众号的关注度而制造虚假新闻,虽然可能短期内吸引大量关注,但这种行为违背了新闻的真实性原则,损害了公众的利益。

人们的行为往往受到特定目的的驱使。这些目的可能是好的,如分享知识、传递正能量;也可能是坏的,如散布谣言、制造恐慌。同时,实现这些目的的手段也分为合法和非法两种。合法手段如正当的言论自由、信息共享等;非法手段则包括侵犯他人隐私、造谣传谣等。从伦理角度看,我们应该追求好的目的,并采用合法手段来实现这些目的。这不仅符合道德规范,也有助于构建一个健康、和谐的数字传播环境。

4. 希望与恐惧的作用

希望与恐惧是两大心理驱动力,对维护数字传播伦理有重要作用。希望通过激发人们对美好事物的追求,促使他们分享正面信息和树立典型。相反,恐惧则通过警示人们避开负面信息和不良行为,强化道德边界。罗素以及这类哲学家常将这些具有意向性的心理状态称作"命题态度"②。这意味着这些状态反映了认知主体对于特定命题的态度或偏好,可以被理解为是主体与命题之间存在的某种特定

---

① 万俊人:《现代西方伦理学史(上卷)》,中国人民大学出版社 2011 年版,第 30 页。

② Bertrand Russell. On Propositions: What They Are and How They Mean[J]. Proceedings of the Aristotelian Society, Supplementary Volumes,1919(1):29 - 30.

联系。在数字交流中，人们怀抱各种希望：渴望被听见、被理解、被关注。这些希望为数字传播增添了多元和丰富性。但希望之间也可能冲突，如隐私保护与自我展示的矛盾。因此，在数字传播中需审慎权衡。"希望"是精神的支撑和动力，我们应在数字世界中珍视并保护自己的希望，同时尊重他人。通过理性思考和判断，可找到平衡各种希望的方法。希望和恐惧共同作用于人们的行为选择，通过传播正面信息和加强负面行为的警示，可以引导人们遵守伦理道德。同时，处理好个人希望之间的冲突，也是维护数字传播伦理的重要一环。

5. 行为动机与环境、教育的关系

在数字传播中，人们的行为受多重动机驱动。生存动机促使我们关注与生活相关的信息，获取动机推动我们不断搜寻新信息，竞争动机让我们在社交平台上展示优点，虚荣动机引诱我们追求点赞和关注，而权力动机则试图通过数字传播影响他人。这些动机虽有其合理性，但也可能触发伦理问题，如为获关注发布虚假信息或为竞争而恶意攻击他人。环境和教育深刻影响人们的行为动机。在数字传播领域，这种影响更为显著。健康的网络环境和正面的教育背景能引导人们形成正确的信息传播动机，做出符合伦理的选择。相反，恶劣的网络环境和负面的教育背景可能激发恶意动机，导致不当行为。值得注意的是，即使是最理想的理性人模型，也难以完全适用于非理性或不完全理性的主体。在现实中，认知主体可能仅仅是出于本能而行动，而非基于目的与手段的推理。又或者，他们虽然也进行了目的与手段的推理，但这种推理并不完全是基于逻辑推演①。因此，认清自身动机并确保不引发不良伦理后果至关重要。同时，加强网络环境监管和教育引导对于维护数字传播的伦理道德也极为关键。

6. 社会结构与社会体系的影响

社会结构和社会体系对数字传播伦理具有深远的影响。马克思在《1844 年经济学哲学手稿》中提出的"异化劳动"理论，为我们揭示了资本主义剥削的实质，即在资本主义体系下，劳动不仅创造了商品，还"生产"了作为商品的劳动力和工人本身。当劳动产品变为"异己的存在物"②，与劳动本身相对立时，就呈现了劳动者与其劳动的异化。福克斯在马克思理论的基础上，进一步引入了"数字异化劳动"③的概念，他强调在数字工作中，劳动者与其使用的工具、操作对象及产出品之间也

---

① 孙玉涵、蔡海锋：《欲望和恐惧不是命题态度吗?》，《哲学分析》2017 年第 4 期，第 114 页。

② [德]马克思：《1844 年经济学哲学手稿》，中共中央马克思恩格斯列宁斯大林著作编辑局编译，人民出版社 2018 年版，第 45 - 60 页。

③ [英]克里斯蒂安·福克斯：《数字劳动与卡尔·马克思》，周延云译，人民出版社 2020 年版，第 267 页。

出现了异化。一个公平、正义的社会结构对维护数字传播伦理至关重要。在这样的结构中,人们的道德观和行为规范更为清晰和一致,这有助于捍卫数字传播的道德规范。同时,健全的社会体系可以为数字传播提供坚实的法律后盾和道德支撑,进而遏制不当行为。例如,社交媒体上正能量故事和先进人物的宣传能激发人们的敬仰与模仿,而对违规行为的严厉惩处和公开揭露则起到警示教育作用。通过建立完善的网络法律和道德规范,我们能有效地规范网络行为,确保个人隐私和信息安全。

二、数字传播伦理的基本原则

根据马克斯·韦伯的观点,现代社会中存在着两种理性逻辑:"工具理性"和"价值理性"①,这两种理性在人工智能中均有所体现。在数字传播方面,工具理性聚焦于达成既定目标的经济效率和实效性,而价值理性则侧重于人工智能研发和应用过程中的目标合理性与道德正确性。科技向善是当前新技术时代创新应当秉持的重要伦理理念,也是风险社会人们应当共同遵守的伦理准则②。坚守道德底线不仅是约束个体与集体行为的基本准则,更是确保数字传播正向发展、维护社会秩序的关键所在。

1. 尊重原则

人应被视为目的而非手段,这意味着我们应该尊重每个人的隐私、尊严和权利,不将他人作为实现自身利益的工具。例如,在收集和使用用户数据时,应获得其明确同意,并确保数据的安全性和隐私性。数字传播应尊重每个人的权利和尊严。这包括尊重他人的隐私权、名誉权、知识产权等。任何侵犯他人权利的行为都是不道德的。例如,未经允许公开他人的私人信息,或恶意诽谤、侮辱他人,都是对尊重原则的违背。"一种真正的全球媒体系统不久前才开始出现,它在很大程度上反映出市场经济走向全球化。"③因此,"今天从国际角度来思考传播是很重要的"④。在全球化的大背景下,数字传播行业的国际竞争日趋激烈。一个坚守道德底线的行业更容易获得国际社会的认可和尊重,从而在国际竞争中占据有利地位。

---

① [德]马克斯·韦伯:《经济与社会(第1卷)》,阎克文译,上海人民出版社2019年版,第144页。
② 司晓:《科技向善应成为数字社会的共同准则》,《学习时报》2019年6月12日,第6版。
③ [美]赫尔曼、麦克切斯尼:《全球媒体:全球资本主义的新传教士》,甄春亮译,天津人民出版社2001年版,第1页。
④ [法]阿芒·马特拉:《世界传播与文化霸权:思想与战略的历史》,陈卫星译,中央编译出版社2001年版,第4页。

2. 公正原则

公正是社会的首要德行。公正原则是维护信息真实性和公信力的基石。这一原则要求传播者以客观、中立的态度传递信息,不因个人情感或利益而偏袒某一方。这有助于维护信息的真实性和公信力,促进社会的公平正义。公正原则要求信息传播应公平、无偏见,不因个人喜好、利益或立场而歪曲事实。这要求传播者保持客观中立的态度,确保信息的准确性和公正性。数字传播应秉持公正的态度,不偏不倚地传递信息。这要求信息传播者不得因个人喜好、偏见或利益而歪曲事实,而应客观、全面地呈现真相。

3. 责任原则

存在主义哲学强调个人的自由和选择,但同时也伴随着责任。理性是人类认识世界和做出道德判断的基础。传播者需要运用理性思维去分析和判断信息的真实性、合理性和价值,避免盲目跟风或传播未经核实的信息。传播者应对其发布的信息负责,确保其真实性和合法性。这意味着他们需要谨慎筛选和核实信息来源,确保所传递的信息是真实可靠的。对于因信息传播可能造成的后果,传播者应承担相应的道德和法律责任。数字传播作为社会文化的重要载体,肩负着传播正能量、引导社会价值观的重任。科技哲学家希拉里·普特南认为,"每一个事实都有价值负载,每一个价值也都负载事实"[1]。在虚拟的环境中,个人容易受到群体的影响,正如勒庞描述的"乌合之众"心理,"个人可以被带入一种完全失去人格意识的状态,他对使自己失去人格意识的暗示者唯命是从······有意识的人格消失得无影无踪,意识和辨别力也不复存在"[2]。人坚守道德底线意味着传播内容必须健康向上、符合社会主义核心价值观。

4. 同情原则

同情原则在数字传播伦理中占有举足轻重的地位。它要求传播者不仅要在信息传递中考虑到信息的客观性和公正性,更要从受众的角度出发,深入体会他们的情感反应和可能受到的影响。传播者应当设身处地地考虑受众的感受和需求,尤其是在处理敏感或争议性话题时,这一点尤为重要。同情原则强调对受众情感的关注与尊重,特别是在涉及弱势群体或争议性议题时,传播者应以更为细致和同情的态度来处理相关信息。这不仅有助于建立更加和谐与包容的沟通环境,还能减少因信息传播不当而引发的社会摩擦和冲突。在实践中,同情原则要求传播者在

---

① ［美］希拉里·普特南:《理性、真理与历史》,李小兵、杨莘译,辽宁教育出版社1988年版,第248页。

② ［法］庞勒:《乌合之众:大众心理研究》,冯克利译,中央编译出版社2000年版,第21页。

发布信息前,先思考这些信息可能对受众产生的心理和情感影响。对于网络上的负面评论和攻击,传播者也应秉持同情和理解的态度,积极引导网络舆论向更加理性和宽容的方向发展。

三、数字传播伦理的实践路径

"虽然媒介对人造成的负效应应当引起注意",但我们并不是"以否定媒介这一极端方式完成,而是找到方法以便更加合理地利用它"①。为了解决这些问题,我们需要从多个维度入手,政府、行业、公众和科技等多方面的共同努力和协同合作,才能构建一个健康、有序、公正的数字传播环境。

1. 加强法律法规建设与执行力度

为了有效解决数字传播伦理问题,加强法律法规建设与执行力度至关重要。我们需要制定详尽且有力的法律法规,对虚假宣传、用户隐私侵犯、知识产权盗版等不当行为进行清晰界定,并实施严格的惩处。法律的存在不仅维护社会秩序,还保障公众权益。要进一步加大对违法行为的处罚力度,让法律制裁起到震慑作用。对于虚假宣传和误导用户的行为,必须给予重罚,以确保信息的真实性,维护公众的知情权。强化执法力度,确保法律法规得到有效执行,构建健康、公正、透明的数字传播环境。

2. 强化行业自律与内部监管机制

在数据要素市场中,政府监管是确保市场机制正常运行的关键,但面对市场的日新月异和数据的复杂性,引入行业自律作为协同治理的一部分,也十分重要。协同治理,即政府、市场、社会等多方共同参与,通过合作与协调来更有效地管理公共事务。行业自律的参与,为政府监管提供了有力的补充。行业自律组织具有灵活性、专业性和高效性的特点,能够迅速应对市场变化,并制定相应的规则和标准。在实践中,政府监管与行业自律的协同治理已经取得了显著的效果。行业协会等自律组织积极参与制定技术规范,如《金融数据安全数据生命周期安全规范》等,为政府监管提供了有力的技术支持。同时,这些组织还通过组织各类会议,形成自律公约,进一步提升了行业的自我管理能力。行业自律与内部监管机制对于数字传播伦理至关重要。数字传播领域应紧密合作,加强行业内部的自律性,制定严格的行业标准和自律公约,界定违规行为,确保行业健康竞争和规范发展。建立完善的信息溯源机制,对信息来源和相关事实进行追踪与核实,确保数字传播的真实性。

---

① 陈兵:《基于文化与商业契合的核心竞争力培育:媒介品牌论》,中国传媒大学出版社 2008 年版,第 5 页。

加强内容审核机制,设立专门的审核团队,防止低俗、有害或误导性内容传播。

3. 提升公众媒介素养与道德意识

在数字化传播的时代背景下,提高公众的媒介素养与道德观念显得尤为重要。我们可以通过多元化的教育和宣传活动,向大众普及数字传播的道德规范,引导他们树立正面的信息传播理念和社会价值观,使他们能够以明智且负责任的态度参与到数字传播中来。我们还需要提升公众对虚假信息和低俗内容的识别力,激励他们主动揭露和抵制不良内容,携手共建一个清晰明朗的网络环境。那么,如何促进人们更多地关注重要新闻、积极参与社会公共事务、缩小数字鸿沟呢? 一个实用的方法是"利用数字平台界面的表面特征,引导用户关注严肃信息,并进行新闻参与"①。同时,我们应对青少年群体给予特别关注,通过加强网络素养的教育,引导他们合理使用社交媒体,养成健康的网络使用习惯,防止他们受到网络欺凌和暴力的侵害,从而培育出未来有社会责任感的数字公民。

4. 推动科技伦理的深度融合与发展

由科技部等单位印发的《科技伦理审查办法(试行)》,已经于 2023 年 12 月正式施行,对各领域科技伦理审查的体系、程序、标准等作出规定,在监督管理方面进一步落实了《中华人民共和国科学技术进步法》《关于加强科技伦理治理的意见》,这对推动科技伦理的深度融合与发展、对解决数字传播伦理问题具有关键作用②。在科技创新的同时,我们要确保科技与伦理道德的紧密结合。在算法设计方面,高度重视公平性和透明度,避免算法偏见对公众产生不利影响。建立算法审计机制,评估和监管算法的公平性和透明度,确保算法公正性。采用先进技术手段保护用户数据的安全性和隐私性,加强数据收集、存储和使用的监管力度,确保用户数据安全,避免数据泄露风险。

第三节　法理上的解释与应对之道

一、人性上的分析

在深入探讨法理之前,我们有必要先理解人性中可能潜藏的"恶"。法律,作为

---

① 杨洸、佘佳玲:《社交媒体中的新闻偶遇:平台启发式线索对用户新闻参与的影响》,《新闻与传播研究》2023 年第 3 期,第 124 页。

② 郝凯冰:《基于三维框架的我国科技伦理治理政策分析》,《科学学研究》,https://doi.org/10.16192/j.cnki.1003-2053.20240202.005。

社会行为的调节器,其本质在于规范和约束人的行为。为了更有效地制定和实施法律,我们必须首先对人性的阴暗面进行剖析。这种剖析不仅有助于我们更全面地认识人类行为的复杂性,也为法律制度的完善提供了重要的理论基础。因此,在探讨法律问题时,不应忽视人性中"恶"的存在及其影响。

1. 道德选择与自由意志

人性的恶往往与个体的道德选择有关。在法学和道德哲学的交汇点上,自由意志是一个核心概念。人们有能力在善恶之间做出选择,这种选择能力即是自由意志的体现。当一个人选择作恶时,他实际上是在行使自己的自由意志,但这种选择违背了社会普遍接受的道德规范。在数字传播环境中,人性的恶经常通过网络欺凌、网络诈骗等行为体现出来。这些行为是个体在虚拟世界中行使自由意志做出的道德选择,但却违背了网络社区的普遍道德规范。

2. 自私与贪婪

人性的恶有时源于人的自私和贪婪本能。这些本能驱使人追求个人利益,甚至不惜损害他人利益。在法律和道德的框架内,这种极度的自私和贪婪被视为恶的一种表现。在数字传播中,人们可能会为了追求网络知名度、点击量或经济利益而散播虚假信息、恶意炒作,甚至盗用他人的创意或内容。这些行为反映了人性中的自私与贪婪,并可能对他人造成伤害。

3. 心理因素与情感驱动

随着 ChatGPT 等 AI 技术的不断进步,人际交往或将迎来革命性变革。这些技术可能在类人性上实现突破,对广大人群产生深远影响。在人机互动中,人们将自己的情感投射给 AI,寻求人生困惑的答案。虚拟与真实情感的互动解除了真实个体情感交流的困境。此外,如果我们从僵硬的对象化立场转变为理解人机内在互动,就需思考后人类问题[①]。在人机合一的未来,技术与人的边界可能消失,人们可以通过机器获取知识、满足情感和欲望,甚至获得精神超越。然而,这引发了一系列关于人与机器关系的深刻思考。有时,人性的恶可能源于个体的心理失衡或情感冲动。例如,强烈的嫉妒、愤怒或挫败感可能会驱使一个人做出伤害他人的行为。这些负面情绪如果得不到有效的疏导和处理,就有可能转化为恶行。

4. 对权力和控制的渴望

对权力和控制的渴望也是诱发人性恶的一个因素。有些人可能为了追求权

---

① 任剑涛:《知识与情感:ChatGPT 驱动的交往革命》,《广州大学学报(社会科学版)》2023 年第 4 期,第 15 页。

力、地位或控制他人而采取不正当手段，甚至牺牲他人的利益来满足自己的欲望。这种对权力的滥用和追求往往与恶行紧密相连。在数字传播环境中，由于信息传播的迅速性和广泛性，个体的心理因素和情感驱动可能会被放大。例如，当某人在网络上受到批评或攻击时，强烈的负面情绪可能驱使他进行网络报复，如发布恶意言论、泄露他人隐私等。社交媒体上的"点赞"和"关注"机制也可能加剧某些人的虚荣心和攀比心，为了满足这种被认可的情感需求，他们可能会发布不实信息或夸大其词，甚至进行网络欺凌。

5. 社会环境与影响

人的行为和性格塑造也受社会环境的影响。贫穷、不平等、缺乏教育等社会因素可能诱发人的恶行。法理层面需要关注这些社会因素，并通过法律手段来改善不利的社会条件，从而减少恶行的发生。匿名性和距离感可能降低了人们在数字交流中的道德约束感，从而更容易诱发网络暴力、诽谤等恶行。数字传播平台的特性在一定程度上放大了人性的阴暗面。对权力和控制的渴望可能表现为对网络话语权的争夺。某些人可能会通过操纵网络舆论、雇佣网络水军或制造网络谣言来增强自己的影响力，从而达到控制信息流向和公众观点的目的。随着大数据和算法的发展，一些平台可能会滥用用户数据，通过精准推送信息来操纵用户的选择和认知，这也是对权力和控制渴望的一种体现。这种行为不仅侵犯了用户的隐私权，还可能导致信息茧房效应，限制用户的信息视野。

二、法理视野下的数字传播

数字传播虽然极大地加速了信息的流通，但同时也衍生出诸多法律问题。特别是在版权保护、网络安全以及信息真实性核实等方面，法理视野的审视变得尤为关键。

1. 透视违法行为

在数字传播的大背景下，各类违法行为层出不穷，其形式和手段也日益复杂化。典型的例子包括版权侵犯、恶意软件的散播以及网络欺诈等。这些不法行为不仅严重侵犯了权利人的合法权益，更对整个数字传播生态造成了不小的冲击。尤其是版权问题，在数字内容的易复制和迅速传播特性下显得尤为突出，不仅损害了原创者的经济权益和创作热忱，也对整个文化和传媒产业带来了深远的影响。同时，恶意软件和网络欺诈的存在也对网络安全构成了严重威胁，可能会导致个人信息的泄露和财产的损失。这些问题的存在都凸显了对数字传播进行法理监管的紧迫性。

2. 法律后果与责任

任何在数字环境中违法的行为,都必须承担相应的法律责任。法律已经明确规定了针对数字传播中违法行为的处罚措施,这些措施包括但不限于罚款、拘留以及刑事处罚等,旨在维护网络空间的法律秩序。除了直接的法律制裁,违法者还可能面临社会声誉的损害和商业机会的丧失等间接后果。在这个信息时代,信息的传播速度和广度都前所未有地提高,一旦违法行为被曝光,将对个人的形象和商业信誉造成难以挽回的影响。

3. 评估违法行为的严重性

在评估数字传播中的违法行为时,我们需要综合考虑行为人的主观恶意以及其行为所带来的客观危害。主观恶意主要是指行为人是否有意识地进行违法行为,比如故意传播恶意软件等。而客观危害则是指违法行为所造成的实际损失或可能带来的潜在威胁。以网络诈骗为例,如果行为人有意进行欺诈行为,那么其主观恶意就十分明显,并且这种行为可能会导致受害者遭受重大的财产损失等严重后果。因此,法律在裁决时会同时考虑行为人的主观过错和其行为所带来的客观危害程度。

4. 预防和矫正措施

为了减少数字传播中的违法行为,法律在强调惩罚的同时也注重预防措施的实施。这些预防措施包括加强网络安全教育、完善相关的网络技术手段等,旨在提高公众的网络安全意识和技能水平,从而降低违法行为的发生概率。对于已经违法的个体,法律也提供了矫正和再教育的机会,比如强制参加网络安全培训课程、进行社区服务等,以期促进违法者进行自我反省和行为改正。

三、数字传播法治的核心原则

1. 自由与监管相平衡原则

自由与监管的平衡是数字传播不可或缺的原则。在数字化时代,保障公民的表达自由和知情权尤为重要,这是民主社会的根本。个人及组织在数字平台上应享有自由发表观点、交流想法的权利。但这种自由并非无边无际,而需在法律规定的范围内行使。为防止信息被滥用或造成不良社会影响,适度的监管措施是必要的。因此,我们需在确保自由的前提下,实施恰当且高效的监管,以精准地寻求自由与监管之间的平衡。

2. 公平正义原则

公平正义是数字传播法治的基石。在数字化日益发展的今天,我们不禁要问:

数据的真正主人应该是谁？这不仅关乎数字劳动者的价值认可，还涉及他们劳动成果的合理分配。若数字资源集中在少数网络巨头手中，而大多数数字工作者经济地位较低，这表明社会仍存在严重的不平等①。在此情况下，剥削与压迫依然存在。马克思的理论告诫我们，必须改变这种不平等。我们的目标是改变数字资本有可能造成的不公平，构建一个真正公平、正义，无剥削和压迫的世界②。为实现这一目标，除了劳动者和资本方的努力，还需要国家这一中立第三方的有效介入和调控。

3. 权利与责任相统一原则

数字传播中的权利与责任相统一，是确保信息传播秩序和社会公正的重要原则。在数字平台上，每个参与者都享有自由发布和传播信息的权利，但同时也承担着确保信息真实、合法的责任。传播者不能滥用权利，发布虚假或违法信息，以免误导公众或造成社会危害。作为受众，我们在享受信息获取和交流便捷的同时，也应积极维护信息的真实性，尊重原创，不传播不实言论，保护他人的隐私和权益。这一原则的实施，不仅有助于建立良好的信息传播环境，还能促进数字社会的和谐与发展。我们每个人都应自觉遵守，共同维护数字传播的健康生态。

4. 法治优先原则

在数字传播领域，法治优先原则至关重要。它要求所有数字传播活动必须严格遵守法律法规，任何违法行为都将受到法律的严厉制裁。这一原则对于保持数字传播秩序的稳定和可预测性具有关键作用，为所有参与者营造了一个公平、公正且透明的竞争环境。为了实现法治优先，我们必须不断完善与数字传播相关的法律法规体系，同时加大执法力度，确保司法的公正性。此外，积极推动数字传播行业的自律机制建设也是维护法治的重要一环。

四、国内数字传播法律法规概况

我国始终高度重视数据安全与隐私保护工作，并为此制定了一系列法律法规，以确保网络环境的安全稳定和个人信息的有效保护。

1.《中华人民共和国网络安全法》

该法是我国网络安全领域的基础性法律，它确立了网络安全的基本原则和要

---

① 赵林林：《数字化时代的劳动与正义》，《北京师范大学学报（社会科学版）》2020 年第 1 期，第 130 – 131 页。

② 周延云、闫秀荣：《数字劳动和卡尔·马克思——数字化时代国外马克思劳动价值论研究》，中国社会科学出版社 2016 年版，第 267 页。

求。网络运营者需承担起网络安全的保护义务,包括但不限于制定内部安全管理制度、采取技术措施防范网络安全事件等。在个人信息保护方面,该法要求网络运营者收集、使用个人信息时必须遵循合法、正当、必要的原则,并需征得信息主体的明确同意。对于违反网络安全法的行为,相关部门可以给予警告、罚款、责令改正等行政处罚,以确保法律的有效执行。

2.《中华人民共和国个人信息保护法》

这部法律是我国个人信息保护领域的重要法规,它明确了个人信息处理的基本原则和规则。个人信息处理必须遵循合法、正当、必要和诚信的原则,且需征得信息主体的同意。该法还强化了个人信息的权益保护,规定了信息处理者的义务,包括但不限于采取必要措施保障个人信息的安全、及时删除或更正错误的个人信息等。对于违法行为,相关部门可以处以罚款、没收违法所得等行政处罚,并可能追究刑事责任,从而确保个人信息得到充分的法律保护。

3.《中华人民共和国数据安全法》

数据安全法是我国数据安全领域的重要法律,它确立了数据分类分级保护制度,对数据处理活动进行了详细规范。根据数据的重要性和敏感性,数据被分为不同的级别,实行不同等级的保护措施。该法还加强了数据安全监管,要求数据处理者必须履行数据安全保护义务,采取有效的技术措施和管理措施保障数据安全。对于违反数据安全法的行为,相关部门可以给予警告、罚款、责令改正、吊销相关业务许可证等行政处罚,以确保数据的安全稳定。

4. 其他相关法律法规

除了核心法律,我国还颁布了与数据安全和隐私相关的其他法律法规。如《电子商务法》规定了电商经营者在个人信息保护方面的义务;《民法典》也涉及个人隐私和信息保护。此外,还有《信息安全技术个人信息安全规范》等标准提供操作指南。

数据要素上的产权制度安排是一个全球性的难题[1]。我国在 2022 年发布了关于数据基础制度的意见,为数据要素市场建设提供了政策基础。在人工智能生成内容的著作权问题上,有三种观点:合作创作者、所有者和使用者权属模式[2]。有专家认为使用者权属模式与现行著作权法律理念和现实最吻合,强调使用者在 AI 生成作品中的决定性作用。

---

[1]　熊丙万、何娟:《论数据要素市场的基础制度体系》,《学术月刊》2024 年第 1 期,第 103 页。

[2]　黄云平:《人工智能生成内容的可版权性问题辨析》,《浙江大学学报(人文社会科学版)》2024 年第 2 期,第 85 - 87 页。

五、国外数字传播法律法规概况

为了应对数字传播带来的挑战，全球各地纷纷出台并不断完善相关的法律法规，以确保个人隐私和数据安全得到充分的保护。

1. 欧盟《通用数据保护条例》（GDPR）

作为全球数据保护领域的标杆，欧盟的《通用数据保护条例》（GDPR）具有深远的影响。该条例不仅适用于欧盟境内的组织，还适用于任何处理欧盟内个人数据的组织，无论其地理位置如何。GDPR 的核心在于强调数据处理的合法性、公平性和透明性，同时赋予数据主体一系列权利，如知情权、访问权、更正权和删除权等。其处罚力度也相当严厉，违规者可能面临高达公司全球年营业额 4% 的罚款，从而有效确保了法规的执行力度。

2. 美国《加州消费者隐私法案》（CCPA）

在美国，加利福尼亚州率先出台了《加州消费者隐私法案》（CCPA），以回应公众对隐私保护的关切。该法案主要针对在加州开展业务的企业，特别是那些涉及个人信息收集、使用和出售的企业。CCPA 赋予了消费者对其个人信息的多项权利，包括知情权、删除权以及选择退出数据销售的权利。通过诉讼和赔偿机制，该法案得以有效执行，为消费者提供了强有力的隐私保护。

3. 加拿大《个人信息保护与电子文件法》（PIPEDA）

加拿大通过《个人信息保护与电子文件法》（PIPEDA）为其境内的所有商业活动提供了统一的隐私保护标准。该法案详细规定了个人信息的收集、使用和披露原则，旨在确保个人信息的合理处理和保护。加拿大隐私专员作为监管机构，负责监督和执行 PIPEDA，以确保其得到有效遵守。

4. 日本《个人信息保护法》

日本对隐私保护同样有着严格的要求，其《个人信息保护法》明确了个人信息处理的基本原则和要求。该法强调个人信息处理的合法性、正当性和透明性，同时设立了个人信息保护委员会进行监管，以确保法规得到有效执行。这一法律的出台，为日本民众提供了坚实的隐私保护屏障。

5. 澳大利亚《隐私法》

在澳大利亚，《隐私法》为个人信息的处理提供了明确的指导原则。该法规定了个人信息的收集、使用和披露规则，旨在保护个人隐私权益不受侵犯。澳大利亚信息专员办公室作为监管机构，负责监督和执行该法案，以确保个人隐私得到充分的保护。

6. 巴西《通用数据保护法》(LGPD)

巴西也紧跟全球隐私保护的步伐,出台了《通用数据保护法》(LGPD)。该法适用于处理巴西境内个人数据的所有组织,其内容与欧盟的 GDPR 相似,规定了数据处理的原则和要求。通过这一法律的实施,巴西进一步加强了对个人隐私和数据安全的保护力度。

全球各国对数据安全与隐私保护的重视程度日益提高,纷纷出台相应的法律法规以规范数据处理行为并保护个人隐私和数据安全。这些法律法规的出台和实施不仅有助于保护个人隐私和数据安全,也为数字经济的健康发展提供了有力保障。

六、数字传播法治的实施与监管

在数据安全与隐私保护领域,法律的实施与有效监管是保障其效力的关键环节。缺乏有效执行和严格监督,法律条文将形同虚设。

1. 成立专门的监管机构履行职责

为确保数据安全与隐私法律法规的切实执行,全球各国均设立了专门的监管机构,这些机构被赋予广泛的调查、审查及处罚等权力,以监督企业和个人严格遵守相关法律。例如,欧盟的数据保护监管机构在《通用数据保护条例》的实施中发挥着核心作用,监督 GDPR 在各成员国的执行,处理投诉,进行深入调查,并对违法行为进行处罚。在中国,国家互联网信息办公室、工业和信息化部等部门也承担着数据安全与隐私保护的监管职责,负责制定执行相关政策、标准,并监督企业遵守法律法规,查处违法违规行为。要完善算法备案、算法监督、算法审计和算法责任的相关法律配套,建立政府主导、行业自律、社会机构协同治理的监管体系,规避"算法偏见""算法歧视""信息茧房"等带来的话语传播治理风险①。

监管机构采用多元手段如定期审查、突击检查及处理投诉举报等以履行职责。以某电商平台为例,该平台因违规收集用户信息而受到监管机构处罚。监管机构在接到投诉后迅速调查,发现该平台非法收集用户敏感信息,随后依法处罚并责令整改。此案例凸显了监管机构对用户隐私保护的决心和行动力。法律法规的有效实施,离不开监管机构的严格执行和全面监督。

---

① 郭永辉、宋磊:《挑战与引领:算法推荐场域新闻主流话语数字传播的风险治理》,《未来传播》2024 年第 2 期,第 27 页。

2. 对违法行为的处罚与制裁

针对违反数据安全与隐私保护法律法规的行为,各国均制定了相应的处罚措施。这些措施旨在惩罚违法行为、维护法律权威,并起到警示作用。在欧盟,GDPR 规定了严厉的处罚条款,对严重违规企业,监管机构可处以高额罚款。在中国,《网络安全法》《个人信息保护法》等也明确规定了违法行为的处罚措施。例如,对非法获取、出售或提供个人信息的行为,若情节严重,可能面临刑事处罚。同时,涉事企业和个人还可能受到罚款、吊销营业执照等行政处罚。某社交媒体平台用户数据泄露事件便是例证,由于安全防护漏洞导致用户数据被窃取,监管机构依法对该平台进行了严厉处罚。

3. 公开透明与国际合作

公开透明是法律得到有效执行的关键。监管机构应迅速公开违法案件及相应的处罚,这样不仅能提升公众对法律的信赖和认同,营造出全民守法的环境,同时也能给予可能的违法者以警示。在全球化的大背景下,数据跨国流动愈加频繁,这使得国际合作显得尤为重要。举例来说,目前在构建中欧数字合作伙伴关系中,美国因素构成了一个显著的外部阻碍[①]。美国正积极与欧洲加强联系,意图修复并加深跨大西洋的关系,其中,数字领域的合作被美国看作是与欧洲合作的新重点。特别值得注意的是,贸易与技术委员会(TTC)在美欧跨大西洋关系中扮演着核心角色,成为双方数字合作的重要桥梁。面对这些挑战,各国必须加强协作与对话,联手打击跨境数据违法行为。通过国际合作,我们可以共同推动全球数字经济的持续健康发展。

第四节　社会责任:媒体的担当

在探讨数字传播伦理与法治之后,本节将聚焦于媒体在数字传播时代的社会责任与担当。"如果一个新闻媒介丧失了道德价值观,那么它就不再对社会有用,不再有任何存在下去的真正意义。"[②]媒体作为信息传播的关键渠道,它不仅是信息传递的枢纽,更是社会价值观念的塑造者和引领者。

---

① 房乐宪、方婧懿:《中欧数字合作伙伴关系构建及含义》,《教学与研究》2023 年第 2 期,第 78 页。

② [美]雪莉·贝尔吉:《媒介与冲击:大众媒介论》,赵敬松译,东北财经大学出版社 2000 年版,第 396 页。

一、媒体在数字传播中的角色

1. 信息交互核心与数据传输要塞

在数字传播的网络中,媒体处在信息交互的中枢,成为数据传输的要塞。凭借尖端的科技手段,媒体能够实时、无误地将全球各地的信息汇总并精准地推送给特定的受众。无论是国际政治经济的风云变幻,还是市井小巷的家长里短,所有数据流都需经过媒体这一关键节点,方能抵达广大受众的视野。在这一过程中,媒体不仅确保了信息的畅通无阻,更在无形中引领着公众的关注焦点和思考方向。

2. 知识的殿堂与思维的火炬

媒体不仅是信息的传递工具,更是知识的普及者和思维的启蒙者。通过精心策划的新闻报道、专题节目,媒体将高深的知识以浅显易懂的方式呈现给公众,同时也在无形中塑造和影响着公众的世界观和价值观。在数字化浪潮的推动下,媒体的教育功能愈发凸显,成为提升公众科学素养和思辨能力的重要力量。

3. 舆论引领者与议程设置者

在纷繁复杂的数字传播环境中,媒体拥有无可比拟的话语权。通过筛选、解读和评论各类信息,媒体能够引导公众的注意力,进而影响舆论的走向。智能机器无法拥有人的情感,新型主流媒体恪守新闻价值要将人的情感注入其中,从人性的角度去考虑问题,"注重人文关怀,进行共情传播,从情感上赢得用户"。要发挥新闻从业者的专业引导作用,"在算法的基础上进行议程设置"[①],最大程度发挥"算法＋人工"的作用,提高用户的信任度。

4. 社会稳定基石与危机化解者

在突发事件或社会危机发生时,媒体能够迅速传递党委和政府的声音,澄清谣言,稳定民心。通过及时、准确、权威的报道,媒体为公众提供了应对危机的策略和方法,成为维护社会稳定的重要力量。同时,媒体也在政府和公众之间搭建起沟通的桥梁,为化解社会矛盾、促进社会和谐发挥了积极作用。

二、媒体在数字传播中的社会责任

媒体在数字传播中承担的社会责任显得尤为复杂且多面。辩证地看,这一责任既包含着积极弘扬社会正能量、传递有价值信息的正面使命,也涉及坚守信息真实与公正、保障数据安全与隐私的严肃任务。这两方面相互依存,共同构成了媒体

---

① 陶贤都、曹娇:《智能传播时代新型主流媒体公信力建设研究》,《中国编辑》2023 年第 11 期,第 48 页。

在数字传播中不可或缺的角色。

从积极的角度来看，媒体通过弘扬正能量和传承核心价值观，为社会的和谐发展贡献力量。在数字平台上，媒体的声音能够迅速触及广大受众，因此它们有责任传播积极向上的信息，引导公众形成健康、正面的社会价值观念。这种正面的信息传播，不仅能够温暖人心，促进社会的互助互爱精神，还能够激发人们的积极性和创造力，推动社会不断进步。同时，媒体作为知识的宝库和了解世界的窗口，通过提供准确、及时、有价值的信息，推动着社会的进步与发展。这些信息能够增长人们的见识，提高文化素养，从而为社会的发展注入源源不断的动力。

然而，从另一方面来看，媒体在数字传播中也面临着诸多挑战和责任。首先，信息的真实性与公正性是媒体的生命线。这不仅是对公众负责，也是对媒体自身信誉和公信力的维护。而且，随着数字化程度的加深，个人隐私和数据安全成为公众越来越关注的问题。媒体在处理和传播信息时，必须严格遵守相关的法律法规，确保用户的个人隐私不被泄露，数据信息不被滥用。这既是媒体的法律责任，也是其社会责任的重要体现。

三、媒体履行社会责任的途径

1. 严格把控信息传播质量

信息的真实性和准确性是媒体的生命线。媒体必须建立完善的信息审核机制，对每一条信息进行严格的筛选与核实，确保所发布信息的可靠性和权威性。同时，对信息来源进行追踪和验证，以防止虚假信息的传播。在坚守信息的真实性、准确性和客观性原则的基础上，还应注重信息的可读性和公信力，运用先进的技术手段呈现信息，并邀请专家进行解读和评论，从而增强信息的权威性和说服力。

2. 大力推动数字素养教育

随着数字技术的普及，提升公众的数字素养已成为媒体的重要任务。2021 年 3 月，中国政府发布的五年规划和 2035 年远景目标纲要强调加强全民数字技能教育与培训，提升公民数字素养。同年 11 月，中央网信委又颁布了《提升全民数字素养与技能行动纲要》[①]，将提升数字素养上升到国家战略层面，凸显了数字素养在社会数字化转型中的重要性，成为衡量国际竞争力和软实力的关键指标[②]。媒体

---

① 中国网信网：《提升全民数字素养与技能行动纲要》，https://www.cac.gov.cn/202111/05/c_1637708867754305.htm? eqid=99d9b4e40027f94f0000000664271007。

② 耿瑞利、孙瑜：《面向战略需求的数字素养：概念内涵、框架体系与测评指标》，《图书馆理论与实践》2024 年第 2 期，第 98 页。

应通过开设专栏、制作教程、举办线上线下活动等方式，普及数字技术知识，激发公众对数字技术的兴趣和参与度。与学校和教育机构合作，共同推进数字素养教育课程的开发与实施这些举措将提升公众的数字技能和信息素养，使其更好地适应数字传播环境。

3. 强化多方合作与沟通

为了更好地传递信息、解读政策并反映民生需求，媒体应与政府、企业及社区保持紧密的合作与沟通。通过与政府部门的定期交流，媒体可以及时了解政策动向，为公众提供准确、权威的政策解读。深入企业了解其经营和社会责任实践，有助于增强企业的社会影响力，为公众提供更多有价值的信息。与社区的互动则可以让媒体更加贴近民生，反映社区问题，为推动社区发展贡献力量。

4. 积极参与并策划公益活动

公益活动是媒体展现社会责任的重要方式。通过组织或参与公益活动，如慈善义卖、环保宣传等，媒体不仅能够为需要帮助的人群提供实际支持，还能借此机会传播正能量，引导公众关注社会问题，提升整个社会的道德水平。这些活动展现了媒体的社会责任感，同时能激发更多人的公益热情，形成全社会共同参与的良好氛围。

第九章　数字丛林：数据安全与隐私保护

在数字丛林中，我们如何确保个人数据的安全与隐私？面对日益严峻的数据安全风险，我们应该从技术、管理、文化和国际层面采取哪些对策来构筑坚实的防线？

第一节　数据安全的挑战

一、数据安全面临的多重风险

在信息技术迅猛发展的背景下，数据安全风险已渗透至社会、经济和政治的多个层面，对个人隐私、企业资产乃至国家安全均构成严重威胁。

1. 数据泄露与非法访问的风险

在大数据的时代背景下，数据泄露与非法访问的风险急剧上升，对个人隐私和企业安全构成了严重威胁。一旦发生此类事件，不仅个人的隐私权会受到侵害，企业也可能因此遭受重大的经济损失和声誉损害。以某知名连锁酒店的数据泄露事件为例，该事件导致数百万客户的私人敏感信息被曝光，深刻揭示了数据安全保护的重要性。数据泄露的原因多种多样，可能是系统存在的漏洞，也可能是人为的操作失误，更有可能是恶意的网络攻击。此外，还有一种更为隐蔽的侵犯隐私方式，那就是将公开的数据与经过处理的去识别化数据相结合。例如，有人可能会通过整合邮政编码、年龄、性别等人口统计数据来识别并定位到特定个体。[1] 这种数据整合的手法对个人隐私构成了新的威胁。

2. 数据完整性与真实性的威胁

数据的完整性和真实性是保障信息可信度的核心要素。然而，数据篡改和破坏的风险对数据质量构成了严重威胁。此类事件不仅损害数据的原始性和可信

---

① 刘志红：《人工智能大模型的隐私保护与数据安全技术研究》，《软件》2024 年第 2 期，第 145 页。

度,还可能引发广泛的社会信任危机。在人工智能的助力下,恶意程序与僵尸网络能够在攻击过程中不断变换形态,实时调整策略以绕过企业的安全防护措施,精准地发现并利用企业系统中的安全漏洞。这种高度灵活的攻击手段给企业安全带来了前所未有的挑战。攻击者现在能够利用 AI 在自动化攻击中发挥巨大作用,他们可以在极短的时间内分析大量的被盗凭证和个人信息。通过结合窃取的凭证和常见的密码模式,攻击者能够轻易地接管用户的账号。更令人担忧的是,生成式 AI 还能制作出虚假的社交媒体账户、评论、音频和视频内容,甚至模仿声音和面容,以此来诱骗用户泄露敏感信息。

3. 恶意软件与病毒的威胁

恶意软件和病毒是数据安全领域常见的威胁。这些恶意程序能够悄无声息地渗透系统,窃取、破坏数据甚至实施勒索。例如,"熊猫烧香"等病毒曾在全球范围内造成破坏。为防范此类威胁,用户需保持软件更新,使用可靠的杀毒软件,并避免点击可疑链接或下载未知来源的附件。部分政府部门对智能技术应用保守且网络攻击防范不足,而人工智能技术可能被黑客利用进行自动化攻击。360、腾讯等已发现多个深度学习框架的安全漏洞。若未经监管的 AI 技术应用于数据安全治理,可能导致数据安全失控①。

4. 数据跨境流动的潜在风险

全球化背景下,数据跨境流动日益频繁,但也带来了安全隐患。由于各国数据保护法律和标准的不统一,数据在跨境传输过程中可能面临被非法拦截或窃取的风险。云计算导致数据跨境存储与传输,引发安全问题。用户使用云服务时,数据可能被存储在全球各地的数据中心,且在数据备份或服务器调整时,数据可能跨国传输,存在安全风险。云服务提供商需了解各国数据跨境法规,如欧盟的《通用数据保护条例》严格限制数据跨境。同样,我国《网络安全法》规定关键信息数据须境内存储,跨境需提供安全评估②。云服务提供商必须遵守这些规定,确保数据安全。

5. 系统与技术落后的脆弱性

随着大数据技术的发展,网络攻击手段也日益翻新,传统的安全防护系统显得捉襟见肘。例如,在大数据的存储过程中,分布式系统的应用虽然方便了数据处理,但同时也增加了安全风险。黑客可能通过攻破分布式系统中的任何一个节点,

---

① 彭海艳、何振:《人工智能背景下政府数据安全治理的现实困境与应对策略研究》,《云南社会科学》2022年第 3 期,第 34 页。

② 战钰绮:《云计算中数据安全风险及应对初探》,《网络安全技术与应用》2024 年第 4 期,第 80 页。

进而渗透整个网络并窃取数据。在数据的传输和处理过程中,也存在着数据失真和泄露的风险。更为严重的是,目前的大数据平台在安全机制上仍然依赖于传统的网络安全防护手段,这使得它们难以抵御更加隐蔽和复杂的网络攻击。社交工程和网络钓鱼是当前网络安全领域中的常见威胁。攻击者利用人类心理和行为习惯,通过伪造信任关系或诱骗手段获取敏感信息。

6.数据伦理和数字鸿沟的威胁

我们不能忽视的是数据伦理问题。数字传播伦理问题在上一章已作分析,此处重点对数字鸿沟问题进行分析。数字鸿沟本质上反映了不同群体、企业和国家在技术开发和使用上的差距。这种差距不仅加剧了社会的不平等,还可能导致"强者愈强、弱者愈弱"的恶性循环。无论是个人、企业还是国家层面,数字鸿沟带来的负面影响都在不断扩大①。例如,老年人在使用数字技术时往往面临更多的困难,而数字化转型领先的企业与滞后企业之间的差距也在不断扩大。在国际层面,发达国家已经利用数字技术占据了先机,而部分发展中国家则可能因此被边缘化。

二、技术层面的应对措施

在面临数据安全的多重风险时,采取有效的技术应对策略显得尤为关键。这些策略构成了数据保护的核心防线,对于确保数据的完整性和机密性起着至关重要的作用。

1.数据加密与隐私保护

数据加密技术是数据安全领域的重要基石,它确保了数据在传输和存储过程中的机密性。在现代通信和信息技术中,数据加密不仅应用于军事和政府机构,还广泛应用于商业和个人领域。数据加密通过特定的加密算法,如 AES 或 RSA,将敏感数据转化为看似无意义的密文,只有持有相应密钥的接收者才能解密和读取原始数据。这种技术的广泛应用,特别是在新闻传媒、金融交易和医疗保健等领域,有效保护了个人隐私和商业机密。随着技术的发展,数据加密也面临着新的挑战,如量子计算的威胁。因此,持续研发新型的加密算法和技术,以及加强密钥管理,是维护数据加密有效性的关键。同时,教育和培训用户如何正确使用加密工具,也是确保数据安全的重要环节。

2.安全补丁、防火墙与持续的系统维护

网络安全是一个持续变化和演进的领域,新的安全漏洞和威胁不断涌现。因

---

① 陈华、李庆川、翟晨喆:《数据要素的定价流通交易及其安全治理》,《学术交流》2022 年第 4 期,第 118 - 119 页。

此，定期更新安全补丁和防火墙规则至关重要。安全补丁能够修复操作系统、应用软件或网络设备中的已知漏洞，防止黑客利用这些漏洞进行恶意攻击。而防火墙则作为网络的第一道防线，能够过滤掉恶意的网络流量，阻止潜在的入侵行为。

用户和管理员的安全意识也同样重要。定期的系统安全审计、员工的安全培训，以及对外部安全威胁的持续关注，都是维护系统安全不可或缺的环节。

3. 访问控制与身份验证机制

在复杂的网络环境中，实施严格的访问控制和身份验证机制是保护数据安全的关键。通过为不同用户或用户组设置不同的访问权限，可以确保数据只被授权的人员访问。身份验证机制，如多因素认证，进一步增强了系统的安全性，确保只有合法用户才能登录并访问敏感数据。在企业环境中，这种机制尤为重要。通过细粒度的权限管理，企业可以防止数据泄露、非法篡改或误操作，从而保护其知识产权和商业利益。

4. 安全信息与事件管理(SIEM)系统的应用

随着网络攻击手段的不断进化，及时检测和响应安全事件变得尤为重要。SIEM 系统通过实时收集和分析来自各种网络设备和系统的日志信息，能够迅速识别出异常行为和安全威胁。这种系统的引入，大大提高了组织的安全防护能力，使得安全团队能够在第一时间对潜在的安全事件做出反应。此外，SIEM 系统还能够提供丰富的报告和可视化工具，帮助管理员更好地理解网络环境的整体安全状况，从而做出更加明智的安全决策。

5. 技术创新与国家安全之间的平衡

在追求技术创新的同时，如何平衡个人隐私保护和国家安全的需求是一个重要的议题。云服务提供商和其他技术公司在保护用户数据的同时，也需要遵守国家法律法规，确保在必要时能够配合执法部门和政府的需求。这需要企业在设计产品和服务时，就充分考虑到数据安全和隐私保护的需求。同时，政府也需要制定合理的数据保护和隐私政策，以鼓励技术创新和保护国家安全。这种平衡不仅需要法律和政策的支持，更需要企业、政府和社会各方的共同努力和合作。

三、管理与政策层面的措施

数据安全是国家安全、社会稳定和经济发展的重要基石。管理与政策层面的措施为数据安全构筑了坚实的防护网，确保了数据的完整性和机密性。

1. 构建完善的数据安全政策框架

为了强化政府数据安全，我们需从全局出发，针对人工智能环境的数据安全特性,制定宏观战略规划。明确数据安全治理的目标和关注点,提供实用的操作指南。建立专门的政府数据安全监管机构,实施统一管理,明确各级职责,确保数据安全管理措施的有效执行。为了避免责任重叠或混乱,我们需为各级政府数据安全治理机构设定清晰的权责清单。关键在于构建多元化的协同治理机制,邀请企业、行业团体及公众参与,共同营造和谐的数据安全治理环境。这有助于降低数据安全风险,确保数据的合法性与规范性,提升数据使用的安全性。针对人工智能时代的数据安全挑战,我们必须制定全面、详尽的数据安全政策,明确数据的分类、存储、传输和处理方式。在制定政策时,要结合组织实际、业务需求和相关法律,确保政策的适用性和针对性。只有严格执行和监督这样的政策,我们的数据安全才能得到切实保障。

2. 加强数据安全教育培训与模拟演练

为了提升组织和个人的数据安全防范意识及应急反应能力,数据安全的教育培训和模拟演练至关重要。通过定期为员工提供数据安全相关的培训,可以显著提高他们的数据安全认知水平,使他们掌握基本的安全防护技巧和应急处理方法。同时,模拟演练各种数据安全事件,则可以有效检验组织的数据安全应急响应机制,及时发现并修复潜在的安全漏洞。培训和演练内容应包括数据安全基础知识、常见网络攻击的识别与防御、应急响应流程等,确保员工在面对数据安全威胁时能够迅速做出正确的反应。

3. 建立迅速响应的数据安全应急机制

面对复杂多变的数据安全威胁,建立迅速响应的数据安全应急机制显得尤为重要。该机制需要清晰定义应急响应的详细流程、具体责任人和沟通协调方式,以确保在数据安全事件发生时,能够迅速启动应急响应,及时控制事态发展,从而最小化损失和影响。应急响应机制的构建需综合考虑组织的实际情况和数据安全事件的特点,以满足组织对数据保密性、完整性和可用性的特定需求。随着国家对网络安全的要求日益严格,企业必须做好更为周全的准备工作,确保在网络安全事件发生时,能够迅速启动并执行应急预案。

4. 完善数据安全的评估与监督体系

为确保数据安全政策得到切实执行,必须构建一个完备的数据安全评估与监督体系。数据安全评估可以帮助组织全面审视自身的数据安全状况,及时发现并解决潜在风险。特别是数据服务安全评估,它不仅能加强数据服务的安全防护,还能提升其可控性和安全性。该评估依据国家标准和指南进行,深入检查数据服务的安全性,并符合相关法律法规的规定。为保障数据安全政策的持续有效,还需建立长效的监督机制，防止因人为因素引发的数据安全问题。审计与监督应全面检查安全政策的执行情况、数据操作的规范性及安全事件的处理效果等。

在信息化、数字化的时代背景下，数据安全的重要性日益凸显。我国通过深化数据安全治理，从管理与政策层面出发，构建了一个权责明晰、多元共治的数据安全体系。展望未来，我国将继续加强数据安全管理与政策层面的工作，推动形成政府引导、企业主体、社会参与的数据安全治理新格局，为经济社会的持续健康发展提供有力保障。

第二节　隐私保护：构筑信息安全护城河

一、隐私保护的重要性

随着信息化的高歌猛进，隐私保护已经成为我们每个人都无法回避的议题。它不仅涉及每个人的信息安全与基本权利，更是数字传播领域能否稳健、有序发展的基石。在这个大数据的时代，个人信息显得尤为珍贵。它不仅仅是我们身份的标识，更蕴藏着我们的喜好、习惯和消费行为等诸多信息。然而，这种信息的丰富性也带来了一个严峻的问题：如何确保这些信息不被滥用、不被泄露？

积极的隐私观为我们提供了一个视角，即强调个人对私密信息的掌控，包括信息的所有权和控制权。这一观念凸显了人格尊严和个体自由的价值，使得每个人都能够决定自己的信息何时、何地、以何种方式被展现[1]。但在实际操作中，我们却面临着种种困境。随着技术的快速发展，信息的生成、流动与处理都呈现出前所未有的复杂性和多变性。这种变化不仅改变了隐私信息的存在形态，还加剧了隐私信息与隐私主体，甚至是隐私保护主体之间的分离。换言之，我们的信息越来越容易被获取、被利用，而我们对这些信息的控制力却在逐渐减弱。

更为严重的是，隐私价值的混淆与颠倒。在追求信息的可利用性和可处置性的同时，我们很容易忽视隐私的内在价值，如独处、私密和亲密关系等。这种价值观的失衡，使得我们越来越依赖于外部机构来保护我们的隐私，而忽视了自身的责任和权利。此外，随着信息技术的深入发展，互联网平台和其他非传统主体如黑客、智能化的机器系统等，都成为侵犯隐私的潜在威胁。这些新兴的侵犯隐私的方式，使得隐私侵权者变得难以追踪和定位，进一步加剧了隐私保护的难度。

---

[1]　李凌：《从控制到免于打扰：数字时代隐私保护的范式转变》，《南京社会科学》2024 年第 4 期，第 122 - 124 页。

在这样的背景下，我们需要重新审视隐私的概念和保护策略。隐私保护不仅仅是一个技术问题，更是一个伦理和价值观的问题。我们不能仅仅依赖于技术和法律的保护，更需要提高自身的隐私保护意识，共同维护一个安全、有序的数字环境。同时，对于企业和机构来说，保护用户隐私不仅仅是法律的责任，更是赢得用户信任、实现长期发展的关键。有学者认为，抽象信任虽具普遍性、理性化与确定性，却难以有效保护具个人独特性与差异性的隐私。政府或商业机构拥有信用背书，但可能从保护者变为侵害者，使隐私主体失去控制权。契约信任过于形式，缺乏实质保障和惩罚措施。技术信任也不可靠，算法存在不确定性，可能造成隐私泄露①。只有当用户感到自己的信息得到了充分的保护，他们才会更加放心地使用各种服务，从而推动数字传播行业的稳健发展。

可见，隐私保护在信息化时代具有不可替代的重要性。它不仅仅关乎每个人的基本权利，更是数字传播行业可持续发展的基石。面对当前的困境和挑战，我们需要共同努力，寻找更加有效的隐私保护策略，共同创造一个安全、有序的数字世界。

二、隐私保护的技术手段

为了有效防止数据泄露和滥用，确保个人隐私权益不受侵犯，科学家们研发了一系列技术手段来强化隐私保护。这些技术手段不仅涉及数据的处理与存储，还包括了算法层面的保护策略。

1. 数据匿名化与脱敏技术

数据匿名化和脱敏技术是隐私保护的基石。数据匿名化主要是通过移除或替换数据集中的个人标识符，如姓名、身份证号等，使得数据集无法直接关联到具体个体。这种方法在保护个人隐私的同时，保留了数据的整体特征和统计信息，对于数据分析和挖掘具有重要意义。例如，在医疗研究中，通过对患者信息的匿名化处理，研究人员可以在不侵犯患者隐私的前提下，分析疾病的分布和流行趋势。

数据脱敏技术则更为精细化，它通过对数据中的敏感字段进行部分替换、模糊或加密处理，以达到降低隐私泄露风险的目的。脱敏后的数据仍保留了一定的使用价值，但敏感信息的详细内容被隐藏或变形。在金融领域，数据脱敏被广泛应用于客户信息的保护，如将客户的具体收入数字转换为收入区间，从而既保护了客户隐私，又满足了风险评估和市场营销的数据需求。

---

① ［英］维克托·迈尔·舍恩博格、肯尼思·库克耶：《大数据时代：生活、工作与思维的大变革》，盛杨燕、周涛译，浙江人民出版社 2012 年版，第 105 页。

2. 隐私保护算法的应用

隐私保护算法是保护个人隐私的又一重要手段。这些算法通过复杂的数学模型和计算方法，确保在数据处理和分析过程中个人隐私不被泄露。其中，差分隐私算法是近年来备受关注的隐私保护技术之一。它通过向查询结果中添加适量的随机噪声，使得攻击者无法从查询结果中准确推断出某个个体的具体信息。差分隐私算法在统计数据发布、机器学习等领域具有广泛应用，为个人隐私提供了强有力的保护。

安全多方计算也是一种新兴的隐私保护算法。它允许多个参与方在不共享各自原始数据的情况下进行联合计算和数据分析。这种算法通过复杂的密码学协议和分布式计算技术，确保了各方数据的安全性和隐私性。在金融、医疗等领域，安全多方计算技术为跨机构、跨地区的数据合作提供了可能，同时也有效保护了个人隐私。

3. 加密技术与访问控制

加密技术是保护数据传输和存储过程中隐私安全的重要手段。通过采用先进的加密算法，如对称加密、非对称加密等，可以确保数据在传输过程中不被窃取或篡改。同时，利用数字签名技术还可以验证数据的完整性和来源的真实性。在数据存储方面，通过采用磁盘加密、文件加密等手段，可以防止未经授权的访问和数据泄露。

访问控制是另一种有效的隐私保护手段。通过设定严格的访问权限和身份验证机制，可以确保只有经过授权的用户才能访问敏感数据。在大型企业或政府机构中，访问控制技术被广泛应用于保护关键业务数据和敏感信息不被非法访问或泄露。

4. 隐私保护的系统设计与实现

除了上述技术手段外，隐私保护的系统设计与实现也是至关重要的。在系统设计阶段，需要充分考虑隐私保护的需求和目标，制定合理的数据处理流程和安全策略。在实现阶段，则需要采用合适的技术手段和工具来确保隐私保护措施的有效实施。例如，可以采用数据隔离、数据备份与恢复、安全审计等技术手段来增强系统的安全性和可靠性。

三、提升用户隐私保护意识

用户隐私保护意识的提升对于维护个人隐私安全、推动企业履行隐私保护责任以及促进社会对隐私权的普遍尊重具有重要意义。

1. 有意识地引导用户

鉴于许多用户在享受网络服务时对隐私保护相关设置及权限缺乏深入了解，从而增加了个人隐私泄露的风险，因此，必须通过多种渠道向用户传授隐私保护的核心知识，并帮助他们熟悉并掌握相关的隐私设置方法。具体而言，可以利用线上教育平台、社交网络以及公共广告等多种方式，广泛传播隐私保护的基本知识、详细阐述隐私设置的具体操作步骤以及权限管理的核心要点。同时，建议用户参与隐私保护相关的网络课程或线下讲座，以深化对隐私保护重要性的认识，并提升在实际操作中保护隐私的技能。应着重强调隐私泄露对个人及社会可能带来的潜在风险和危害。通过分享真实的隐私泄露案例和相关的统计数据，使用户能够更直观地认识到隐私保护的重要性，进而激发他们主动学习和运用隐私保护知识的积极性。

2. 提供隐私保护工具与操作手册

除了用户教育，提供便捷、易用的隐私保护工具和操作指南对于提升用户隐私保护意识同样重要。这些工具和指南应设计得简洁明了，以便用户能够轻松实施隐私保护措施。例如，可以开发浏览器插件或移动应用程序，自动屏蔽网络追踪和管理数字指纹，从而有效减少个人隐私信息的泄露风险。应提供详细的隐私保护操作手册或在线指南，指导用户设置复杂密码、启用双重认证以及在不同网络环境下如何保护个人隐私。为确保工具和指南的有效性，需要定期更新以适应不断变化的网络威胁和技术环境。可以建立用户社区或论坛，鼓励用户分享隐私保护的经验、技巧和遇到的问题。这不仅能提升用户的隐私保护能力，还能形成积极互助的隐私保护氛围。

3. 加强隐私保护的实践应用

随着大数据、云计算等技术的不断进步，文化产业和传媒领域的隐私保护问题也日益凸显。在这些领域中，隐私增强技术的应用显得尤为重要。例如，在线视频平台可以利用差分隐私技术处理用户观看数据，实现在保护用户隐私的同时进行精准内容推荐。传媒领域则可以利用联邦学习等技术与其他机构合作训练机器学习模型，以改进广告投放和内容推荐，同时确保用户数据隐私不被侵犯。这种分布式学习方法允许数据在本地进行处理，只有模型参数会进行共享，从而降低了用户隐私泄露的风险。

第三节　隐私文化与数字素养

一、隐私文化的兴起

1. 隐私文化的产生背景

随着电子和数字媒介的迅速发展,隐私侵犯手段也不断翻新,这推动了隐私保护的新实践和新理论的诞生。在实践中,信息已替代空间成为隐私的主要载体。隐私信息进入传播领域,与主体分离;大众传媒承担起隐私保护责任,而隐私主体可能丧失自我保护能力。同时,隐私保护策略也在转变,旨在平衡言论自由与隐私保护,形成了"为利用而保护"的新策略。理论上,隐私概念和权利的辩护融入了康德的自主自决、人格尊严观念,以及洛克的财产权益观念,信息因此被视为可供支配的财产①。在这样的背景下,隐私文化的兴起成为一种必然。隐私文化的产生,首先源于人们对个人信息安全和尊严的追求,在享受互联网带来的便利的同时,开始警觉到自己的隐私信息可能面临被滥用和泄露的风险。

2. 隐私文化与数字技术发展的关联

隐私文化的兴起与数字技术的发展密不可分。大数据、云计算、物联网等先进技术的普及使得个人信息的收集和处理变得前所未有的便捷。但是,黑客攻击、数据泄露等安全事件频频发生,使得人们对隐私安全的担忧日益加深。在这种背景下,隐私文化的兴起不仅代表了人们对个人信息的自我保护意识的提升,更是对数字技术带来的挑战的一种回应。人们开始反思,如何在享受技术带来的便利的同时,确保自己的隐私安全不被侵犯。

3. 全球隐私权保护的推动与隐私文化

近年来,全球对隐私权的重视日益提升,推动了隐私文化的蓬勃发展。越来越多的国家和地区通过制定严格的隐私权保护法律和政策,将隐私权确立为一项基本人权,为隐私文化的深入人心奠定了坚实基础。在此背景下,人们更加勇于捍卫自己的隐私权,对侵犯隐私的行为持零容忍态度。随着机器学习算法在生活中的广泛应用,其背后的道德问题也引发了深思。数据隐私、算法偏见和决策透明度是我们需要重点关注的伦理方面。大型 AI 模型训练所需的海量数据可能包含用户私密信息,如何在保护隐私的前提下合理利用这些数据成为亟待解决的伦理难题。

---

① 李凌:《从控制到免于打扰:数字时代隐私保护的范式转变》,《南京社会科学》2024 年第 4 期,第 122 页。

训练数据中可能存在的人为偏见有可能被 AI 模型学习并反映在决策中，如基于男性数据训练的 AI 招聘系统可能对女性产生偏见。AI 模型决策过程的不透明性也影响了用户的信任和错误决策的追责。这些问题都需要我们共同关注和努力解决。

4. 隐私文化对数字经济的影响

隐私文化的兴起对个人、社会以及数字经济都产生了深远的影响。对于数字经济来说，隐私文化的兴起既带来了新的机遇，也带来了挑战。一方面，随着人们对隐私安全的重视，数据安全、个人信息保护等产业得到了快速发展，为数字经济注入了新的活力。另一方面，企业在发展数字经济的过程中，需要更加注重用户隐私的保护，这无疑增加了企业的运营成本和风险。然而，只有那些能够在保护用户隐私和发展数字经济之间找到平衡点的企业，才能在激烈的市场竞争中脱颖而出。

二、社会结构与隐私保护

社会结构，作为社会的基本构成和规则体系，对于塑造人们的行为模式和维护社会秩序具有至关重要的作用。在这一体系中，隐私保护被赋予了特殊的地位。社会结构不仅为人们提供了行为指南，也为隐私权的界定和保护奠定了基石。

费孝通先生所描述的"差序格局"揭示了中国社会人际关系的独特性，这种以己为中心、逐渐向外推展的关系模式，同样影响着人们对隐私的认知和处理方式。尽管这种社会结构与西方社会有所不同，但在保护个人隐私方面，社会制度仍然发挥着不可或缺的作用。通过明确社会成员的权利与义务，社会结构为隐私保护提供了法律和道德的双重保障。

社会结构的层级性对隐私保护产生了深远影响。在高度层级化的社会中，权力和信息的流动呈现单向性，上层机构或个体往往掌握更多关于下层的信息。这种信息不对称不仅加剧了隐私泄露的风险，还可能导致权力的滥用和对下层个体权益的侵害。因信息不对称也可能导致隐私泄露风险。

社会结构的紧密程度直接影响着隐私保护的效果。在紧密的社会结构中，信息传播速度快、范围广，个人隐私很容易被泄露。这种环境下，个体需要更加警惕自己的信息被不法分子利用或传播。相反，在松散的社会结构中，信息传播受到一定限制，从而在一定程度上保护了个人隐私。然而，随着全球化的发展和信息技术的普及，社会结构正在发生变化。我们需要密切关注这些变化对隐私保护带来的影响，并及时调整隐私保护策略。例如，在紧密的社会结构中，可以通过加强网络安全技术和信息加密手段来保护个人隐私；在松散的社会结构中，则可以通过建立信息共享和协作机制来应对可能出现的隐私泄露风险。

社会结构中的文化因素在塑造人们对隐私的态度和行为方面发挥着重要作用。不同文化对隐私的看重程度不同,这直接影响了社会对隐私保护的态度和行为。在一些文化中,个人隐私被视为神圣不可侵犯的权利;而在其他文化中,个人隐私可能被视为社区或家庭共同利益的一部分而有所忽视。为了提高公众对隐私保护的认识和重视程度,我们需要加强跨文化教育和交流。通过传播不同文化背景下的隐私保护理念和实践经验,可以帮助人们更好地理解隐私保护的重要性并学会如何在不同文化环境中保护自己的隐私权益。我们还应鼓励社会各界共同参与隐私保护工作,形成良好的社会氛围和合作机制。

三、提升数字素养

近年来,我国高度重视公民数字素养的提升,并出台了一系列宏观政策进行支持。2021 年 11 月,中央网信办印发了《提升全民数字素养与技能行动纲要》,从国家层面充分肯定了数字素养的重要意义,更基于数字社会的宏大视角赋予了数字素养新内涵。数字素养也是一个发展中的新概念,它反映了数字化生存的高要求,不仅包括数字知识和技能,还涉及数字意识、自我效能及情感态度等,已超越了单纯的"数智"范畴①,因此,成为当今社会的核心能力之一。它不仅关系到个人在职业生涯中的竞争力,也深刻影响着日常生活的便利程度。

1. 掌握基本的信息技术知识和技能

提升数字素养的首要任务是掌握基本的信息技术知识和技能。这包括对计算机、智能手机等设备的操作能力,以及对各类应用软件和网络服务的理解和使用。例如,熟练掌握一些常用软件和在线服务平台,能够使个体在数字化环境中更加自如地处理各种任务,从而提高工作效率和生活品质。这种基本技能的掌握,不仅是对技术工具的熟悉过程,更是对数字化思维方式的培养。只有当我们能够熟练地运用这些工具时,才能更好地理解和适应数字化时代的生活和工作方式。

2. 信息筛选与鉴别能力的培养

提升数字素养需要我们具备良好的信息筛选和鉴别能力,这需要我们学会利用多种信息检索工具,提高信息检索的精确性和效率,并从多个角度对信息的真实性进行全面分析。这种能力的培养,不仅有助于我们在海量信息中快速准确地找到所需的信息,更能帮助我们避免被错误信息或偏见误导,从而保持清醒的头脑和

---

① 许志强:《传媒人才数字素养培育:价值、内涵与构成》,《中国出版》2024 年第 4 期,第 24 页。

独立的判断。

3. 创新意识和批判性思维的培养

纳尔逊·塔尔曾深刻地指出："电子技术将人脑加速到一个异乎寻常的速度，而人的肉体却原地不动。这样形成的鸿沟造成了巨大的精神压力。"[①]在数字化时代，我们似乎已经体验到了这种由技术与肉体之间的不协调所带来的压力，甚至让人觉得"人的身体似乎已经成为信息传播的障碍"[②]。为了应对这种快速变化的数字环境，创新意识和批判性思维显得尤为重要。创新意识能够驱使我们勇于尝试、敢于革新，不断挑战和突破传统的思维模式，从而更好地适应并引领时代的变迁。而批判性思维则赋予人们审视和甄别信息的能力，在面对纷繁复杂、真假难辨的信息时，能够保持清醒的头脑，进行独立的判断，避免随波逐流或被误导。

4. 持续学习的意识

我们需要时刻保持对新技术的敏感度和学习热情。这要求我们具备持续学习的意识，通过参加培训课程、阅读相关书籍和文章、与同行交流等方式，不断更新自己的知识储备和技能水平。持续学习不仅是提升数字素养的重要途径，更是我们在这个快速变化的时代中不断提升自己的能力和价值，保持竞争力的关键所在。

四、教育的作用

1. 全面普及隐私保护知识与文化

为了提升全社会的隐私保护意识，我们需要利用多元化的渠道来广泛传播隐私保护的基础知识与其重要性。电视、广播等传统媒体可以定期播放关于隐私的公益广告和专家讲解，让公众深刻认识到隐私泄露的潜在风险。结合社交媒体、在线教育等网络平台，发布隐私保护的实用教程和视频，便于公众随时随地学习。我们还应在公共场所如社区中心、图书馆等组织研讨会和工作坊，邀请专家深入解读隐私政策，并通过案例分析让居民直观感受隐私保护的重要性。

2. 加强社区与企业的隐私教育

社区作为基层单位，是推广隐私知识的关键场所。除了组织研讨会和模拟网络攻击等实践活动外，还应鼓励企业提供专门的隐私保护培训，确保员工明确自己在保护客户隐私方面的职责。这样不仅能提升组织内部的隐私保护意识，还能在

---

① 转引自［美］戴维·申克：《信息烟尘》，黄锴坚、朱付元、何芷江译，江西教育出版社 2001 年版，第 36 页。

② ［俄］彼得·科斯罗夫斯基：《后现代文化：技术发展的社会文化后果》，毛怡红译，中央编译出版社 1999 年版，第 53 页。

关键时刻保护客户数据安全，维护组织的信誉和客户的信任。

3. 推广隐私保护价值观与法律宣传

通过各种活动和渠道，不断推广尊重和保护个人隐私的文化价值观。加强对隐私保护相关法律和政策的宣传教育，让公众了解自己的隐私权利和法律保障。当公众的隐私受到侵犯时，能够迅速采取合适的法律手段来保护自己的权益。

4. 鼓励技术创新与隐私物化保护

为了应对数字化时代的新挑战，我们需要不断创新隐私保护技术。通过资助研究项目、建立创新中心和产学研合作，推动隐私保护技术的进步。特别是像分布式训练算法模型这样的创新技术，能实现数据的物化保护，确保数据始终在用户手中，从而大大增强了个人隐私的保护力度。

5. 建立全社会的合作与信息共享机制

要构建一个有效的隐私保护体系，需要政府、企业、社会组织和公众之间的紧密合作。通过建立跨行业、跨部门的合作机制，可以及时发现并解决隐私保护方面的问题，共同推动社会的和谐稳定发展。这种合作不仅限于信息共享，还包括制定和执行更加严格的隐私保护政策和标准。

6. 模拟实践与提升应对能力

除了理论学习和法律宣传外，我们还应通过模拟实践活动来提升公众的隐私保护应对能力。这些活动可以包括模拟网络攻击、数据泄露等场景，让公众在模拟环境中学习和掌握应对隐私威胁的方法和技巧。这样不仅能增强公众的防范意识，还能在实际遭遇隐私威胁时迅速做出正确的反应。

第四节 全球合作与国际共治

一、全球面临的挑战

1. 跨国数据传输与异地存储的严峻考验

在科技快速发展的今天，云计算和大数据技术极大地便利了我们的生活与工作。数据的跨国传输和异地存储变得越来越普遍。然而，这种便捷性背后却存在着显著的安全风险。

当数据进行跨国或异地传输时，它面临着被非法截取、监听或恶意篡改的风险。想象一下，个人或企业的敏感信息在传输中被窃取或篡改，后果将非常严重。

更令人担忧的是，存储在海外的数据还可能受到当地法律和政治因素的影响，有可能被查封或没收。这些都对个人隐私和国家安全构成了严重威胁。例如，某大型跨国公司为了节省成本，选择将关键客户数据存储在海外。但由于对该地法律和数据安全标准的不了解，导致多次数据泄露。这不仅侵犯了客户隐私，还给公司带来了巨大的经济损失和声誉损害。这个案例是一个深刻的教训，提醒我们必须高度重视跨国数据传输与异地存储的风险。

2. 各国法律体系差异引发的合规难题

在全球范围内开展业务的企业，往往需要面对各国法律体系的差异。这种差异给数据安全与隐私保护带来了极大的挑战。企业在不同的国家和地区运营时，必须遵守当地的法律要求，这无疑增加了企业的合规风险和运营成本。

欧洲和美国的隐私法律差异就是一个典型的例子。欧洲的 GDPR 法规要求企业对用户数据进行严格的保护，并规定了严厉的处罚措施。相比之下，美国在某些方面的隐私法律规定可能相对宽松。因此，企业在全球范围内运营时，需要充分了解并遵守各国的法律要求，以避免触犯法律带来的重罚和法律纠纷。

3. 国际敏感信息共享的潜在风险

在全球化的今天，国际合作与信息共享对于应对数据安全与隐私保护的挑战至关重要。然而，这种合作与共享也存在巨大的风险。由于各国在政治、经济和文化等方面的差异，以及缺乏完善的信任机制，敏感信息的共享可能引发新的安全风险。

以国际合作打击网络犯罪为例，各国需要加强合作以共同应对网络威胁。然而，在信息共享的过程中，涉及的敏感信息泄露风险不容忽视。如果缺乏有效的信息保护机制，这些信息可能被不法分子利用，进而对个人隐私和国家安全构成威胁。因此，在推动国际合作与信息共享的同时，必须建立完善的信息保护机制，以确保共享信息的安全性和隐私性。

4. 跨国技术标准与认证的不统一带来的挑战

在全球范围内，数据安全和隐私保护的技术标准与认证体系尚未形成统一的标准。这种不统一导致不同国家和地区可能采用不同的技术标准来进行数据加密、存储和传输。这种情况不仅会造成技术上的兼容性和互操作性问题，还会增加企业在拓展国际市场时的运营成本和安全风险。

当企业需要适应各种不同的技术标准和认证要求时，这无疑会增加其运营成本。更为严重的是，由于技术差异可能导致数据在处理过程中出现安全隐患。此外，缺乏统一的技术标准和认证体系还使得各国在数据安全与隐私保护方面的合作变得更为复杂和困难。因此，推动跨国技术标准与认证的统一化进程显得尤为重要和迫切。

二、全球合作与共治的路径

1. 建立全球统一的数据安全与隐私保护标准

面对技术快速发展带来的新安全隐患，各国应共同制定和执行全球统一的数据安全与隐私保护标准。这些标准应涵盖数据加密、访问控制、数据泄露应对等关键技术领域，以确保数据的完整性和机密性。通过统一标准，可以减少由于技术差异导致的安全漏洞，提高全球数据系统的整体安全性。这需要各国在技术、法律和监管层面进行深入合作，共同制定出一套科学、合理且可执行的标准体系。

2. 共同推动新技术在数据安全与隐私保护领域的应用

随着新技术如人工智能、区块链等的涌现，跨界合作在推动这些技术在数据安全与隐私保护领域的应用方面显得尤为重要。例如，通过应用区块链技术，可以利用其去中心化、不可篡改的特性，确保数据的真实性和完整性，有效防止数据被篡改或伪造。同时，结合人工智能技术，可以开发出更加智能化的数据安全防护系统，实时监测和分析网络流量和用户行为，及时发现并应对数据泄露风险。这种跨界合作不仅提高了数据安全防护的技术水平，还为企业和个人提供了更加全面的数据安全保障。为了实现这一目标，各国应加强在技术研发、标准制定和应用推广等方面的合作与交流。通过共同研发和推广新技术在数据安全与隐私保护领域的应用，可以共同应对全球性数据安全威胁，并促进国际数字经济的健康发展。

3. 加强跨国数据流动的监管合作

跨国数据流动的管理是一个复杂且敏感的问题，需要各国之间的紧密合作来确保数据的合法、安全流动。各国应建立数据流动监管机制，明确数据跨境传输的规则和条件，并加强信息共享和监管协作。此外，为了应对可能出现的纠纷和冲突，还应推动建立国际数据流动争议解决机制。这需要各国在监管政策、信息共享、争议解决等方面进行深度合作。通过加强跨国数据流动的监管合作，更好地保护个人隐私和数据安全，促进数据的全球流通和利用。

4. 促进国际法规的协调与整合

各国在数据安全与隐私保护方面的法规差异给全球数据治理带来了不小的挑战。为了解决这一问题并推动国际法规的协调与整合，各国应加强立法交流并寻求共识。通过制定国际公认的数据保护原则和规范来减少企业在不同国家之间的合规成本并促进数据的全球流通和利用是至关重要的。这需要各国在法律制定、执行和监督方面进行深度合作与交流。通过促进国际法规的协调与整合，为全球数据安全与隐私保护提供一个更加统一、明确的法律框架。

5. 加强跨国企业之间的合作与交流

跨国企业在数据安全与隐私保护领域扮演着举足轻重的角色。他们不仅拥有庞大的用户数据和业务网络，还具备丰富的技术和管理经验。因此，加强跨国企业之间的合作与交流对于提升全球数据安全与隐私保护水平具有重要意义。除了打击网络犯罪和数据跨境流动的合作外，跨国企业还应在技术研发、标准制定、管理方法推广等方面进行深度合作与交流。通过共享资源、经验和最佳实践，共同提高整个行业的数据安全防护能力并推动全球数字经济的健康发展。这需要各国政府、行业协会和企业之间的共同努力与配合。通过加强跨国企业之间的合作与交流，为全球数据安全与隐私保护事业注入更多的活力和创新力量。

6. 提升公众对数据安全与隐私保护的意识

随着数字化时代的到来，公众对数据安全与隐私保护的需求日益增长。为了满足这一需求并提升公众的意识水平，各国应通过多种渠道普及数据安全知识和提高用户对隐私设置和数据管理的认识。政府、教育机构、媒体和社会组织等都可以发挥重要作用来推动这一进程的实现。例如，政府可以制定相关政策并投入资源来支持数据安全教育和培训项目；教育机构可以将数据安全纳入课程体系并培养专业人才；媒体可以加大宣传力度并提高公众对数据安全和隐私保护的关注度；社会组织可以组织相关活动并倡导行业自律和规范发展等。通过共同努力与配合，提升公众对数据安全与隐私保护的意识水平，并营造一个更加安全、可信的数字环境。

特别需要指出的是，在全球网络犯罪治理中，我国积极展现大国责任，支持联合国的主导地位，倡导各国协同打击网络犯罪，并努力完善区域性合作机制。我国主张构建共商共建共治的网络空间命运共同体，尊重各国网络主权，强调平等、尊重与协同治理①。为解决司法难题，我国推动双边和多边合作，加强刑事司法协助，完善引渡制度，并着力解决电子证据的取证问题。我国在国际合作中积极承担大国责任，致力于打造安全、和谐、繁荣的网络空间。

---

① 徐展鹏、丁丽柏：《网络犯罪治理国际合作：发展趋势、全球协作与中国方案》，《学术论坛》，https://link.cnki.net/urlid/45.1002.C.20231130.1006.004。

三、发展中国家的数据安全问题

实际上，马尔库塞早就批判过技术中立思想。他认为技术已经沦为统治和控制的工具，政治意图已渗入技术之中，技术法则变为奴役法则，技术解放力变为解放的桎梏①。持类似观点的专家学者也认为技术已经异化为对社会的控制力量，技术理性在全球建立了标准参照系，使社会受到技术专制统治，对人形成全面压制②。从政治经济学的角度看，全球化指的是资本的空间聚集，它由跨国产业与国家主导，转换了资源和商品（包括传播和信息）的流动空间。结果是传播与信息地理学发生了实质的转变，某些空间及其关系得到了强调③。发展中国家由于技术水平、经济实力和法律体系的相对薄弱，往往在数据安全与隐私保护方面存在更大的隐患。因此，提升发展中国家的数据安全与隐私保护能力显得尤为重要。

1. 提供技术援助、培训和教育资源

技术援助是提升发展中国家数据安全与隐私保护能力的关键。发达国家及国际组织可以通过派遣专家、提供技术咨询、捐赠技术设备等方式，帮助发展中国家建立起健全的数据安全防护体系。例如，为发展中国家提供最新的加密技术，帮助他们建立数据防护墙，防止数据泄露和被非法获取。培训和教育资源的投入也至关重要。可以通过开设培训课程、研讨会、在线教育资源等形式，提高发展中国家相关人员的技术水平和专业知识。这些培训课程可以涵盖数据安全的最新技术、隐私保护的法律法规、应急响应机制等多个方面，使发展中国家的技术人员和管理者能够跟上全球数据安全与隐私保护的最新动态，提升他们的实际操作能力。

2. 促进发达国家与发展中国家之间的合作与交流

合作与交流是提升发展中国家数据安全与隐私保护能力的另一重要途径。发达国家拥有先进的技术和丰富的经验，通过与发展中国家的合作与交流，可以实现资源共享和优势互补。例如，可以建立数据安全与隐私保护的国际合作项目，共同研发新技术、新方法，提高数据的安全性和隐私保护水平。发达国家还可以为发展中国家提供实习和交流机会，让发展中国家的技术人员和学者能够亲身体验和学习先进的数据安全与隐私保护技术和管理经验。这种直接的交流与合作，不仅能够加强全球数据安全与隐私保护的整体水平，还能促进全球数字经济的均衡发展。

---

① ［美］赫伯特·马尔库塞：《单向度的人：发达工业社会意识形态研究》，刘继译，上海译文出版社 2006 年版，第 144 - 145 页。

② 刘同舫：《技术的当代哲学视野》，人民出版社 2017 年版，第 3 页。

③ ［加］文森特·莫斯可：《传播政治经济学》，胡正荣等译，华夏出版社 2000 年版，第 119 页。

3. 建立数据安全与隐私保护的国际合作机制

除了技术援助和合作交流外，建立数据安全与隐私保护的国际合作机制也是至关重要的。这一机制可以包括定期的国际会议、工作组讨论、信息共享等，以促进各国在数据安全与隐私保护方面的政策对话和技术交流。通过这样的合作机制，发展中国家可以及时了解和学习国际上的最佳实践和经验，提高自身的应对能力和防范水平。国际合作机制还可以为发展中国家提供一个平台，让他们能够参与到全球数据安全与隐私保护规则的制定过程中来，表达自己的诉求和利益。这不仅可以增强发展中国家的国际话语权，还能确保全球数据安全与隐私保护规则的公平性和有效性。

4. 加强国内政策与法规建设

在提升数据安全与隐私保护能力的过程中，发展中国家还需要加强国内的政策与法规建设。完善的法律框架不仅能为数据安全与隐私保护提供坚实的法律支撑，还能有效地引导和规范相关行为。例如，可以通过立法明确数据的所有权、使用权和经营权，为数据的合法流通和利用提供法律保障。同时，应制定严格的隐私保护法规，对侵犯个人隐私的行为进行严厉打击，确保个人隐私不受侵犯。此外，政府还应设立专门的数据安全与隐私保护监管机构，对相关行为进行持续监管，确保法规得到有效执行。通过这样的政策与法规建设，发展中国家可以构建一个更加安全、可信的数据环境，从而进一步提升自身的数据安全与隐私保护能力。

第十章　数字文明建构：从技术自强到文化自信

互联网让人类生活更好了吗？现在，有了生成式人工智能，人类会变得更幸福吗？这些问题一直萦绕在我们的脑海。技术不仅代表物质进步，更需文化自信为支撑。技术自强，不仅是我们在高科技上的目标，更是构建中华文明的基石。因此，在数字文明建构中，我们应传承中华优秀传统文化，坚持自主创新，建构数字生态，实现技术、文化、生态与人类的完美融合。

第一节　数字文明与数字社会

数字文明，这一依托于大数据、云计算、人工智能、物联网、区块链等新一代信息技术的社会形态，正在推动我们进入一个更加数字化、网络化和智能化的新阶段。这是人类社会经历游牧文明、农业文明和工业文明后的重要发展进程，它标志着一个全新的时代正在悄然展开。

一、数字化、网络化与智能化

1. 数字化的深度渗透

乔布斯曾说："数字化即未来的方向。"如今，这一预言已经成为现实，数字化浪潮正以前所未有的速度和广度席卷全球，深刻重塑着我们的生活方式。这种变革远不止于文化娱乐领域，更在潜移默化中改变着我们的工作习惯、学习方法和思维模式。数字化对传媒行业产生了深远影响。传统的纸质媒体逐渐被数字媒体取代，智能手机和电脑让人们随时随地获取全球新闻和信息。新闻应用和在线网站提供实时报道，社交媒体则促进信息分享与讨论。数字化为传媒业带来新商业模式，如在线订阅和广告收入。这一变革改变了信息获取方式，为传媒行业带来巨大商机与挑战。音乐产业也是如此。数字音乐播放器的普及不仅让音乐获取变得触手可及，更为音乐人提供了前所未有的创作与分享平台。

2. 网络化的全面融合

网络化的全面覆盖与高度融合为我们的生活注入了更多的色彩与活力。社交媒体的崛起促进了全球范围内的交流与分享，微博、微信以及 Facebook、Twitter 等社交平台不仅为人们提供了新的社交方式，更极大地加速了信息的传播与公共讨论的进程。在经济领域，网络化推动了电子商务的迅猛发展，从选购商品到支付结算，从物流配送到售后服务，电子商务的每一个环节都因网络的高效连接而变得更加便捷与顺畅，为消费者和商家带来了前所未有的便利与商机。

3. 智能化的飞速发展

智能化的发展速度令人瞩目，正以前所未有的力度重塑我们的生活。随着人工智能技术的不断进步和创新，各行业都积极引入智能化技术，旨在提升效率、降低成本，并为用户提供更优质的服务。以智能制造为例，如今智能机器人在汽车制造业中已能够独立完成焊接、组装等精细工作，这极大地提升了生产效率。在文化产业领域，智能化的应用也日益凸显。例如，通过人工智能技术，我们能够更精确地分析消费者的文化偏好，从而为他们推荐更符合其口味的电影、音乐和书籍。最近火爆的 AI 绘画技术，如 DALL-E-2 和 Midjourney 等，能够根据用户输入的文字描述生成相应的艺术作品，这不仅降低了艺术创作的门槛，也让更多人能够体验到艺术创作的乐趣。这些实例都证明了智能化正在广泛且深入地影响着我们的社会和生活。

二、数字社会对当代生活的重塑

加快数字化发展、建设数字中国已成为构筑国家竞争新优势、全面建设社会主义现代化国家的必然要求。作为全球最大的新兴经济体，中国正积极响应数字革命的号召，重塑国家竞争优势。

1. 数字战略与数据资源的重要性

自 2015 年起，中国便开始制定并执行国家级的数字发展战略，明确将数据定位为国家的基础性战略资源。数字技术逐渐在中国国家战略中占据重要地位。习近平主席在 2015 年 12 月召开的第二届世界互联网大会上首次提出推进"数字中国"建设的倡议，为中国数字经济的发展指明了方向。随后的几年中，中国不仅明确了"数字中国"的具体发展目标，还建立了相应的评估框架，以确保数字战略的顺利实施。

2021 年，"加快数字化发展，建设数字中国"已经成为中国五年规划的重要组成部分。同时，《"十四五"数字经济发展规划》也进一步明确了到 2025 年，中国将全力打造"数字经济""数字社会""数字政府"和"数字生态"的目标。这一系列战略举措的实施，不仅彰显了中国在数字经济领域的雄心壮志，也为中国数字经济的发展奠定了坚实的基础。

2. 数据的生产与利用

2024 年 4 月召开的全国数据工作会议指出，数字中国建设正在全面推进。据初步测算，2023 年我国数据生产总量预计超过 32ZB（1ZB 约等于 10 亿 TB）。如果将 32ZB 数据存储在标准的 1TB 硬盘中，将需要 320 亿个这样的硬盘。这是一个令人吃惊的数字，它意味着中国已经成为全球数据大国，拥有海量的数据资源。这些数据不仅具有非竞争性、非消耗性、非排他性等特征，使得数据能够在不同场景下被重复利用，实现价值倍增，而且为新质生产力发展提供了持续动力。

为了将这些数据资源转化为经济发展优势，我们需要在制度设计、技术发展、场景培育等方面持续发力。制度设计方面，"数据二十条"（即 2022 年 12 月 19 日发布的《中共中央 国务院关于构建数据基础制度更好发挥数据要素作用的意见》）已为数据基础制度体系搭建了基本架构，我们需要进一步完善相关制度体系和配套政策①。技术发展方面，我们需要加强技术布局，夯实数据技术底座，以满足海量数据的爆发式增长和数据要素可控、可计量、可流通的要求。场景培育方面，我们需要挖掘高价值数据要素应用场景，推动数据要素释放乘数效应。

3. 数字技术对经济领域的深刻变革

随着数字技术的广泛应用，传统产业与科技之间的界限逐渐模糊，产业升级与转型成为当下的主流趋势。智能制造技术的融合使得生产效率与质量均得到了显著提升，为企业赋予了更强的市场竞争力，推动了整个制造业的蓬勃发展。新兴产业如电子商务、云计算、人工智能等在数字的驱动下如雨后春笋般崭露头角，它们为经济增长注入了新的活力，为社会创造了丰富的就业机会，已然成为当代经济发展的崭新引擎。不过值得注意的是，技术赋权与权力再集中，AIGC 看似带来技术赋权，实则强化了少数科技巨头的地位，形成新的信息垄断。

4. 数字时代对政治社会的影响

互联网的广泛普及使得数字传播的速度与范围均得到了前所未有的拓展，为民众参与政治讨论提供了便捷的渠道。网络舆论的兴起推动了政治的民主化进程，使得政府决策更加透明与民主。数字时代民众可以更有效地监督政府行为，促使政府工作更加公开、公正与高效。不过，我们应该警惕不要陷入"技术迷思"。特别是要关注智能技术可能制造的虚假舆论，当机器作为算法自动化代理隐秘地操

---

① 顾阳：《全国数据工作会议首次召开，释放了什么信号》，《经济日报》2024 年 4 月 6 日，第 3 版。

纵舆论时，这种被操控的舆论是否还能真正反映公众意见就值得商榷了①。一些域外国家的现状也表明，由于"缺乏实质性的制度保障以及政府的引导与激励，数据本身难以直接作用于政府与公民的联系与互动，导致公民参与形式大于内容"②。还有专家特别指出数字鸿沟有可能导致"权利鸿沟"问题。因为数字鸿沟抑制了"数字弱者"权利，数字权力扩张导致了数字权利减损，法律责任不足导致了公共保障乏力，数字主权不清造成了权利确认难题，从而形成了严重的"权利鸿沟"③。为了填补这一鸿沟，我们需要采取包容与均衡的策略，加强司法救助体系，提升民生保障水平，并推动数字民主的进展。

5. 文化观念的深刻变革

互联网的广泛普及加速了各种文化现象与文化产品的传播速度，促进了不同文化之间的交流与融合。数字时代也为个体提供了更多展示自我与表达观点的平台与机会，每个人都可以成为文化的创造者与传播者。这种多元化的文化表达方式不仅丰富了社会文化的内容与形式，更为个体提供了实现自我价值的机会与可能性。在这个时代背景下，人们的文化观念正朝着更加包容与多元化的方向发展。

总之，数字社会对当代生活的深刻重塑体现在经济、政治、文化等多个方面。我们需要充分激活数据要素潜能，助力新质生产力发展。

三、数字文明对人类社会的深远意义

1. 知识的无障碍流通与生产效率的提升

在互联网与数字技术的强大推动下，知识与信息已经打破了传统的时空束缚，实现了全球范围内的无障碍流通。如今，我们不再受地域和时间的限制，可以随时随地获取和分享各种信息与知识。新闻网站、社交媒体等平台的兴起，使得全球各地的信息能够实时传播，加强了世界各地人们之间的信息交流。数字图书馆、在线课程等资源的普及，极大地降低了知识获取的门槛，推动了教育的公平与普及，使得更多人有机会接触到优质的教育资源，提升自身的知识水平。值得一提的是，数字文明不仅促进了知识与信息的无障碍流通，还在生产过程中发挥了巨大作用。大数据、云计算等数字技术的深度融合，显著提高了生产流程的智能化和自动化水平，从而大幅度提升了生产效率。这些技术能够精确地捕捉和分析市场需求，优化生产流程，减少资源浪费，为企业的战略决策提供有力支持。开源文化和创客文化

① 陈昌凤、袁雨晴：《智媒赋能与价值引领：建设主流舆论新格局》，《电视研究》2023 年第 4 期，第 39 页。
② 谭溪：《加拿大数字政府治理改革实践及反思》，《中国行政管理》2021 年第 7 期，第 144 页。
③ 李丹：《数字社会的"权利鸿沟"及其弥合》，《河北法学》2024 年第 6 期，第 127 页。

的蓬勃发展，也进一步激发了社会的创新活力。数字文明为各种创新思维和想法提供了广阔的交流平台，使得科技成果能够更快地转化为实际生产力，推动社会的进步与发展。

2. 社会互动的多元化与民主参与的深化

数字文明不仅改变了我们与社会互动的方式，而且在文化传媒领域推动了社会交往和政治参与的革新。传统的社会互动受限于物理空间和时间，而数字技术的引入打破了这些限制。社交媒体和新闻平台的兴起为人们提供了更广阔的表达空间，使得个人声音能够被更多人听到。例如，通过微博、微信等社交平台，普通民众可以实时发表对时事、文化和社会问题的看法，与他人进行讨论和交流。这种多元化的互动方式不仅丰富了人们的文化生活，还促进了民主参与意识的提升。有专家曾对 108 914 个微博账号在疫情期间发布的帖子进行了详尽分析，深入探讨了不同因素对民众防疫态度的影响。研究结果显示，提升集体主义观念是增强国民防疫意识的最有效途径，而过分加剧人们对疫情的恐慌可能会产生适得其反的效果[1]。可见，借助人工智能技术深度挖掘互动大数据，能够为公共政策的制定提供有价值的参考。

3. 生活品质的提升与服务体验的优化

社交网站 Facebook 创始人马克·扎克伯格曾在《创始人信》中预言，"······下一代平台将更具沉浸感，一种具身化的互联网（embodied internet），人们不仅可以观看它，还可以置身其中······"[2]，事实证明果真如此。这一理念为我们提供了衡量用户体验的新标准——沉浸式的在场感。随着数字技术的持续进步，我们的体验也日益丰富和完善。数字技术不仅重塑了我们对文明的认知，更打破了传统的观演模式，融合了历史与现在，连接了远方与近处。沉浸式和剧场化的技术改造，让文物、艺术品等历史文化元素与技术语境完美结合。这种技术为我们打开了艺术与文化的新视界，实现了"共同在场"的体验[3]。数字技术还在创意和动漫游戏领域大放异彩，极大地提升了我们的生活品质。高清画质、流畅的操作和引人入胜的游戏情节，都使动漫游戏成为现代休闲娱乐的重要组成部分。数字技术为游戏玩家提供了前所未有的选择和个性化体验。不仅如此，数字技术还推动了创意产

---

[1]　HUANG F, DING H M, LIU Z Y, et al. How Fear and Collectivism Influence Publics' Preventive Intention towards COVID-19 Infection: a Study Based on Big Data from the Social Media[J]. BMC Public Health, 2020(1): p1.

[2]　Mark Zuckerberg, Founder's Letter, https://about.fb.com/news/2021/10/founders-letter.

[3]　姬德强、白彦泽：《沉浸化、剧场化、互动化：数字技术重构下的中华文明认知与体验》，《对外传播》2023 年第 10 期，第 15 页。

业的服务升级。在线音乐、电子书籍和数字艺术展览等新兴形式,使人们能够随时随地沉浸在文化和艺术的海洋中,从而大大提高了整体生活品质。

4. 全球协作的强化与共同发展的推进

数字文明推动了全球文化传媒、新闻、创意等领域的紧密协作。数字技术让信息传播无国界,促进了国际文化交流与合作。例如,国际电影节和动漫展上的作品,通过数字平台得到全球展示。这种协作不仅丰富了文化多样性,也为文化创意产业带来新机遇。然而,全球互联网接入存在不均衡,数字鸿沟明显,需要国际社会共同努力来缩小[①]。非洲联盟的数字化计划和中国的"一带一路"项目都是积极尝试。但要真正消除数字鸿沟,还需更广泛的国际合作,推动互联网普及和技术进步,让数字红利惠及更多人。此外,全球协作不仅促进了文化交流,更为发展中国家提供了引进先进技术和经验的契机,有助于其文化创意产业的快速发展,推动经济和社会全面进步。这种全球性的合作与共同努力,为解决共同问题提供了更多资源和思路,进一步推动了人类命运共同体的构建。数字文明不仅带来了文化的交融与创新,更为全球协作与共同发展注入了新的活力。

第二节　中华优秀传统文化与数字文明建设

中华优秀传统文化在数字传播中的重要性愈发凸显。它不仅为现代社会提供了丰富的思想资源和文化底蕴,还为数字文明建设提供了独特的视角和灵感来源。

一、中华优秀传统文化的核心价值

2023 年 6 月 2 日,在文化传承发展座谈会上,习近平总书记提出了"建设中华民族现代文明"的重要议题。他着重指出:"中国文化源远流长,中华文明博大精深。只有全面深入了解中华文明的历史,才能更有效地推动中华优秀传统文化创造性转化、创新性发展,更有力地推进中国特色社会主义文化建设,建设中华民族现代文明。"[②]这一理念强调了深植于我国丰富历史文化土壤的现代文明建设的重要性,以及对于传统文化进行创新性发展和转化的必要性。中华优秀传统文化是中华民族历经千年沧桑所积淀的瑰宝,它深植于中华民族的血脉之中,是塑造中华民族独特精神风貌的坚固基石。

中华优秀传统文化是中华民族数千年文明的历史积淀,它清晰地反映了中华

---

① 尚凯元:《加强全球协作 弥合数字鸿沟》,《理论导报》2024 年第 1 期,第 62 页。

② 习近平:《担负起新的文化使命 努力建设中华民族现代文明》,《人民日报》2023 年 6 月 3 日,第 1 版。

民族对于和谐、仁爱、诚信等核心价值的持续追求。这些核心价值构成了中华民族的文化基础和精神内核。在传统观念中，和谐是中华民族的至高追求。这种追求不仅体现在人与人之间的交往上，也贯穿于人与自然、人与社会的互动中。对和谐的坚持，使得中华民族在面对挑战与冲突时，总能寻求共识，保持社会稳定和民族团结。仁爱思想作为中华优秀传统文化的核心要素，着重强调对他人的深切关爱与尊重，积极倡导"己所不欲，勿施于人"的伦理准则。这种仁爱精神对中华民族的性格塑造起到了关键作用，也为社会的和谐稳定提供了道德支撑。诚信是中华民族的传统美德之一。在传统文化中，诚信被视为做人的基本准则。这种诚信观念规范了人们的行为，为商业和社会交往建立了信用基础。

中华优秀传统文化中蕴含的哲学思想和道德规范，为现代社会提供了重要的思想资源。这些思想涉及人生观、价值观和道德观，对现代生活实践具有指导意义。儒家文化强调的仁爱思想，提倡人们以仁爱之心待人接物，对培养道德品质、提升社会道德水平具有重要作用。在当今社会，这一思想仍具有重要意义，它指导人们如何处理人际关系，促进社会的和谐。道家的无为而治思想，主张顺应自然、减少人为干预，为现代社会治理提供了启示。面对社会问题，应尊重客观规律，避免盲目干预。法家的法治观念也为现代社会提供了借鉴。法家主张以法律为准则来规范社会行为和维护社会秩序。其法治观念、公正理念已融入现代法律体系，塑造了追求公平正义的法律环境。

二、中华优秀传统文化与数字文明的契合点

借助数字技术，中华优秀传统文化与数字文明的交汇融合已成为一个显著的文化现象。这一现象不仅体现在文化遗产的数字化保存与传播，还表现在传统价值观对数字社会行为的规范与引导。

1. 文化遗产的数字化保护与展示

中国非遗是传统文化的重要组成部分，体现了中华文明的传承。将非遗与人工智能结合，能多样化展示非遗，并实现与观众的深度互动，人工智能在非遗数字化传播中作用日益突出。借助高清扫描、3D建模等先进技术，中华文化的古籍、音乐、舞蹈等珍贵遗产得以数字化保存并在全球范围内进行高精度展示。例如，通过数字化技术，故宫的文物细节得以高清呈现，为全球研究者与爱好者提供了深入了解中华文化精髓的机会。这种数字化的保存与展示方式，不仅有效延长了文化遗产的寿命，还极大地拓宽了其传播范围与影响力。

2. 传统价值观在数字环境中的体现与应用

在数字环境中，诚信、公正与和谐等传统价值观仍然发挥着重要的规范作用。

这些价值观可以转化为网络行为的道德规范，为网络环境的健康与安全提供保障。例如，在网络交易中，倡导诚信原则可以有效减少网络欺诈，维护网络市场的公平与秩序。公正的价值观念也推动数字平台提供更加公平的服务，保护用户的合法权益。

3. 构建多元和谐的数字文化生态

数字社会是多元文化的交汇地。中华文化的和谐与包容理念为这一多元生态提供了理论基础。在数字世界中，我们倡导尊重文化差异，促进不同思想与观念的交流与碰撞。这种多元共存的数字生态不仅有助于丰富文化的多样性，还为创新思维的发展提供了有利环境。

4. 传统文化激发数字创意灵感

中华优秀文化的符号内涵意蕴为"建构中华民族现代文明叙事意义提供了内在基因"[①]。中华优秀传统文化中丰富的故事、人物和艺术风格为数字创意产业提供了丰富的素材和灵感来源。将这些元素巧妙地融入数字内容创作中，可以创作出具有鲜明中国特色的数字作品，进而推动中华文化在全球范围内的传播。在游戏、动漫等数字创意领域，这种融合已经产生了众多具有影响力的作品，使更多人能够领略到中华文化的独特魅力。

三、中华优秀传统文化助力数字文明的途径

1. 利用数字技术挖掘与展示文化深度

数字技术的运用为传统文化的深度挖掘提供了新的可能。通过大数据分析、人工智能等技术手段，我们可以更深入地研究传统文化的内在逻辑、发展规律以及社会影响。这不仅有助于我们更全面地理解传统文化的价值，还可以为传统文化的现代转化和创新发展提供有力支持。利用数字技术，我们还可以将传统文化的精髓以更为直观、生动的方式展示出来，增强公众对传统文化的认知和兴趣。

2. 沉浸式体验重塑文化感知

人工智能时代，中国如何通过实现中国式现代化向世人宣告历史没有"终结"，是应深入系统研究的重大问题[②]。借助数字化技术，我们将传统文化的精髓与现代艺术、科技元素相结合，创作出既具有古典韵味又充满现代感的作品。通过先进

---

① 张志安、吕伟松：《符号、形态与场景：面向青年的中华民族现代文明浸润式传播》，《青年探索》2023 年第 5 期，第 7 页。

② 韦路、陈曦：《人工智能时代政治传播的理论创新》，《现代出版》2024 年第 3 期，第 24 页。

的虚拟现实和增强现实技术，为受众打造沉浸式的文化体验。这种体验方式让人们仿佛穿越时空，与古人对话，从而更深入地领略传统文化的内涵与魅力。这种新颖、互动的体验模式极大地提升了人们对传统文化的兴趣和感知，使其变得更为生动有趣。

3. 数字文明推动文化创新融合

根据辩证唯物主义和历史唯物主义的立场，"人们自己创造自己的历史，但是他们并不是随心所欲地创造，并不是在他们自己选定的条件下创造，而是在直接碰到的、既定的、从过去承继下来的条件下创造"①。传统文化的传承需要与时俱进。将传统文化的精髓与现代艺术、科技元素结合，可以创作出融合古典韵味与现代感的作品。这种文化的创新融合不仅为传统文化注入了新的生命力，还丰富了人们的文化生活，使传统文化在现代社会中焕发新的活力。

4. 数字化平台拓展文化传播空间

数字化平台的出现为传统文化的传播开辟了新途径。借助互联网、社交媒体等渠道，传统文化的魅力得以迅速传播到世界各地。数字化平台不仅拓展了传统文化的传播范围，还增强了其国际影响力，促进了不同文化间的交流与融合，使传统文化在新的时代背景下绽放新的光彩。比如，短视频的媒介逻辑深刻影响着中华优秀传统文化的符号化呈现，新的媒介环境催生新的文化程式，从而塑造出全新的中华优秀传统文化传播图景，也为中华优秀传统文化的传播提供了新契机。②

第三节　数字生态建构

数字生态是指在数字化环境下，由各种数字技术和信息平台构成的一个复杂系统。它包括硬件、软件、数据、网络等基础设施，以及在此基础上形成的各种数字化应用和服务。这个生态系统涵盖了数字经济、数字政府、数字社会等多个领域，促进了政府、企业、个人等多元主体之间的互动与交易，推动了社会经济的数字化转型和发展。

一、数字文明和数字生态的紧密关系

在数字生态化的发展进程中，我们既要关注物理层面的数字基础设施建设，也

---

① 《马克思恩格斯选集》第 1 卷，人民出版社 2012 年版，第 669 页。

② 孙浩、巩奕：《中华优秀传统文化在短视频中的符号重构与创新表达》，《中国编辑》2024 年第 4 期，第 94 页。

不能忽视数字技术发展目标、价值导向、制度与文化的生态化构建①。不过，由于数字技术仍在持续发展中，其运用主体存在能力上的局限，加之各种利益驱动、制度漏洞以及数字文化发展的偏颇，导致数字技术在推动生态文明建设时面临诸多挑战和风险。具体来说，操作层面的失误和技术上的漏洞很可能导致个人隐私泄露，甚至触及国家安全，这无疑会影响到个人及国家在生态环境保护方面的合作意愿与实际行动。再者，数据的丢失、伪造或篡改，都可能引发生态环境决策的失误。数据割据、数字鸿沟、算法偏见等问题，更可能带来生态环境决策的不公平风险。

然而，正是数字文明的科技力量，为数字生态的蓬勃发展和不断进步打下了坚实的基础。数字文明所涵盖的大数据技术、云计算等尖端信息技术，为政府、企业以及个人提供了高效便捷的交互和交易平台。这种技术支持使得数据的快速流动和信息的即时传递成为可能，加强了数字生态中各组成部分之间的联系，构建了一个充满活力的社会经济生态系统。以新闻传播领域为例，数字化技术的运用使得信息传播更加迅速和广泛。传统的纸质媒体正逐步被数字媒体取代，例如新闻门户网站、社交网络以及移动应用等，它们借助大数据与云计算技术，能够实时地收集、整理并发布全球新闻信息，为用户提供最新的资讯内容。

数字生态已经成为展现数字文明理念与技术实践的关键舞台。在这一生态中，政府、企业及个人都通过数字化、信息化和智能化的方式，实现高效的连接、深度的沟通、实时的互动和便捷的交易。这一系列的活动，不仅凸显了数字文明的核心特质，更进一步推动了数字文明的持续进步。数字生态政治着重强调了公民权利的尊重与维护。但值得关注的是，数字赋能与技术赋权之间存在的不均衡现象可能对这些权利构成威胁②。为了应对这一问题，我们必须加强数字民主的建设，确保每一位公民在数字生态中的权益都得到充分的保障。

数字生态的蓬勃发展为数字文明提供了一个实践的大舞台。这使得数字文明的理念与技术在实际运用中得到了持续的完善与创新。特别是在文化遗产的保护上，数字化技术发挥了巨大的作用。如今，我们可以将珍贵的文化遗产以数字化的方式进行保存与传播，例如数字图书馆、数字博物馆等，这些都极大地为人们提供了学习的便利，同时也为文化的传承开辟了新的途径。此外，数字文明还为我们带来了诸多新兴的文化形式，比如网络文学、数字艺术等。这些新文化形式充分利用了数字技术的特点，为文化的创新注入了强大的活力。

---

① 黄爱宝：《数字生态文明的理论蕴涵、实践机理与建设价值》，《南京工业大学学报（社会科学版）》2024 年第 2 期，第 15 页。
② 马长山：《数字公民的身份确认及权利保障》，《法学研究》2023 年第 4 期，第 25 - 26 页。

二、数字生态建构中的重点议题

数字生态的建构在当今数字化时代显得尤为重要，在这一过程中，我们面临着几个重点议题。

1. 数字安全与隐私保护问题亟待解决

正如我们在前面两章论述时所指出的，随着数字化的深入，数字安全与隐私保护问题日益凸显。有学者指出，"个人隐私在不知不觉中受到侵害，我们不知道个人隐私被侵害到何种程度，也许我们早已经变成一个'赤裸裸的人'，却毫无知觉"[1]。为了应对这一挑战，我们必须加强数据加密技术的研发，确保数据的安全传输和存储。建立完善的用户信息保护制度也势在必行，以规范信息的收集和使用行为。提升用户的信息安全意识，教育他们如何保护自己的隐私更是不可或缺的一环。

2. 内容质量与版权保护不容忽视

数字时代使得内容的复制和传播变得轻而易举，但也导致了盗版和侵权行为的频发。低质量和虚假内容的泛滥更是严重影响了信息的准确性和用户的阅读体验。我们必须建立完善的内容审核机制，确保传播的内容真实、准确、合法。同时，版权保护制度的加强也是刻不容缓，以维护创作者的合法权益，打击侵权行为。比如，有专家指出，AI 生成技术对版权治理的挑战，主要包括三个方面：创作权归属问题、AI 生成的原创性和创造性问题、AI 创作版权是否受合法保护问题等[2]。因此，建立一套既能够保护创作者权益又能促进技术创新的法律体系，对于平衡各方利益、推动文化和科技产业的可持续发展具有重要意义。

3. "合成谬误"和信息茧房需引起重视

数字生态应当是一个多元化和包容性的环境，能够容纳各种不同类型的内容和观点。个体的理性有时会导致群体的非理性，即"合成谬误"。也就是说，作为个体，固然具备理性（即行为以自身利益最大化为取向），但是将所有个体的理性行为加总起来看，有时却会引发出非理性的社会现象[3]。例如，当每个人都追求自我利益最大化时，可能会导致公共资源的过度消耗，进而损害集体利益。在网络环境

---

① ［法］马尔克·杜甘、［法］克里斯托夫·拉贝：《赤裸裸的人：大数据，隐私和窥视》，杜燕译，上海科学技术出版社 2017 年版，第 43 页。

② 塞昶：《AI 生成技术对版权治理的挑战与立法回应》，《出版广角》2023 年第 24 期，第 28-29 页。

③ 邵培仁、陈兵：《论中国报业集团改革中的六大困境》，《浙江大学学报（人文社科版）》2004 年第 6 期，第 110 页。

中，如果每个人都只关注自己感兴趣的信息，而忽视其他观点，那么整个社会的信息流就会变得单一和片面。此外，"信息茧房"现象正是这种个体理性选择下群体非理性的一个例证。人们在信息选择上的偏好如同作茧自缚，限制了自身的信息视野，长此以往，不仅可能导致社会观点的极化，还可能加深偏见和误解。为了打破这一自我设限的现象，数字传播平台应当肩负起社会责任，通过优化推荐算法和增加人工编辑的介入，为用户提供更为多元化、全面化的信息内容。同时，用户自身也应意识到信息视野的局限性，主动接触和理解不同的观点和信息源。

4. 盈利模式如何可持续发展

数字生态的可持续发展离不开稳定的盈利模式。面对用户付费意愿有限和广告收入受影响的挑战，我们需要探索多元化的盈利方式。除了传统的盈利模式外，还可以考虑与电商、线下活动等相结合，以拓展盈利渠道。同时，提升用户体验和服务质量也是吸引用户、保持用户忠诚度的关键。

5. 技术创新与数字人才如何培养

技术创新和人才培养是数字生态建构的基础。我们要从强化国家战略科技力量建设、突破关键核心技术支撑、科技自立自强视角[①]，发挥好高校、科研院所及科技企业的引领作用。数字传播平台需要不断更新技术体系以适应市场需求和用户行为的变化。为了保障技术的持续创新，也需要不断加强人才培养和引进工作。政府、企业和高校等各方应共同努力，推动产学研用深度融合，培养具备创新精神和实践能力的人才队伍。

三、数字生态中的动态平衡

数字生态作为一个复杂且多变的系统，其内部存在着多元参与者、技术创新、资源配置、环境影响和未来挑战等多个方面的动态平衡。这种平衡不仅关乎数字生态的健康发展，更影响着整个社会经济体系的进步。

1. 多元参与者的协同作用

在数字生态中，政府、企业和受众之间形成了紧密的协同关系。政府通过制定政策和法规，为数字传播提供了指导和保障，确保传播内容的合规性和正向性。企业，如媒体和网络平台，通过高质量的内容，满足受众的信息需求和文化消费。受众则通过反馈和参与，影响内容的生产和传播方向。这三者之间的协同，使得数字传播更加精准、高效，同时也保障了文化的多样性和新闻的公正性。

----

① 陈劲：《以新型举国体制优势强化国家战略科技力量》，《人民论坛》2022 年第 23 期，第 24 - 28 页。

2. 创新与传统的融合

数字生态的发展，离不开前沿数字技术的支持，但这些技术并不是孤立存在的。相反，它们往往是在与传统行业和知识的融合中，找到了新的应用场景和发展空间。这种融合不仅带来了新的发展机遇，也使得传统行业在数字生态中焕发出新的活力。例如，许多古老的文献和艺术作品通过数字化高清重现，使得更多人能够领略到传统文化的魅力。

3. 资源的优化配置

数字生态通过数据的流动和信息的共享，使得资源能够更加合理地进行配置。在数字生态中，数据成为一种重要的资源，它能够帮助决策者更加准确地把握市场需求和资源状况，从而实现资源的优化配置。这种优化不仅提高了整体效率，也带动了相关产业的发展。例如，通过大数据分析，企业可以更加精准地进行市场定位和产品开发，从而满足消费者的个性化需求。

4. 可持续性与社会环境影响

在推动数字传播的同时，我们应注重文化的可持续性和生态保护，实现绿色发展。这意味着我们需要在技术创新和内容生产上寻求平衡，确保数字传播的发展不会对文化多样性和社会环境造成破坏。例如，倡导对传统文化的尊重和保护，避免过度商业化和同质化现象的发生。

第四节　个体—组织—世界的协同应对

人工智能和数字传播的快速发展已成为推动新质生产力的关键力量，为人类社会带来了前所未有的变革，同时也在塑造一个全新的数字生态和数字文明。然而，建设这个以数据为核心的新文明形态并不容易，它需要个体、组织和世界三者的协同应对。

一、个体、组织和世界三者的联系

1. 个体是数字文明的基石

"在一切中看到我，在我中看到一切；对于他，我不消失，对于我，他不消失。"[①]每一个个体都是独一无二的。个体通过人工智能进行自主选择与行动，实现自我价值的提升。这种策略有助于个体保持清醒的头脑和独特的见解，避免被技术操

---

① ［印］毗耶娑：《薄伽梵歌》，黄宝生译，商务印书馆 2010 年版，第 67 页。

纵。正如有学者一针见血地指出,"在人工智能时代,那些相信人工智能会用更好的计算或决策取代判断的人,可能会因高估人工智能系统的智力而把自己带入危险的境地"①。

2. 组织是数字文明的场景

在这个场景中,数据共享、目标导向和群体协作成为组织运行的关键。组织内部通过数据共享实现信息的高效流通,通过目标导向凝聚共识,通过群体协作达成共同目标。这种运行模式不仅提高了组织的效率,也使得组织成果得以共享,进而促进了组织外部的有效互动。组织作为数字文明的重要载体,其运行模式和成果共享方式对数字文明的发展具有重要影响。

3. 世界是数字文明的疆域

数字传播既为人工智能提供了发展空间,也强调了全球范围内数字文明的交流、传播与合作。个体—组织—世界协同应对策略体现了和谐与平衡的理念,有助于人工智能在复杂多变的环境中健康发展。此外,还需要特别注意两点:首先,个体对组织的依存性。个体对人工智能的依赖和信任服从于组织(如家庭、社群、国家等)为其设定的规则,这并不仅仅意味个体在某些方面被约束,更多地是指个体在组织的规则下,利用人工智能更好地发挥自身潜力;其次,组织与世界的交互性。人工智能使组织能够更好地适应世界的变化,世界文明由此拓展,组织自身也得到进化。

值得注意的是,个体对组织的依存性以及组织与世界的交互性在数字文明中显得尤为重要。个体在组织的规则下利用数字传播更好地发挥自身潜力,而组织则通过数字传播更好地适应世界的变化并得到进化。这种相互依存和交互的关系构成了数字文明时代个体、组织和世界三者之间紧密联系的基础。图 10 - 1 从微观到宏观全面考量的角度揭示了个体、组织与世界之间的协同关系。

二、个体的努力

随着人工智能的迅猛发展,个体的每一次互动、反馈都为数字文明的构建贡献着力量。从智能虚拟助理如 Siri、Alexa 的普及,到先进的 AI 服务如 ChatGPT、DALL-E、Midjourney 等的崛起,我们不难发现,人工智能已经深入到了生活的方方面面,展现着其广泛的应用和深远的影响。这不仅标志着个体在这个时代是数字文明的受益者,更凸显了我们每一个个体都是数字文明重要的建设者和守护者。那么,个体可以为数字文明作出哪些努力?

---

① 胡泳:《如何在人工智能中看到自己:论计算与判断的关系》,《新闻大学》2024 年第 3 期,第 74 页。

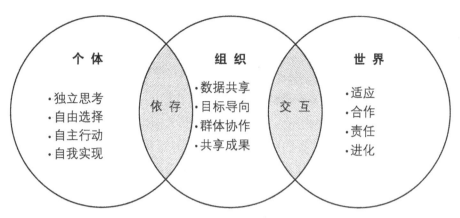

图 10－1　个体—组织—世界协同应对人工智能与数字传播

1. 主动的认识

在数字化浪潮中,我们每天都能感受到数字技术为生活带来的便捷与高效。然而,这并不仅仅意味着我们可以坐享其成。相反,我们应该有一种主动的态度,去关注和了解人工智能技术的最新发展动态。这种主动性不仅有助于我们追赶时代的快速步伐,更重要的是,它让我们能够洞察技术变革中的无数机遇,甚至可能因此改变我们的命运。但技术是一把双刃剑。在我们享受其便利的同时,也要时刻警惕其可能被滥用或侵犯个人权益的风险。正如德国当代哲学家汉斯·伦克所言:"责任的最简单、最普遍的原类型就是人类对自身行为后果或行为过程本身所承担的责任。"[①]因此,我们每一次选择使用数字技术时,都应该深思熟虑,意识到自己的每一个行为都在无形中塑造着数字文明的面貌。我们更应关注数字鸿沟问题,认识到不同群体在数字素养上的巨大差距,努力以更加全面和深入的视角去理解和接纳这个日益多元化的数字世界。

2. 主动的学习

面对人工智能引领的知识爆炸和信息洪流,个体可能会感到无所适从,甚至产生技术恐慌。这种恐慌源于对新技术可能给自身和社会带来未知冲击的担忧。然而,我们不能因此而回避新技术,反而应该更加主动地学习,深入理解人工智能及其影响。保持好奇心和想象力,不断求知,是我们应对技术变革的关键。通过积极的思考,以及创造性的归纳、演绎和推理,我们能够更好地掌握新技术,适应数字时代的变化,从而有效地缓解技术恐慌。主动学习不仅有助于我们跟上时代的

① ［德]汉斯·伦克:《人与社会的责任:负责任的社会哲学》,陈巍等译,浙江大学出版社 2020 年版,第 1－27 页。

步伐，更能使我们在技术浪潮中站稳脚跟，以更加开放和自信的心态迎接未来的挑战。

3. 主动的实践

"文明是实践的事情，是社会的素质。"①虽然我们不能陷入过于功利主义的泥沼，但这并不意味着我们要拒绝人工智能技术所带来的生产力提升、精确性增强以及决策能力的进步。相反，我们应该积极地掌握并运用这些技术，深入探索人工智能技术的潜在应用，发掘其在实际工作和生活中的价值。每一次的实践都是对数字文明发展的有力推动，同时也是我们自身技能提升的重要途径。在实践中，我们不仅能够感受到技术带来的便捷与高效，更能体验到自我成长和提升的喜悦。我们需要以更加积极的姿态，去实践、去探索，共同迎接数字文明的美好未来。

三、组织的管理

社会作为一个整体，在推动数字文明建设方面扮演着极其重要的角色，主要体现在：

1. 制度设计

社会作为一个有机整体，在人工智能的发展中，如同一位深谋远虑的战略家，为这一领域绘制了一幅宏大且精细的蓝图。这幅蓝图不仅涵盖了法律、政策和制度的构建，更体现了政府、企业和公众之间微妙的平衡与协同。政府作为蓝图的设计师，以其高瞻远瞩的战略眼光，为人工智能的发展指明了方向；企业则如同巧手的建筑师，以其敏锐的市场洞察力和卓越的技术实力，不断将蓝图变为现实；而公众，作为这一伟大事业的参与者和受益者，其积极的参与和反馈，为整个建设过程注入了源源不断的动力。这种多元化的推进格局，不仅彰显了社会各方的智慧和力量，更体现了制度设计的深刻内涵和远见卓识。

2. 有效治理

面对人工智能技术的快速发展，我国政府已经及时出台了一系列富有前瞻性和战略性的政策文件。这些文件不仅为人工智能的发展指明了方向，更为其健康、有序地前行提供了坚实的政策支撑。然而，技术的进步总是伴随着新的挑战。数据隐私泄露、网络安全威胁、算法决策的不公正等问题逐渐凸显，成为我们必须正视的难题。这些问题如同难以逾越的山岭，考验着我们的智慧和决心。为了有效

---

① 《马克思恩格斯文集》第1卷，人民出版社2012年版，第97页。

应对这些挑战，我们需要综合运用技术、法律等多种手段，从多个维度出发，共同构建一个更加成熟、更加稳健的治理体系。可以设想，我们"通过技术和法律等手段，能够规避人工智能相关风险，人类也有能力找到化解风险的有效途径"①。这不仅是提升国家治理体系和治理能力现代化的必然要求，也是确保人工智能技术能够持续、健康发展的关键所在。

3. 条件保障

从数字传播的广泛影响和深度变革来看，大模型领域对数据的需求日益增长，且对数据的质量、规模和模态都提出了更高的要求。这种趋势"将倒逼数据在规模、模态、质量三大维度全面革新，数据智能相关技术有望迎来跨越式发展"②。为满足这一迫切需求，各类组织不仅需要加大数据资源的建设力度，还必须优化和完善数据的配置与流动机制，确保数据能够高效、准确地服务于数字传播技术。同时，高校和科研院所作为人才培养和科研创新的重要基地，应肩负起为数字文明建设提供人才和智力支持的重任。通过产学研用紧密结合的模式，我们可以更有效地推动数字技术特别是人工智能技术在各领域的广泛应用和深入发展，从而实现技术上的突破和创新。这种全方位、多层次的合作与支持，将为数字文明的建设注入更为强大的动力，推动我们走向一个更加智能、高效和便捷的未来。

四、世界的合作

有学者指出，"数字全球化的全球互联特性意味着技术一经产生就有可能在短时间内向全球扩散""全球数字社会化则让数字全球化的生产生活方式固化为人从幼年到成年的社会习惯"③。那么，在数字全球化时代，各国应该如何共同推动数字文明建设呢？

1. 深化交流与互鉴

人工智能的发展已不仅是某个国家或地区的事务，而是全球性的现象。在这个背景下，人类命运共同体的理念显得尤为重要。这一理念是对"人类社会向何处去"这一时代命题的深刻思考，能够推动世界对"资本逻辑"和"权力逻辑"主导的秩序观的超越。深化交流与互鉴还体现在对多元文化的尊重和包容上。数字文明建设不仅仅是技术的革新，更是文化的交流与融合。各国需要超越意识形态和政治

---

① 刘诗瑶、喻思南：《推动人工智能技术赋能社会》，《人民日报海外版》2024 年 1 月 25 日，第 10 版。
② 毕马威中国、中关村产业研究院：《人工智能全域变革图景展望》，《软件和集成电路》2024 年第 1 期，第 40 页。
③ 刘兴华：《数字全球化时代的技术中立：幻象与现实》，《探索与争鸣》2022 年第 12 期，第 37 页。

制度的不同，摒弃零和博弈的思维，坚持合作共赢，共同探索新的发展路径。例如，可以定期举办国际人工智能论坛，邀请各国专家学者共同探讨人工智能的发展趋势和挑战，分享各自的研究成果和创新实践，以开放的心态接纳不同的文化观念和发展模式，共同探索数字文明建设的道路。

2. 促进研发与创新

技术创新是推动经济增长和转型升级的关键因素，也是数字文明建设的核心。在这个过程中，各国应当积极推动高校、科研机构与企业的紧密合作，形成产学研一体化的创新体系。例如，可以建立国际人工智能研发中心，集聚全球顶尖的科研团队和企业力量，共同攻克人工智能领域的关键技术难题。各国还应当加大对创新人才的培育力度，为他们提供充足的研发资源和创新环境，激发他们的创新潜能。在促进研发与创新的过程中，加强国际知识产权保护也是至关重要的。各国应当建立完善的知识产权保护制度，为技术创新提供有力的法律保障，激发科研人员的创新热情。

3. 建构制度和规范

鉴于人工智能技术的复杂性和多样性，我们亟需建立一套国际公认的规则与标准，以保障其科学、有序且长久的发展。数字化时代背景下，"文化殖民"现象日益突出，这不仅是主导文化模式的强制推行，更体现了对全球话语权的控制。此现象源于数字帝国主义的霸权意识形态，对全球文化多样性和话语权自由构成威胁[①]。此外，还存在技术标准不一致、知识产权保护不力、跨国技术合作中的利益分配不均以及人工智能技术可能带来的失业问题和社会不平等加剧等一系列国际问题。这些问题不仅影响数字传播的正常发展与应用，还可能引发国际间的矛盾和冲突。为应对这些问题，我们必须构建完善的制度和规范。首先，应确立统一的数据管理政策，以保护数据安全，促进数据合理使用，防止数据被滥用或泄露。其次，制定算法透明度标准，提高算法的公开性和预见性，确保技术使用的公正性，避免出现算法歧视或偏见。再者，建立严格的伦理道德规范，明确人工智能技术的使用范围和限制，防止技术滥用和侵犯人权。同时，各国需结合国际法规与本国实际，制定数据隐私保护政策，确保个人隐私不受侵犯。最后，各国应与国际组织及多边机构紧密合作，共同面对人工智能技术带来的挑战，推动技术的健康发展，实现人工智能技术的可持续发展和人类社会的共同进步。

总之，人工智能是推动数字文明发展的关键力量，尽管其变革带来挑战，但也

---

① 孙倩、毕洪业：《从愿景到现实：数字文明的建构困境与中国应对》，《山东社会科学》2024 年第 3 期，第171 页。

促使我们反思和探索新的生活和工作方式。它为我们打开了高效、便捷、智慧的大门，因此，我们必须直面这个新时代，尽最大可能把我们生活的世界变成一幅幅美丽的画卷。

参 考 文 献

[1] [澳]罗伯特·哈桑:《注意力分散时代:高速网络经济中的阅读、书写与政治》,张宁译,复旦大学出版社,2020年。

[2] [澳]尼古拉斯·凯拉:《媒介与社会:权力、平台和参与》,任孟山、陈文沁译,中国传媒大学出版社,2023年。

[3] [德]海科·哈曼:《群体智能机器人:原理、建模与应用》,双泽信息技术有限公司组译,机械工业出版社,2024年。

[4] [德]克里斯蒂安·多明斯基、海德伦·舒曼:《可视化指南:数据分析与数据交互》,邬牧寒译,中国科学技术出版社,2023年。

[5] [德]扬·阿斯曼:《宗教与文化记忆》,黄亚平译,商务印书馆,2019年。

[6] [法]安娜-玛丽·克里斯坦:《文字的历史:从表意文字到多媒体》,王东亮、龚兆华译,商务印书馆,2019年。

[7] [法]鲍德里亚:《消费社会》,刘成富、全志钢译,南京大学出版社,2014年。

[8] [法]吉尔·利波维茨:《空虚时代》,倪复生译,万卷出版公司,2022年。

[9] [法]居伊·德波:《景观社会》,张新木译,南京大学出版社,2017年。

[10] [法]皮埃尔·布尔迪厄:《关于电视》,许钧译,辽宁教育出版社,2000年。

[11] [荷]何塞·范·迪克:《连接:社交媒体批评史》,晏青、陈光凤译,中国人民大学出版社,2021年。

[12] [加]保罗·海尔、彼得·厄克特:《传播的历史:从石器时代的符号到社交媒体(第七版)》,董璐、何道宽、陈继静、王树国译,北京大学出版社,2023年。

[13] [加]戴维·克劳利:《传播的历史:技术、文化和社会(第六版)》,董璐、何道宽、王树国译,北京大学出版社,2018年。

[14] [加]马歇尔·麦克卢汉:《理解媒介:论人的延伸(55周年增订本)》,何道宽译,译林出版社,2019年。

[15] [美]阿尔巴朗:《电子媒介经营管理》,谢新洲等译,北京大学出版社,2005年。

[16] [美]埃弗里特·E.丹尼斯、约翰·C.梅里尔:《媒介论争:数字时代的20个争议话题(第四版)》,王春枝译,中国人民大学出版社,2019年。

[17] [美]巴伦:《大众传播概论:媒介认知与文化》,刘鸿英译,中国人民大学出版社,2005年。

[18] [美]大卫·阿什德:《传播生态学:控制的文化范式》,邵志择译,华夏出版社,2003年。

[19] [美]大卫·克罗托、威廉·霍因斯:《媒介·社会:技术、产业、内容与用户(第六版)》,黄典林、刘晨宇译,北京大学出版社,2024年。

[20] [美]弗雷德里克·西伯特、西奥多·彼得森、威尔伯·施拉姆:《传媒的四种理论》,戴鑫译,中国人民大学出版社,2008年。

[21] [美]哈伯斯塔姆:《媒介与权势:谁掌管美国》,尹向泽等译,国际文化出版公司,2006年。

[22] [美]哈罗德·拉斯韦尔:《世界大战中的宣传技巧》,张洁、田青译,中国人民大学出版社,2003年。

[23] [美]赫尔曼、麦克切斯尼:《全球媒体:全球资本主义的新传教士》,甄春亮等译,天津人民出版社,2001年。

[24] [美]霍斯金斯:《媒介经济学:经济学在新媒介与传统媒介中的应用》,支庭荣、吴非译,暨南大学出版社,2005年。

[25] [美]吉特林:《新左派运动的媒介镜像》,胡正荣、张锐译,华夏出版社,2007年。

[26] [美]卡罗尔·R.恩贝尔、[美]梅尔文·恩贝尔:《文化人类学(第十三版)》,王晴锋译,商务印书馆,2021年。

[27] [美]雷·库兹韦尔:《人工智能的未来》,盛杨燕译,浙江人民出版社,2016年。

[28] [美]理查德·韦斯特:《传播理论导引:分析与应用(第六版)》,刘海龙、于瀛译,中国人民大学出版社,2022年。

[29] [美]丽莎·吉特尔曼:《新新不息:媒介、历史与文化数据》,陈鑫盛译,中国传媒大学出版社,2024年。

[30] [美]马尔库塞:《单向度的人》,刘继译,上海译文出版社,2008年。

[31] [美]南希·K.拜厄姆:《交往在云端:数字时代的人际关系(第二版)》,董晨宇、唐悦哲译,中国人民大学出版社,2020年。

[32] [美]尼尔·波兹曼:《娱乐至死:媒介文化研究》,章艳译,中信出版社,2015年。

[33] [美]尼葛洛庞帝:《数字化生存》,胡泳、范海燕译,海南出版社,1997年。

[34] [美]帕特森:《媒介伦理学:问题与案例》,李青藜译,中国人民大学出版社,2006年。

［35］［美］皮卡德：《媒介经济学：概念与问题》，赵丽颖译，中国人民大学出版社，2005 年。

［36］［美］斯图尔特·罗素：《人工智能：现代方法（第四版）》，张博雅、陈坤、田超、顾卓尔、吴凡、赵申剑译，人民邮电出版社，2022 年。

［37］［美］威尔伯·施拉姆：《传播学概论（第二版）》，何道宽译，中国人民大学出版社，2010 年。

［38］［美］伊恩·古德费洛、［加］约书亚·本吉奥、［加］亚伦·库维尔：《深度学习》，赵申剑、黎彧君、符天凡、李凯译，人民邮电出版社，2017 年。

［39］［美］约翰·J.麦休尼斯：《社会学基础（第十二版）》，风笑天等译，商务印书馆，2022 年。

［40］［美］约翰·杜翰姆·彼得斯：《对空言说：传播的观念史》，邓建国译，上海译文出版社，2017 年。

［41］［美］约瑟夫·塔洛：《分割美国：广告与新媒介世界》，洪兵译，华夏出版社，2003 年。

［42］［美］约书亚·梅罗维茨：《消失的地域：电子媒介对社会行为的影响》，肖志军译，清华大学出版社，2002 年。

［43］［美］詹姆斯·W.凯瑞：《作为文化的传播："媒介与社会"论文集（修订版）》，丁未译，中国人民大学出版社，2019 年。

［44］［南非］里沙尔·赫班斯：《人工智能算法图解》，王晓雷、陈巍卿译，清华大学出版社，2021 年。

［45］［苏联］B.A.伊斯特林：《文字的历史》，左少兴译，中国国际广播出版社，2018 年。

［46］［英］比格纳尔：《后现代媒介文化》（英文影印版），北京大学出版社，2006 年。

［47］［英］波斯特洛姆：《超级智能：路径、危险性与我们的战略》，张体伟、张玉青译，中信出版社，2015 年。

［48］［英］谢拉·布朗：《媒介文化中的罪与法》（英文影印版），北京大学出版社，2007 年。

［49］［英］丹尼斯·麦奎尔：《受众分析》，刘燕南、李颖、杨振荣译，中国人民大学出版社，首版于 1997 年。

［50］［英］丹尼斯·麦奎尔、［瑞典］斯文·温德尔：《大众传播模式论》，祝建华译，上海译文出版社，2008 年。

［51］［英］卡伦·罗斯、弗吉尼亚·奈廷格尔：《媒介与受众：新观点》（英文影印版），北京大学出版社，2006 年。

［52］［英］尼克·库尔德里：《媒介仪式：一种批判的视角》，崔玺译，中国人民大学出版社，2016 年。

［53］［英］史蒂文森：《媒介的转型：全球化、道德和伦理》，顾宜凡译，北京大学出版社，2006 年。

［54］E.M.罗杰斯：《传播学史》，殷晓蓉译，上海译文出版社，2005 年。

［55］曾航等：《移动的帝国：日本移动互联网兴衰启示》，浙江大学出版社，2014 年。

［56］陈兵：《媒介品牌论》，中国传媒大学出版社，2008 年。

［57］陈兵：《媒体执政：媒体多样化背景下政府对新闻舆论的引导》，中国广播电视出版社，2011 年。

［58］陈兵：《我国手机电视运营发展与管理政策研究》，中国广播电视出版社，2010 年。

［59］陈兵：《新闻媒介产业战略选择与经营突围》，中国广播电视出版社，2009 年。

［60］陈力丹：《世界新闻传播史（第三版）》，上海交通大学出版社，2016 年。

［61］陈力丹：《新闻理论十讲（修订版）》，复旦大学出版社，2020 年。

［62］陈阳：《大众传播学研究方法导论（第二版）》，中国人民大学出版社，2015 年。

［63］邓元兵：《传播学研究方法》，中国传媒大学出版社，2022 年。

［64］杜骏飞：《网络传播概论第四版》，福建人民出版社，2010 年。

［65］段鹏：《传播效果研究：起源、发展与应用》，中国传媒大学出版社，2008 年。

［66］范煜：《人工智能与 ChatGPT》，清华大学出版社，2023 年。

［67］傅罡：《人工智能注意力机制：体系、模型与算法剖析》，机械工业出版社，2024 年。

［68］郭庆光：《传播学教程（第二版）》，中国人民大学出版社，2011 年。

［69］何道宽：《媒介、社会与世界：社会理论与数字媒介实践》，复旦大学出版社，2022 年。

［70］胡泳：《媒介：回归与创新》，郑州大学出版社，2023 年。

［71］胡正荣、张磊、段鹏：《传播学总论（第二版）》，清华大学出版社，2008 年。

［72］黄旦：《传者图像：新闻专业主义的建构与消解》，复旦大学出版社，2005 年。

［73］姜华：《制造知识：作为媒介的书籍与出版》，商务印书馆，2024 年。

［74］荆学民：《新政治传播学》，中国人民大学出版社，2023 年。

［75］黎藜：《新闻传播学研究方法》，复旦大学出版社，2021 年。

［76］李良荣：《新闻学概论（第七版）》，复旦大学出版社，2021 年。

［77］李善友：《颠覆式创新：移动互联网时代的生存法则》，机械工业出版社，2015 年。

[78] 梁晓涛、汪文斌：《移动互联网》，武汉大学出版社，2013 年。

[79] 林秀瑜、李梦杰：《在线知识传播：媒介化与社会化》，暨南大学出版社，2023 年。

[80] 刘海龙：《大众传播理论：范式与流派》，中国人民大学出版社，2008 年。

[81] 龙耘：《电视与暴力：中国媒介涵化效果的实证研究》，中国广播电视出版社，2005 年。

[82] 马化腾等：《互联网＋：国家战略行动路线图》，中信出版社，2015 年。

[83] 马天诣、王方群、华少：《AIGC＋机器人：以产业的视角读懂人工智能的未来》，四川科学技术出版社，2024 年。

[84] 彭兰：《网络传播学概论（第五版）》，中国人民大学出版社，2023 年。

[85] 钱穆：《中国历代政治得失（新版）》，生活.读书.新知三联书店，2020 年。

[86] 邵培仁、陈兵：《媒介管理学概论》，高等教育出版社，2010 年。

[87] 邵培仁、陈兵：《媒介战略管理》，复旦大学出版社，2003 年。

[88] 邵培仁：《传播学（第三版）》，高等教育出版社 2015 年。

[89] 邵培仁：《华夏传播理论》，浙江大学出版社，2020 年。

[90] 邵培仁：《媒介地理学新论》，浙江大学出版社，2023 年。

[91] 邵培仁：《媒介生态学新论》，浙江大学出版社，2022 年。

[92] 汤莉萍：《影像叙述现实——网络视频新媒体播客传播研究》，四川大学出版社，2012 年。

[93] 王成军：《跨越网络的门槛：社交媒体上的信息扩散》，科学出版社，2024 年。

[94] 王虎：《中国手机电视产业发展问题研究》，中国广播电视出版社，2012 年。

[95] 王吉斌、彭盾：《互联网＋：传统企业的自我颠覆、组织重构、管理进化与互联网转型》，机械工业出版社，2015 年。

[96] 王伟：《社交网络：虚拟社会中的人际心理学》，北京师范大学出版社，2023 年。

[97] 王彦：《媒介框架研究在中国：落地·扩散·反思》，浙江大学出版社，2024 年。

[98] 韦路：《传播技术研究与传播理论的范式转移》，浙江大学出版社，2010。

[99] 沃尔特·李普曼：《公众舆论》，阎克文、江红译，上海人民出版社，2006 年。

[100] 吴敏、刘振焘、陈略峰：《情感计算与情感机器人系统》，科学出版社，2024 年。

[101] 许进雄：《中国古代社会：文字与人类学的透视》，上海人民出版社，2023 年。

[102] 余红：《网络新媒体与中国社会》，社会科学文献出版社，2024 年。

[103] 喻国明、丁汉青、支庭荣、陈瑞、曲慧：《传媒经济学教程（第二版）》，中国人民大学出版社，2019 年。

[104] 喻国明：《大众媒介公信力理论研究》，人民出版社，2006 年。

［105］张爱凤:《网络视频新闻中的话语政治:基于文化研究的视角》,中国广播影视出版社,2014 年。

［106］张国良:《传播学原理(第三版)》,复旦大学出版社,2021 年。

［107］赵士林:《传播学实证研究:假设检验与理论建构》,上海交通大学出版社,2012 年。

［108］赵毅衡:《符号学原理与推演》,四川大学出版社,2023 年。

［109］郑世明:《权力的影像:权力视野中的中国电视媒介研究》,中国传媒大学出版社,2006 年。

［110］周晓睿:《社交媒体中消费者冲动消费行为研究:准社会互动的作用》,经济管理出版社,2023 年。

［111］周志华:《机器学习》,清华大学出版社,2016 年。

索　引

后 记

当为这部书稿点上最后一个句号的瞬间，我的心头涌起了一股难以言表的情感。这本书不仅是我近年来研究的成果，更是我与知识、与岁月对话的见证。每一章、每一节，都仿佛是我内心深处的一段独白，被反复打磨后终于成书。

我常常想起韩愈的那句话："书山有路勤为径，学海无涯苦作舟。"它像一盏明灯，照亮了我漫长的学术探索之路。时间，这个不会停歇的沙漏，让我更加珍惜每一个可以深耕的瞬间。现在，当我看到这部即将出版的书稿，心中既有一份沉甸甸的成就感，也有一份久违的释然。

在忙碌的工作与生活中挤出时间进行写作，确实不是一件容易的事。但每当我沉浸其中，都能感受到那份来自心底的满足和喜悦。我为自己能够为人工智能和数字传播领域做出一点绵薄的贡献而感到欣慰。虽然这份贡献可能微不足道，但它却是我个人成长与努力的印记。

这本书的诞生，离不开许多人的支持与帮助。首先，我要感谢我的导师邵培仁教授。他不仅是我学术上的引路人，更是我人生路上的导师。他的教诲与鼓励，让我受益匪浅。我要感谢浙江传媒学院以及有关领导和同事们，是他们的关心与鼓励，让我有信心完成这部作品。感谢学校金鹰丛书和新闻传播学、公共管理学学科的支持。感谢那些在人工智能和数字传播领域作出重要贡献的前辈与同行们，他们的研究与思考为我的写作提供了宝贵的启示。感谢我的硕士研究生李依霏和我共同撰写了第九章。感谢上海交通大学出版社和责任编辑提文静女士，为本书的出版付出了大量心血。感谢一直陪伴在我身边的亲朋好友，特别是我的家人，你们是我最强大的支持，给我无尽的力量。

当然，我深知自己的作品还有很多不足之处，需要不断地反思和完善。但我相信，只要我们对知识保持热爱，对真理保持追求，我们就能够不断进步，不断超越自己。

最后，我要向每一位翻阅此书的读者表示衷心的感谢。希望这本书能够为您带来一些新的思考和启发。同时，我也期待在人工智能与数字传播领域，我们能够共同探索、共同进步，推动这个领域走向更加繁荣的明天。

　　岁月不息，学术无疆。愿我们都能在知识的海洋中，乘风破浪，勇往直前。

陈兵

2025 年 3 月 22 日